管理會計 (第二版)

馬英華 主編

第二版前言

　　管理會計作為財經類專業的主幹課程，許多高等院校積極投入其課程建設和教材建設中。基於此，我們在徵求高校教師、學生和實務界意見，反覆研究並參照中外及各層次、各版本管理會計教材的基礎上，精心設計了本書的內容及結構體系，並組織我校多年來一直從事管理會計教學、具有豐富的教學經驗的教師編寫了本教材。本次修訂，我們在2015年版的基礎上，參考《管理會計基本指引》的內容，進行了一定的調整和完善。本書適用於高等院校管理類會計專業、財務管理專業、工商管理專業等相關專業的學生使用，還可作為企事業單位培訓在職財會人員和社會培訓財會人員的參考用書。

　　教材共分為十章，系統介紹了管理會計基礎理論、成本性態與變動成本法、量本利分析、預測分析、短期經營決策、成本控制、責任會計、作業成本管理、戰略管理會計的相關知識和理論。本教材既包括管理會計基礎知識理論的系統介紹，同時也吸收了管理會計新的知識和成果，豐富了管理會計的教學內容。同時，每章都

附有學習目標、小結、關鍵術語、綜合練習題,用以鞏固所學的知識,方便讀者進行學習。

本教材由馬英華教授擔任主編

感謝對本書提出寶貴意見的實務界的朋友和學校的各位同仁。我們對本書傾註了心血,但由於作者能力和水準有限,書中難免存在問題和不足,懇請各位廣大讀者批評指正。

編 者

目錄

第一章	總論	1
第一節	管理會計概述	1
第二節	管理會計的產生與發展	7
第三節	管理會計與財務會計的關係	11

第二章	成本性態與變動成本法	16
第一節	成本性態概述	17
第二節	成本性態分析方法	20
第三節	變動成本法與完全成本法	27
第四節	變動成本法的應用	34

第三章	量本利分析	45
第一節	量本利分析概述	45
第二節	保本點、保利點分析	49
第三節	保本點的敏感分析	57

第四章	預測分析	63
第一節	預測分析概述	63

第二節 銷售預測 65
第三節 成本預測 72
第四節 利潤預測 77

第五章 短期經營決策 83

第一節 決策分析概述 83
第二節 短期經營決策分析方法 88
第三節 生產決策 92
第四節 定價決策 97

第六章 企業全面預算管理 107

第一節 全面預算管理概述 107
第二節 全面預算的編製方法 118
第三節 核心業務預算的編製 125
第四節 全面預算的控制與考評 136

第七章 成本控制 148

第一節 成本控制概述 148
第二節 標準成本控制 151
第三節 質量成本控制 159

第八章 作業成本法與作業管理 169

第一節 作業成本法概述 169
第二節 作業成本法的基本原理和計算程序 176
第三節 作業成本法的應用 182

第九章　責任會計　　196

第一節　責任會計及責任中心　　196
第二節　內部轉移價格　　207
第三節　責任預算與責任報告　　216
第四節　業績考核及員工激勵機制　　218

第十章　戰略管理會計　　227

第一節　戰略、戰略管理與戰略管理會計　　227
第二節　戰略管理會計的主要方法　　233
第三節　平衡計分卡　　239
第四節　經濟附加值　　244
第五節　戰略管理會計的應用體系　　248

第一章 總論

學習目標

掌握：管理會計的概念、職能和基本內容，管理會計與財務會計的區別與聯繫
熟悉：管理會計的基本假設與基本原則
瞭解：管理會計的發展歷程

**關鍵術語**

管理會計；預測；決策；規劃；控制；評價

第一節 管理會計概述

一、管理會計的概念

（一）管理會計的定義

管理會計（Management Accounting）是會計的一個重要分支，是對整個企業及各個責任單位的經濟活動進行預測、決策、規劃、控制和評價，為管理和決策提供信息，並參與企業經營管理的會計信息處理系統。

應當從以下幾個方面來理解管理會計的定義：

（1）管理會計的工作主體是現代企業，而後者又處在現代市場經濟條件下。從現代系統論的角度看，現代經濟的變化不僅對管理會計的產生起到了積極的作用，

管理會計

而且還不斷地提出新的要求，促進了管理會計的發展。

（2）管理會計的對象是企業的經營活動及其價值表現。

（3）管理會計的手段是對財務信息等進行深加工和再利用。

（4）管理會計與企業管理的關係是部分與整體之間的從屬關係。

（5）管理會計的本質既是一種側重於在現代企業內部經營管理中直接發揮作用的會計，同時又是企業管理的重要組成部分，因而也有人稱其為「內部經營管理會計」，簡稱「內部會計」（Internal Accounting）。

（二）管理會計定義的其他觀點

1. 西方學者的觀點

儘管管理會計的理論和實踐最先起源於西方社會，但迄今為止在西方尚未形成一個統一的管理會計定義。有人將管理會計描述為「向企業管理當局提供信息以幫助其進行經營管理的會計分支」，也有人認為「管理會計就是會計與管理的直接融合」。

美國會計學會（American Accounting Association，AAA）於1958年和1966年先後兩次為管理會計提出了如下定義：「管理會計是指在處理企業歷史的和未來的經濟資料時，運用適當的技巧和概念來協助經營管理人員擬訂能達到合理經營目的的計劃，並做出能達到上述目的的明智的決策。」顯然，他們將管理會計的活動領域限定於微觀，即企業環境。

從20世紀70年代起，西方許多人將管理會計描述為「現代企業會計信息系統中區別於財務會計的另一個信息子系統」。

1981年，全美會計師協會（National Accountants Association，NAA）下設的管理會計實務委員會指出，管理會計是向管理當局提供用於企業內部計劃、評價、控制，以及確保企業資源的合理使用和經管責任的履行所需財務信息的確認、計量、歸集、分析、編報、解釋和傳遞的過程，並指出管理會計同樣適用於非營利的機關團體。這一定義擴大了管理會計的活動領域，指明管理會計的活動領域不應僅限於「微觀」，還應擴展到「宏觀」。

1982年，英國成本與管理會計師協會（Institute of Cost and Management Accountants，ICMA）給管理會計下了一個更為廣泛的定義，認為除外部審計以外的所有會計分支（包括簿記系統、資金籌措、編製財務計劃與預算、實施財務控制、財務會計和成本會計等）均屬於管理會計的範疇。

1988年4月，在國際會計師聯合會（International Federation of Accountants，IFAC）下設的財務和管理會計師委員會發表的《論管理會計概念（徵求意見稿）》一文中明確表示：「管理會計可定義為：在一個組織中，管理部門用於計劃、評價和控制的（財務和經營）信息的確認、計量、收集、分析、編報、解釋和傳輸，以確保其資源的合理使用並履行相應的經營責任的過程。」

2. 中國學者的觀點

20世紀70年代末80年代初，西方管理會計學的理論被介紹到中國。中國會計學者在解釋管理會計定義時，提出如下主要觀點：

（1）管理會計是從傳統的、單一的會計系統中分離出來，與財務會計並列的獨立學科，是一門新興的綜合性的邊緣科學。（餘緒纓，1982）

（2）管理會計是西方企業為了加強內部經營管理，實現利潤最大化這一企業經營目標的最終目的，靈活運用多種多樣的方式方法，收集、儲存、加工和闡明管理當局合理地計劃和有效地控制經濟過程所需的信息，圍繞成本、利潤、資本三個中心，分析過去、控制現在、規劃未來的一個會計分支。（汪家祐，1987）

（3）管理會計是通過一系列專門方法，利用財務會計、統計及其他有關資料進行整理、計算、對比和分析，是企業內部各級管理人員能據以對各個責任單位和整個企業日常和未來的經濟活動及其發出的信息進行規劃、控制、評價與考核，並幫助企業管理當局做出最優決策的一整套信息系統。（李天民，1995）

（4）管理會計是將現代化管理與會計融為一體，為企業的領導者和管理人員提供管理信息的會計，它是企業管理信息系統的一個子系統，是決策支持系統的重要組成部分。（餘緒纓，1999）

二、管理會計的職能

管理會計的職能是指管理會計實踐本身客觀存在的必然性所決定的內在功能。按照管理五項職能的觀點，可以將管理會計的主要職能概括為以下五個方面：預測經濟前景、參與經濟決策、規劃經營目標、控制經濟過程和考核評價經營業績。

1. 預測經濟前景

預測是指採用科學的方法預計或推測客觀事物未來發展的必然性或可能性的行為。管理會計發揮預測經濟前景的職能，就是按照企業未來的總目標和經營方針，充分考慮經濟規律的作用和經濟條件的約束，選擇合理的量化模型，有目的地預計和推測未來企業銷售、利潤、成本及資金的變動趨勢和水準，為企業經營決策提供第一手信息。

2. 參與經濟決策

決策是在充分考慮各種可能的前提下，按照客觀規律的要求，通過一定程序對未來實踐的方向、目標、原則和方法做出決定的過程。決策既是企業經營管理的核心，也是各級各類管理人員的主要工作。由於決策工作貫穿企業管理的各個方面和整個過程，因而作為管理有機組成部分的會計（尤其是管理會計）必然具有決策職能。企業的重大決策，都應該有會計部門參加，因此，也有人將其稱為參與決策。

管理會計發揮參與經濟決策的職能，主要體現在根據企業決策目標收集、整理有關信息資料，選擇科學的方法計算有關長短期決策方案的評價指標，並做出正確

管理會計

的財務評價，最終篩選出最優的行動方案。

3. 規劃經營目標

管理會計的規劃職能是通過編製各種計劃和預算實現的。它要求在最終決策方案的基礎上，將事先確定的有關經濟目標分解落實到各有關預算中去，從而合理、有效地組織和協調產、銷及人、財、物之間的關係，並為控制和責任考核創造條件。

4. 控制經濟過程

控制經濟過程是管理會計的重要職能之一。這一職能的發揮要求將對經濟過程的事前控制同事中控制有機地結合起來，即事前確定科學可行的各種標準，並根據執行過程中的實際與計劃發生的偏差進行原因分析，以便及時採取措施進行調整，改進工作，確保經濟活動的正常進行。

5. 考核評價經營業績

現代管理十分注重充分調動人的積極性，貫徹落實責任制是企業管理的一項重要任務。管理會計履行考核評價經營業績的職能，是通過建立責任會計制度來實現的。在各部門各單位及每個人均明確各自責任的前提下，逐級考核責任指標的執行情況，找出成績和不足，從而為獎懲制度的實施和未來工作改進措施的形成提供必要的依據。

三、管理會計的基本內容

管理會計的內容是指與其職能相適應的工作內容，包括預測分析、決策分析、全面預算、成本控制和責任會計等方面。其中，前兩項內容合稱為預測決策會計；全面預算和成本控制合稱為規劃控制會計。預測決策會計、規劃控制會計和責任會計三者既相對獨立，又相輔相成，共同構成了現代管理會計的基本內容。

預測決策會計是指管理會計系統中側重於發揮預測經濟前景和實施經營決策職能的最具有能動作用的會計子系統。它處於現代管理會計的核心地位，又是現代管理會計形成的關鍵標誌之一。

規劃控制會計是指在決策目標和經營方針已經明確的前提下，為執行既定的決策方案而進行有關規劃和控制，以確保預期奮鬥目標順利實現的管理會計子系統。

責任會計是指在組織企業經營時，按照分權管理的思想劃分各個內部管理層次的相應職責、權限及所承擔義務的範圍和內容，通過考核評價各有關方面履行責任的情況，反應其真實業績，從而調動企業全體職工積極性的管理會計子系統。

四、管理會計的基本假設

所謂管理會計的基本假設，是指為實現管理會計目標，合理界定管理會計工作的時空範圍，統一管理會計操作方法和程序，滿足信息收集與處理的要求，從紛繁複雜的現代企業環境中抽象概括出來的、組織管理會計工作不可缺少的一系列前提

第一章　總論

條件的統稱。管理會計基本假設的具體內容包括多層主體假設、理性行為假設、合理預期假設、充分佔有信息假設等。

（一）多層主體假設

該假設又稱多重主體假設。它規定了管理會計工作對象的基本活動空間。由於管理會計主要面向企業內部管理，而企業內部可劃分為許多層次，因此，管理會計假定其會計主體不僅包括企業整體，而且還包括企業內部各個層次的所有責任單位。

（二）理性行為假設

該假設包含兩層意義：第一，由於管理會計在履行其職能時，往往需要在不同的程序或方法中進行選擇，就會使其工作結果在一定程度上受到人的主觀意志的影響，因此，管理會計假定，管理會計師總是出於設法實現管理會計工作總體目標的動機，能夠採取理性行為，自覺地按照科學的程序與方法辦事；第二，假定每一項管理會計具體目標的提出，完全出於理性或可操作性的考慮，能夠從客觀實際出發，既不將目標定得過高，也不至於含糊不清、無法操作。

（三）合理預期假設

該假設也稱靈活分期假設。本假設規定，為了滿足管理會計面向未來決策的要求，可以根據需要和可能，靈活地確定其工作的時間範圍或進行會計分期，不必嚴格地受財務會計上的會計年度、季度或月份的約束；在時間上可以跨越過去和現在，一直延伸到未來。

（四）充分佔有信息假設

該假設從信息收集及處理的角度提出。一方面，管理會計採用多種計量單位，不僅充分佔有和處理相關企業內部、外部的價值量信息，而且還佔有和處理其他非價值量信息；另一方面，管理會計所佔有的各種信息在總量上能夠充分滿足現代信息處理技術的要求。

五、管理會計的基本原則

管理會計原則是指在明確管理會計基本假設基礎上，為保證管理會計信息符合一定質量標準而確定的一系列主要工作規範的統稱。管理會計基本原則的內容包括最優化原則、效益性原則、決策有用性原則、及時性原則、重要性原則和靈活性原則等。

（一）最優化原則

它是指管理會計必須根據企業不同管理目標的特殊性，按照優化設計的要求，認真組織數據的收集、篩選、加工和處理，以提供能滿足科學決策需要的最優信息。

（二）效益性原則

該原則包括兩層含義：第一，信息質量應有助於管理會計總體目標的實現，即管理會計提供的信息必須能夠體現管理會計為提高企業總體經濟效益服務的要求；

第二，堅持成本-效益原則，即管理會計提供信息所獲得的收益必須大於為取得或處理該信息所花費的信息成本。

（三）決策有用性原則

現代管理會計的重要特徵之一是面向未來決策，因此，是否有助於管理者正確決策，是衡量管理會計信息質量高低的重要標誌。決策有用性是指管理會計信息在質量上必須符合相關性和可信性的要求。

信息的相關性是指所提供的信息必須緊密圍繞特定決策目標，與決策內容或決策方案直接聯繫，符合決策要求。對決策者來說，不具備相關性的信息不僅毫無使用價值，而且干擾決策過程，加大信息成本，必須予以剔除。由於不同決策方案的相關信息是不同的，這就要求具體問題具體分析，不能盲目追求所謂全面完整。

信息的可信性又包括可靠性和可理解性兩個方面。前者是指所提供的未來信息估計誤差不宜過大，必須控制在決策者可以接受的一定可信區間內；後者是指信息的透明度必須達到一定標準，不至於導致決策者產生誤解。前者規範的是管理會計信息內在質量的可信性，後者規範的是管理會計信息外在形式上的可信性。只有同時具備可靠性和可理解性的信息，才可以信賴並加以利用。

必須注意的是，不能將管理會計提供的未來信息應當具備的可靠性與財務會計提供的歷史信息應具備的準確性、精確性或真實性混為一談。

（四）及時性原則

這個原則要求規範管理會計信息的提供時間，講求時效，在盡可能短的時間內迅速完成數據收集、處理和信息傳遞，確保有用的信息得到及時利用。不能及時發揮作用的、過時的管理會計信息，從本質上看也是沒有用處的。管理會計強調的及時性，其重要程度不亞於財務會計所看重的真實性、準確性。

（五）重要性原則

雖然管理會計並不需要像財務會計那樣，利用重要性原則來修訂全面性原則，但也強調在進行信息處理時應當突出重點，抓住主要矛盾。對關鍵的會計事項，認真對待，採取重點處理的方法，分項單獨說明；對次要事項，可以簡化處理，合併反應；對於無足輕重或不具有相關性的事項，甚至可以忽略不計。貫徹重要性原則，必須考慮到成本-效益原則和決策有用性原則的要求；同時它也是實現及時性的重要保證。

（六）靈活性原則

儘管管理會計也十分講求其工作的程序化和方法的規範化，但必須增強適應能力，根據不同任務的特點，主動採取靈活多變的方法，提供不同信息，以滿足企業內部各方面管理的需要，從而體現靈活性原則的要求。

第二節　管理會計的產生與發展

管理會計自問世以來，已經有了一個世紀的歷史。在這個過程中，同其他任何新生事物一樣，管理會計從無到有、從小到大，經歷了由簡單到複雜、從低級到高級的發展階段。

一、管理會計的歷史沿革

從客觀內容上看，管理會計的實踐最初萌生於19世紀末20世紀初，其雛形產生於20世紀上半葉，正式形成和發展於第二次世界大戰之後，20世紀70年代後在世界範圍內得以迅速發展。

（一）西方管理會計的形成與發展

1. 傳統的管理會計階段（20世紀初~50年代）——以成本控制為基本特徵的管理會計階段（管理會計的萌芽階段）

自從會計產生以後，傳統的財務會計始終停留在計帳、算帳上，其主要目標就是事後向與企業有經濟利害關係的團體和個人提供企業財務狀況、經營結果的會計信息。但隨著社會生產力水準的提高和商品經濟的迅速發展，傳統的因襲管理方式所無法克服的粗放經營、資源浪費嚴重、企業基層生產效率低下等弊端同大機器工業生產的矛盾越來越尖銳。於是，取代舊的落後的「傳統管理」的「科學管理」方式在19世紀末20世紀初應運而生。在美國出現了以泰羅和法國的法約爾為代表人物的「古典管理理論」。

泰羅的科學管理，其實質就是通過標準化的勞動工具、勞動動作、勞動定額等進行標準化的管理。這時傳統的財務會計所提供的事後信息，已經不能滿足這種在管理上的變化。為了配合標準化管理的實施，將事先的計算和事後的分析，即「標準成本制度」「預算控制」和「差異分析」等方法引進原有的會計體系，強調會計不僅要為外界的所有者服務，也要為加強內部管理服務，使人們意識到泰羅創建的科學管理理論，對加強企業內部管理、減少浪費、降低成本、提高勞動生產率等起著不容忽視的作用。

20世紀初，在美國會計實務中開始出現以差異分析為主要內容的「標準成本計算制度」和「預算控制」，這標誌著管理會計雛形的產生。但此時的管理會計是在市場供不應求、企業的發展戰略清晰的前提下，以協助企業在實際工作中提高生產效率和生產效果為基本出發點的。

在西方會計發展史上，美國會計學者奎因坦斯在1922年寫的《管理的會計：財務管理入門》一書中第一次提出了「管理會計」這個術語，當時被稱為「管理的會計」。此時的管理會計，還只是一種局部性的、執行性的管理會計，「以成本控制為

管理會計

中心」是此階段的基本特徵。

2. 現代管理會計階段（20世紀50年代~現在）——以預測、決策為基本特徵的管理會計階段

（1）20世紀50~70年代

20世紀50年代，世界經濟進入第二次世界大戰後發展的新時期以來，技術革命的浪潮日益高漲，迅速推動社會生產力的進步。這表現在：新裝備、新工藝、新技術得到廣泛應用，產品更新換代週期普遍縮短；新興產業部門層出不窮，資本集中規模越來越大，跨國公司大批湧現；生產經營的社會化程度空前提高，企業內部各部門乃至職工個人之間的聯繫普遍增強。

在這個階段，管理會計適應現代經濟管理的要求，不僅完善、發展了規劃控制會計的理論與實踐，而且還產生了以「管理科學學派」為依據的預測決策會計，因而預測、決策分析成為此時期管理會計新的研究焦點。量本利分析、成本估算、投入產出法、線性規劃、存貨控制、數理統計推斷、控制論、系統論、信息經濟學的成本效益分析技術、不確定性分析、現代心理學和行為科學以及電腦技術被廣泛地應用於管理會計，從而大大提高了管理會計預測和決策的水準，豐富了管理會計的內容。

在現代管理會計階段，不僅管理會計的實踐內容及其特徵發生了較大的變化，其應用範圍日益擴大，作用越來越明顯，越來越受到重視，而且一些國家還相繼成立了專業的管理會計團體，這標誌著現代管理會計進入了成熟期。

早在20世紀50年代，美國會計學會就設立了管理會計委員會。1969年，全美會計師協會（NAA）成立了專門研究管理會計問題的高級委員會——管理會計實務委員會（Management Accounting Practices Committee，MAPC），陸續頒布了一系列指導管理會計實務的公告（Statements on Management Accountings，SMAs），以「促進管理會計師的職業化和提高會計學的教學水準」。這些公告涉及管理會計目標、術語、概念、慣例與方法、會計活動管理等諸方面的內容。這些團體大多出版專業性刊物，如《管理會計》月刊，並在全世界發行。現在已有許多國家出版發行管理會計專業雜誌。

1952年會計學術界在倫敦舉行了會計師國際代表大會，在此大會上正式提出「管理會計」這一術語。1972年，全美會計師聯合會下面單獨設立了「管理會計協會」（IMA），並創辦了「管理會計證書」項目，舉行取得管理會計師資格的考試。與此同時英國也成立了「成本和管理會計師協會」，也安排了取得管理會計師資格的考試。從此，西方出現了有別於「註冊會計師」（CPA）的「註冊管理會計師」（CMA）。

（2）20世紀80年代

20世紀80年代初期，管理會計理論發展的最大推動力是經濟學的委託-代理理論。這一理論為責任會計的產生和企業的內部控制奠定了基礎。隨著信息技術和社

第一章 總論

會經濟的飛速發展，特別是通過對管理會計實踐經驗的研究，逐步摸索出一套能夠與實踐相結合的理論與方法體系，從而迎來了一個以「作業」為核心的「作業管理會計」時代。

「作業管理會計」與美國管理學家波特提出的「價值鏈」觀念相呼應，並借助「作業管理」致力於為企業「價值鏈」優化服務。

上述分析表明，此階段的管理會計以「預測決策會計為主、以規劃控制會計和責任會計為輔」為基本特徵，並緊緊圍繞著如何為企業「價值鏈」的優化和價值的增值提供相關信息而展開。

3. 管理會計的發展階段——以重視人與環境為基本特徵的戰略管理會計階段

20世紀90年代，隨著人文主義思潮的興起，管理理念由物本管理向人本管理轉變，引發了管理會計思想觀念的創新，平衡計分卡的設計與應用正是當代管理會計理論與實踐最重要的發展之一。

平衡計分卡所體現的「五個結合」，即戰略與戰術、當前與未來、內部條件與外部環境、經營目標與業績評價、財務衡量與非財務衡量相結合，無論從理論認識上還是從實際應用上，都實現了新的突破，它完全超越了傳統意義上的會計的局限，成為新的歷史條件下創建新的綜合性管理系統的一個重要里程碑。

近20年來，越來越多的國家加大了應用和推廣管理會計的力度，越來越多的最新研究成果（如作業成本法、適時制等）被迅速應用到企業的管理實踐中。一些國家成立了管理會計師職業管理機構，相繼頒布了管理會計工作規範和執業標準。國際會計標準委員會和國際會計師聯合會等國際性組織也成立了專門的機構，嘗試製定國際管理會計準則，頒布了有關管理會計師的職業道德規範等文件。近期，人們將研究的熱點集中在管理會計工作系統化和規範化、管理會計職業化和社會化，以及國際管理會計和戰略管理會計等課題上。可見，現代管理會計具有系統化、規範化、職業化、社會化和國際化的發展趨勢。

未來的管理會計將以「以人為本」為基本特徵，其核心將從企業價值增值向企業核心能力培植轉變，並圍繞著企業綜合業績評價制度來構建其基本的框架體系。如何實現「以人為本」，適應企業組織結構或體制的激勵機制與管理報酬計劃將成為未來管理會計實踐的重要內容。

（二）中國管理會計的發展

中國是從20世紀70年代末80年代初開始向發達國家學習並引進有關管理會計知識的，至今已有30餘年的歷史，先後經歷了宣傳介紹、吸收消化和改革創新三個階段。

1. 宣傳介紹階段

這段時期經過了3~5年。在這個階段，中國會計理論工作者積極從事外文管理會計教材的翻譯、編譯工作。1979年由機械工業部組織翻譯出版了第一部《管理會計》；國家有關部門委託國內著名專家教授編寫的分別用於各種類型財經院校教學

管理會計

的兩部《管理會計》教材於 1982 年前後與讀者見面；此後，又大量出版了有關管理會計的普及性讀物；財政部、教育部先後在廈門大學、上海財經大學和大連理工大學等院校舉辦全國性的管理會計師資培訓班和有關講座，聘請外國學者來華主講管理會計課程。

2. 吸收消化階段

大約從 1983 年起，中國會計學界多次掀起學習管理會計、應用管理會計，建立具有中國特色的管理會計體系的熱潮。在全國範圍內，許多會計實務工作者積極參與「洋為中用，吸收消化管理會計」的活動，有的單位成功地運用管理會計的方法解決了一些實際問題，初步嘗到了甜頭。但是，由於當時中國經濟體制改革的許多措施尚未到位，尤其是中國財務會計管理體制仍舊沿用計劃經濟模式的那套辦法，到後期，管理會計中國化的問題實際上難以取得重大突破，甚至出現了管理會計能否在中國行得通的疑問，管理會計的發展出現了滑坡。

3. 改革創新階段

1993 年財務會計管理體制轉軌變型，會計界開始走上與國際慣例接軌的正確道路，為管理會計在中國的發展創造了新的契機。迅速掌握能夠適應市場經濟發展需要的經濟管理知識、借鑑發達國家管理會計的成功經驗來指導在新形勢下的會計工作，不僅是廣大會計工作者的迫切要求，而且已變成他們的自覺行動。社會主義市場經濟的大環境、現代企業制度的建立和健全，以及新的宏觀會計管理機制，為管理會計開闢了前所未有的用武之地。目前，已有許多有識之士不再滿足於照抄照搬外國書本上現成的結論，而是從中國實際出發，通過調查研究管理會計在中國企業應用的案例等方式，積極探索一條在實踐中行之有效的中國式管理會計之路，以便切實加強企業內部管理，提高經濟效益。從此，中國進入管理會計改革創新和良性循環的新的發展階段。

二、管理會計形成與發展的原因

通過回顧管理會計產生與發展的歷史，我們不難得出以下結論：

（一）社會生產力的進步、市場經濟的繁榮及其對經營管理的客觀要求，是導致管理會計形成與發展的內在原因

管理會計作為企業會計的一個組成部分或一個子系統，屬於會計本身的進化和發展的結果。因此管理會計產生和發展必然與會計發展相聯繫。

會計和管理都不是從來就有的，它們都是社會生產力發展到一定階段的產物，並隨著社會生產力的進步而不斷發展。由於社會生產力的進步對經濟管理不斷提出新的要求，會計作為經濟管理的組成部分，必然要適應這種要求，不斷完善與進步。因此，從本質上看，生產力的進步是管理會計產生與發展的根本原因。

同時，管理會計的產生與發展又必然與一定時期的社會歷史條件密切相關。進

入 20 世紀以來，世界經濟形勢的變化，尤其是信息社會條件下的現代化大生產，為現代會計發揮預測、決策、規劃、控制、責任考核評價職能打下了物質基礎；高度繁榮的商品經濟，特別是全球範圍內市場經濟的迅速發展為管理會計開闢了用武之地。但是社會制度並不是管理會計產生和發展的決定性因素。雖然管理會計最初誕生於西方資本主義社會，但它本身絕非西方資本主義制度或資本主義經濟的必然產物。

（二）現代電子計算機技術的進步加速了管理會計的完善與發展

在現代經濟條件下，通過管理會計進行企業內部價值管理，不借助電子計算機手段是根本無法想像的。正是由於現代科學技術的發展，尤其是現代電子計算機技術的進步加速了管理會計的完善與發展。

（三）在管理會計形成與發展的過程中，現代管理科學理論起到了積極的促進作用

作為管理會計實踐的理論總結和知識體系，管理會計學的形成與現代管理科學的完善過程密切相關。現代管理科學不僅奠定了管理會計學的理論基礎，而且不斷為充實其內容提供理論依據，從而使管理會計學逐步成為一門較為科學的學問，能夠更好地用於指導管理會計實踐。因此，管理科學的發展為管理會計形成與發展創造了有利的外部條件。但是，正如不能將管理會計同管理會計學混為一談一樣，我們也不能將管理會計說成是管理理論的產物。

第三節　管理會計與財務會計的關係

按照西方會計學的一般解釋，管理會計從傳統會計中分離出去之後，企業會計中相當於組織日常會計核算和期末對外報告的那部分內容就被稱為財務會計（Financial Accounting），成為與管理會計對立的概念。研究新興的管理會計與傳統的財務會計之間的聯繫及區別，可以幫助我們深刻理解管理會計特點的關鍵所在。

一、管理會計與財務會計的聯繫

（一）管理會計源自財務會計

從邏輯上看，在管理會計產生之前，無從談起財務會計，甚至連這個概念都沒有。從結構關係看，管理會計與財務會計兩者源於同一母體，都屬於現代企業會計，共同構成了現代企業會計系統的有機整體。兩者相互依存、相互制約、相互補充。

（二）最終目標相同

從總的方面看，管理會計和財務會計所處的工作環境相同，都是現代經濟條件下的現代企業；兩者都以企業經營活動及其價值表現為對象；它們都必須服從現代

企業會計的總體要求，共同為實現企業和企業管理目標服務。因此，管理會計與財務會計的最終奮鬥目標是一致的。

（三）互為信息提供者

在實踐中，管理會計所需的許多資料來源於財務會計系統，它的主要工作內容是對財務會計信息進行深加工和再利用，因而受到財務會計工作質量的約束；同時，部分管理會計信息有時也列作對外公開發表的範圍。如現金流量表，最初只是管理會計長期投資決策使用的一種內部報表，後來陸續被一些國家（包括中國）列作財務會計對外報告的內容。

（四）財務會計的改革有助於管理會計的發展

目前中國開展的會計改革，其意義絕不僅僅限於在財務會計領域實現與國際慣例趨同，還在於這一改革能夠將廣大財會人員從過去那種單純反應過去的、算「死帳」的會計模式解放出來，開拓他們的視野，使之能騰出更多的時間和精力去考慮如何適應不斷變化的經濟條件下企業經營管理的新環境，解決面臨的新問題，從而建立面向未來決策的、算「活帳」的會計模式，開創管理會計工作的新局面。

二、管理會計與財務會計的區別

（一）會計主體（空間範圍）的層次不同

管理會計的工作主體可分為多個層次，它既可以以整個企業（如投資中心、利潤中心）為主體，又可以將企業內部的局部區域或個別部門甚至某一管理環節（如成本中心、費用中心）作為其工作的主體。事實上在多數情況下，管理會計主要以企業內部責任單位為主體。這樣做，可以更加突出以人為中心的行為管理。

而財務會計的工作主體往往只有一個層次，即主要以整個企業為工作主體，從而能夠適應財務會計所特別強調的完整反應監督整個經濟過程的要求。

（二）服務對象（具體目標）不同

管理會計工作的側重點在於針對企業經營管理遇到的特定問題進行分析研究，以便向企業內部各級管理人員提供有關價值管理方面的預測決策和控制考核信息資料，其具體目標主要是為企業內部管理服務，從這個意義上講，管理會計又稱為「內部會計」。

而財務會計工作的側重點在於根據日常的業務記錄，登記帳簿，定期編製有關的財務報表，向企業外界有經濟利益關係的團體和個人報告企業的財務狀況與經營成果，其具體目標主要是為企業外界服務，因此，財務會計又稱「外部會計」。

（三）作用時效（時間範圍）不同

管理會計的作用時效不僅僅限於分析過去，而且還在於能動地利用已知的財務會計資料進行預測和規劃未來，同時控制現在，從而橫跨過去、現在和未來三個時期。管理會計面向未來的作用時效是擺在第一位的，而分析過去是為了更好地指導

第一章　總論

未來和控制現在。因此，管理會計實質上屬於算「活帳」的「經營型會計」。

財務會計的作用時效主要在於反應過去，對此，無論從它強調客觀性原則還是堅持歷史成本原則，都可以證明其反應的只能是過去實際已經發生的經濟業務。因此，財務會計實際上屬於算「呆帳」的「報帳型會計」。

（四）遵循的原則、標準和依據的基本概念框架結構不同

財務會計工作必須嚴格遵守「公認的會計原則」，從憑證、帳簿到報表，對有關資料逐步進行綜合，要嚴格按照公認的會計程序進行，具有比較嚴密而穩定的基本結構，以保證其所提供的財務信息報表在時間上的前後期一致性和空間上的可比性，其基本概念的框架結構相對穩定。

儘管管理會計也要在一定程度上考慮到「公認的會計原則」或企業會計準則的要求，利用一些傳統的會計觀念，但並不受它們的完全限制和嚴格約束，在工作中還可靈活應用預測學、控制論、信息理論、決策原理、目標管理原則和行為科學等現代管理理論作為指導，它所使用的許多概念都超出了傳統會計要素等的基本概念框架。例如，在管理會計的長期投資決策中，可以不受權責發生制原則的限制而採用收付實現制；在短期經營決策中，可以不執行歷史成本原則和客觀性原則而充分考慮機會成本等因素；責任會計更是以人及其所承擔的經濟責任為管理對象，這大大突破了傳統會計核算只注重物不考慮人的狹隘觀念的限制。

（五）職能和報告期間不同

財務會計的主要職能是核算和監督，其報告期為規定的期間，如月度、季度、年度；而管理會計的職能則側重於預測、決策、規劃、控制等，其報告期沒有統一的要求，完全根據實際的需要決定報告的期間。

（六）信息特徵不同

管理會計所提供的信息往往是為滿足內部管理的特定要求而有選擇的、部分的和不定期的管理信息。它們既包括定量資料，也包括定性資料；凡涉及未來的信息不要求過於精確，只要求滿足及時性和相關性。由於它們往往不向社會公開發表，故不具有法律效能，只有參考價值。管理會計的信息載體大多為沒有統一格式的各種內部報告，而且，對這些報告的種類也沒有統一的規定。

財務會計能定期地向與企業有利害關係的集團或個人提供較為全面的、系統的、連續的和綜合的財務信息。這些信息主要是以價值尺度反應的定量資料，對精確度和真實性的要求較高，至少在形式上要絕對平衡。由於它們往往要向社會公開發表，故具有一定的法律效能。

本章小結

管理會計是以提高經濟效益為最終目的的會計信息處理系統。它運用一系列專門的方式方法，對整個企業及各個責任單位的經濟活動進行預測、決策、規劃、控制和評價，為管理和決策提供信息，並參與企業經營管理，是會計的一個分支。管理會計的主要職能主要包括預測經濟前景、參與經濟決策、規劃經營目標、控制經濟過程和考核評價經營業績五個方面。管理會計原則是指在明確管理會計基本假設基礎上，為保證管理會計信息符合一定質量標準而確定的一系列主要工作規範的統稱。管理會計基本原則的內容包括最優化原則、效益性原則、決策有用性原則、及時性原則、重要性原則、靈活性原則等。管理會計產生於財務會計，與其既有聯繫又有區別。其聯繫是：管理會計與財務會計的最終目標相同，二者互為信息提供者，財務會計的改革有助於管理會計的發展。其區別是：會計主體（空間範圍）的層次不同，服務對象（具體目標）不同，作用時效（時間範圍）不同，遵循的原則、標準和依據的基本概念框架結構不同，職能和報告期間不同，計量的尺度及核算要求不同，信息特徵不同，工作程序不同，方法體系及程序不同，體系的完善程度不同，對會計人員素質的要求不同。

綜合練習

一、單項選擇題

1. 以下對管理會計的理解不準確的是（   ）。
   A. 管理會計的奮鬥目標是確保企業實現最佳的經濟效益
   B. 管理會計的職能必須充分體現企業監督的要求
   C. 管理會計的對象是企業的經營活動及其價值表現
   D. 管理會計的手段是對財務信息等進行深加工和再利用

2. 以下不屬於管理會計基本假設內容的是（   ）。
   A. 多層主體假設   B. 合理預期假設
   C. 實質重於形式假設   D. 充分佔有信息假設

3. 管理會計信息在質量上必須符合相關性和可信性的要求是屬於管理會計（   ）原則。
   A. 最優化原則   B. 效益性原則
   C. 及時性原則   D. 決策有用性原則

4. 以預測、決策為基本特徵的管理會計階段屬於（   ）階段。
   A. 現代管理會計階段   B. 傳統管理會計階段
   C. 管理會計的萌芽階段   D. 戰略管理階段

第一章　總論

二、多項選擇題

1. 以下屬於管理會計職能的有（　　　）。
   A. 預測　　　　B. 決策　　　C. 控制　　　　D. 評價
2. 以下屬於管理會計基本原則的有（　　　）。
   A. 決策有用性原則　　　　　B. 及時性原則
   C. 重要性原則　　　　　　　D. 靈活性原則
3. 管理會計產生和發展的原因包括（　　　）。
   A. 社會生產力的進步　　　　B. 市場經濟的繁榮
   C. 現代電子計算機技術的進步　D. 現代管理科學理論的發展
4. 管理會計與財務會計的聯繫主要體現在（　　　）。
   A. 管理會計源自財務會計　　B. 二者最終目標相同
   C. 二者互為信息提供者　　　D. 編製的會計報告要求相同
5. 管理會計與財務會計的區別主要體現在（　　　）。
   A. 服務對象不同
   B. 遵循的原則、標準和依據的基本概念框架結構不同
   C. 計量的尺度及核算要求不同
   D. 方法體系及程序不同

三、判斷題

1. 管理會計是與財務會計並列的一門新興的綜合性的邊緣科學。（　　）
2. 管理會計的規劃職能是通過編製各種計劃和預算實現的。（　　）
3. 相對而言，管理會計對會計人員素質的要求起點比財務會計要低。（　　）
4. 管理會計不僅以貨幣進行計量，還要進行非貨幣計量。（　　）

四、思考題

1. 什麼是管理會計？它有哪些職能？
2. 管理會計應遵循的原則是什麼？
3. 管理會計與財務會計的聯繫和區別是什麼？

第二章 成本性態與變動成本法

學習目標

　　掌握：成本性態的分類、混合成本分解的方法、變動成本法和完全成本法原理、變動成本法和完全成本法下的成本及損益確定

　　熟悉：變動成本法和完全成本法的區別與聯繫，變動成本法及完全成本法的優缺點、使用條件

　　瞭解：變動成本法的應用

關鍵術語

　　成本性態；固定成本；變動成本；混合成本；完全成本法；變動成本法；固定製造費用；變動製造費用；單軌制；雙軌制；結合制

　　管理會計中的成本分類與財務會計是不同的。管理會計是為企業內部所有管理職能服務的，其方法主要是滿足企業預測、決策、規劃和控制的需要。

　　成本按性態分類是研究管理會計方法的起點，在這個起點上，再將利潤聯繫起來，就可進行業務量、成本和利潤三者之間的變量關係分析，從而為企業預測、決策分析以及規劃和控制奠定堅實的基礎。

第二章 成本性態與變動成本法

● 第一節 成本性態概述

　　任何組織的管理人員都希望知道成本是如何受該組織業務活動的影響的,解決這類問題的第一步是分析成本性態。成本性態是指成本總額與業務活動之間的依存關係。而影響成本的業務活動稱為成本動因。引起成本發生的動因有很多,最常見的是與數量有關的成本動因,一般稱為業務量。業務量是指企業在一定的生產經營期內投入或完成的經營工作量的統稱。

　　根據具體業務性質的不同,業務量可以表現為實物量、價值量和時間量,如產品生產量或銷售量、產品銷售額、工人工作小時、機器工作小時、維修小時等。

　　成本按其性態可分為固定成本、變動成本和混合成本三大類。

一、固定成本

　　固定成本是指在一定條件下,當業務量發生變動時總額保持不變的成本。固定成本具有以下特點:①成本總額在相關範圍內不隨業務量而變,表現為固定不變的金額;②單位業務量負擔的固定成本(即單位固定成本)隨業務量的增減變動成反比例變動。

　　這裡的成本總額是個相對概念,可以是某一項成本的總額,也可以是若干項成本的合計。

　　【例2-1】假設某廠生產過程中所用的某種機器是向外租用的,其月租金為6,000元,該機器設備每月的最大生產能力為400件。所以,當該廠每月的產量在400件以內時,其租金總成本一般不隨產量的增減而變動。現假定該廠每月的產量分別為100件、200件、300件、400件,則單位產品分攤的固定成本(租金)如表2-1所示。

表2-1　　　　　　　　產品分攤的固定成本(租金)表

產量(件)	固定成本總額(元)	單位固定成本(元)
100	6,000	60
200	6,000	30
300	6,000	20
400	6,000	15

　　為了便於建立數學模型進行定量分析,我們用 y 代表成本,用 x 代表業務量,用 a 代表固定成本總額,則固定成本模型為 $y = a$,單位固定成本模型為 $y = a/x$。

管理會計

固定成本大多體現在製造費用、管理費用和銷售費用中。固定成本還可根據其支出數是否受管理層短期決策行為的影響，進一步分為約束性固定成本和酌量性固定成本。

約束性固定成本，是指不受企業管理層短期決策行為的影響，在短期內不能改變其數額的固定成本。如提供和維持企業生產經營能力所需設施、機器等的最基本的生產能力支出。約束性固定成本通常由企業最高管理層根據企業戰略規劃和長遠目標來確定，一旦形成在短期內很難改變，即使生產中斷，該種固定成本也仍然要發生，如果削減該種支出，勢必影響企業的生產能力和長遠目標，因此，這種成本具有很大的約束性。

酌量性固定成本，是指受企業管理層短期決策行為的影響，能改變其數額的固定成本。如廣告和促銷費、研究開發費、職工培訓費、管理人員薪金等。這些成本在某一預算執行期內固定不變，而在編製下期預算時，可由管理層根據未來的需要和財務負擔能力進行調整。因此，要想降低酌量性固定成本，只有精打細算，厲行節約，在保證不影響生產經營的前提下盡量減少它們的支出總額。此外，在企業財務陷入困難時期，管理層通常可以將酌量性固定成本進行適當縮減，但卻不能減少約束性固定成本的發生。

二、變動成本

變成成本是指在一定條件下，總額隨著業務量的增減呈正比例變動的成本。變動成本具有以下特點：①成本總額隨著業務量的增減變動呈正比例變動；②單位業務量所對應的變動成本（即單位變動成本）在耗費水準不變的情況下不受業務量增減變動的影響而保持不變。

【例2-2】假設某廠生產一種產品，單位產品的變動成本為10元，假設各項耗費水準不變，產量在一定範圍內變動對於成本的影響如表2-2所示。

表 2-2　　　　　　　　　　　產品變動成本表

產量（件）	變動成本總額（元）	單位變動成本（元）
100	1,000	10
200	2,000	10
300	3,000	10
400	4,000	10

可見，當產量從100件增加到400件，變動成本總額也從1,000元增加到4,000元，但單位產品變動成本仍保持10元。

用 b 代表單位變動成本，則變動成本模型為 $y = bx$，單位變動成本模型為 $y = b$。

第二章　成本性態與變動成本法

製造企業常見的變動成本一般包括產品成本中的直接材料成本和直接人工成本，製造費用中隨著業務量呈正比例變動的物料用品費、燃料費、動力費，按銷售量支付的銷售佣金、包裝費、裝運費、銷售稅金等。變動成本又可進一步分為設計變動成本和酌量性變動成本。設計變動成本是由產品的工藝設計所確定的，只要工藝技術及產品設計不改變，成本就不會變動，所以不受企業管理層決策的影響。酌量性變動成本通常受管理層決策的影響，有很大的選擇性，如在不影響產品質量和單耗不變的前提下，企業可以在不同地區或不同供貨單位採購到不同價格的某種原材料，其成本消耗就屬於酌量性變動成本。

三、混合成本

在實際工作中，有許多成本往往介於固定成本和變動成本之間，它們既非完全固定不變，也不隨著業務量呈正比例變動，因而稱為混合成本。常見的混合成本包括階梯成本和半變動成本。

階梯成本的發生額在一定的業務量範圍內是固定的，當業務量超過這一範圍，其發生額就會跳躍上升到一個新的水準，並在新的業務量範圍內固定不變，直到出現另一個新的跳躍為止，如此重複下去，其成本隨著業務量的增長呈現出階梯狀增長趨勢。如企業的運貨員、質檢員等人員的工資，以及受一定業務量影響的固定資產租賃費等。

半變動成本是由明顯的固定成本和變動成本兩部分組成。這種成本通常有一個基數，不受業務量的影響，相當於固定成本；在此基數之上，隨著業務量的增長，成本也呈正比例增加，這部分成本相當於變動成本。如公用事業費的煤氣費、電話費，以及機器設備的維修保養費等可能屬於這類成本。這些成本一般由供應單位每月固定一個收費基數，不管企業使用量為多少都必須支付，屬於固定成本性質。在此基礎上，再根據耗用量的大小乘以單價計算，屬於變動成本性質。

【例2-3】設某廠租用一臺數控機床，合同規定除每年支付租金8,000元外，機床每開機一天，還得支付營運費2元，該機床某年累計開機的天數為360天，則當年支付的租金總額為8,720元（8,000+360×2 = 8,720）。

可見，這臺機床的租金總額8,720元屬於半變動成本，其中固定成本部分為8,000元，變動成本部分將隨各個年度機床的開機天數的變動而增減。

四、相關範圍

前面在解釋固定成本和變動成本的含義時，總要加上「在一定條件下」這句話。這就意味著固定成本和變動成本的區分不是絕對的，而是有條件的。這個條件在管理會計中稱為相關範圍。

對於固定成本來說，相關範圍有兩方面的含義：一是指特定的期間。從較長時

期看，所有的成本都是可變的，即使是約束性固定成本，隨著時間的推移，企業的生產經營能力也將會發生變化，其總額也必然會發生調整。因此，只有在一定期間內，固定成本才能保持不變的特徵。二是指特定的業務量水準。如果業務量超出這一水準，企業勢必要增加廠房、機器設備和人員的投入，導致固定成本的增加。由此可見，即使在某一特定期間內具有固定特徵的成本，其固定性也是針對某一特定業務量範圍而言的。如果超出這個業務量範圍，固定成本總額就可能發生變動。

變動成本同固定成本一樣，也存在著一定的相關範圍。超過相關範圍，變動成本也不再表現為完全的線性關係，而是非線性關係。

五、總成本的函數模型

為了便於進行預測和決策分析，在明確各種成本性態的基礎上，最終要將企業的全部成本區分為固定成本和變動成本兩大類，並建立相應的成本函數模型。由於成本與業務量之間存在一定的依存關係，所以總成本可以表示為業務量的函數，即假定總成本可以近似地用一元線性方程來描述。

在相關範圍內，總成本函數可用公式表示為：$y = a + bx$。其中，y 代表總成本，x 代表業務量，a 代表固定成本總額（即真正意義上的固定成本與混合成本中的固定部分之和），b 代表單位變動成本（即真正意義上的單位變動成本與混合成本中的單位變動部分之和），bx 代表變動成本總額。

第二節　成本性態分析方法

成本性態分析是將成本表述為業務量的函數，分析它們之間的依存關係，然後按照成本對業務量的依存性，最終把全部成本區分為固定成本與變動成本兩大類。它結合成本與業務量的增減動態進行差量分析，是構成基礎性管理會計的一項重要內容。

進行成本性態分析，首先需要將成本按其與業務量之間的依存關係劃分為固定成本、變動成本和混合成本三大類。在管理會計中，總成本與混合成本有著相同的性態，即二者同時都包含著固定成本與變動成本這兩種因素。將混合成本分解為固定成本和變動成本兩部分，才能滿足經營管理上多方面的需要。

一、成本性態分析的意義

（一）成本性態分析是採用變動成本法的前提條件

變動成本法在計算企業各期間的損益時必須首先將企業一定時期發生的所有成本劃分為固定成本和變動成本兩大類，再將與產量變動呈正比例變化的生產成本作

第二章　成本性態與變動成本法

為產品成本，並據以確定已銷產品的單位成本，同時將其作為期末存貨的基礎；而將與產量變動無關的所有固定成本作為期間成本處理，全額從當期的銷售收入中扣除。由此可見，進行成本性態分析、正確區分變動成本與固定成本，是採用變動成本法的基礎。

（二）成本性態分析為進行量本利分析提供方便

業務量-成本-利潤依存關係的分析作為管理會計的基礎分析方法，在分析中需要使用反應成本性態的成本函數（即反應成本性態的方程式），對過去的數據進行分析、研究，從而相對準確地將成本分解為固定成本和變動成本兩大類。

（三）成本性態分析是正確制定經營決策的基礎

要做出正確的短期經營決策必須區分相關成本和不相關成本。在「相關範圍」內，固定成本不隨業務量的變動而變動，在短期經營決策中大多屬於不相關成本；而變動成本在大多數情況下屬於決策的相關成本。所以，正確進行短期經營決策的關鍵是將成本按其性態劃分為固定成本與變動成本。

（四）成本性態分析是正確評價企業各部門工作業績的基礎

變動成本與固定成本具有不同的成本性態。在一般情況下，變動成本的高低，可反應出生產部門和供應部門的工作業績，完成情況的好壞應由它們負責。例如在直接材料、直接人工和變動性製造費用方面，如有所節約或超支，就可視為其業績好壞的反應，這樣就便於分清各部門的經濟責任。而固定成本的高低一般不是基層生產單位所能控制的，通常應由管理部門負責，可以通過制定費用預算加以控制。因此採用科學的成本分析方法和正確的成本控制方法，也有利於正確評價各部門的工作業績。

二、成本性態分析存在的問題

（一）沒有全面考慮影響成本變動的主要因素

成本的變動不僅受到業務量變動的影響，還受到其他來自內部和外部各種因素變動的影響，如企業領導的各種決策活動、競爭者的策略以及原材料價格等各方面因素的影響。即使只考慮業務量變動，影響成本各要素的業務量也不盡相同。如影響製造成本的業務量是產量，影響銷售費用的業務量應為銷售量，影響管理費用的為管理工作量，而影響財務費用的則是融資量的大小。這些業務量在成本性態分析中往往無法統一，只考慮一種因素而忽略其他因素，結果往往存在較大的誤差。

（二）不能完全滿足決策者的要求

成本分析是為企業管理者的決策服務的，所以其分析結果一定要滿足企業管理者的要求。而管理者往往希望知道的是其每一種決策對總成本造成的影響，成本性態分析只提供了企業業務量的變動對總成本的影響，而這種業務量能否為企業管理者所控制，或是其決策是否會導致其他影響總成本的因素的變動等均無法予以反應。

管理會計

（三）「成本與業務量之間完全線性聯繫」的假定不盡切合實際

成本性態分析的假設前提是成本的變動率是線性的，但在許多情況下，成本與業務量之間的聯繫是非線性的。

（四）混合成本的分解方法含有估計的成分

分解混合成本，一般有歷史成本分析方法、工程研究法、帳戶分類法和合同認定法等。但不管是哪一種分解方法都帶有一定程度的假定性，都是借助某一種相關要素來估計成本。所以，其分解的結果均不可能完全準確。

三、成本性態分析的程序

成本性態分析的程序是指完成成本性態分析任務所經過的步驟。共有兩種分析程序：多步驟分析程序和單步驟分析程序。

（一）多步驟分析程序

多步驟分析程序又稱分步分析程序，屬於先定性分析後定量分析的程序。

首先將總成本按其性態分為變動成本、固定成本和混合成本三部分；然後採用一定的技術方法分解混合成本為變動成本和固定成本，在此基礎上，分別將它們與固定成本和變動成本合併，最後建立相關的總成本性態分析模型。

（二）單步驟分析程序

單步驟分析程序又稱同步分析程序，屬於定性分析與定量分析同步進行的程序。該程序將總成本直接一次性地區分為變動成本和固定成本兩部分，並建立有關的總成本性態分析模型。

這種程序不考慮混合成本的依據是：①按照一元線性假定，無論是總成本還是混合成本都是一個業務量 x 的函數，因此，按分步分析程序與同步分析程序進行成本性態分析的結果應當是相同的；②在混合成本本身的數額較少，前後期變動幅度較小，對企業影響十分有限的情況下，可以將其視為固定成本，以便簡化分析過程。

四、混合成本的分解方法

在管理會計中，研究成本對業務量的依存性，亦即從數量上具體掌握成本與業務量之間的規律性的聯繫，具有重要意義。根據成本性態將企業的全部成本區分為固定成本和變動成本兩大類，是管理會計規劃與控制企業經濟活動的基本前提。但在實際工作中，許多成本項目同時兼有固定和變動性質，並不能直接區分固定成本或變動成本，而是表現為混合成本模式。因此，需要採用不同的專門方法將其中的固定因素和變動因素分解出來，分別納入固定成本和變動成本兩大類中，這就是混合成本的分解。

常用的混合成本分解方法有工程分析法、帳戶分析法、合同確認法和歷史成本分析法等。其中歷史成本分析法較具代表性，將重點加以介紹。

第二章　成本性態與變動成本法

（一）工程分析法

工程分析法又稱技術測定法，它是由工程技術人員根據生產過程中投入與產出之間的關係，對各種物質消耗逐項進行技術測定，在此基礎上來估算單位變動成本和固定成本的一種方法。

工程分析法的基本要點是：在一定的生產技術和管理水準條件下，根據投入的成本與產出數量之間的聯繫，將生產過程中的各種原材料、燃料、動力、工時的投入量與產出量進行對比分析，以確定各種耗用量標準，再將這些耗用量標準乘以相應的單位價格，即可得到各項標準成本。把與業務量相關的各項標準成本匯集便構成單位變動成本，把與業務量無關的各種成本匯集則構成固定成本總額。採用工程分析法可獲得較為精確的結果，但應用起來比較複雜、工作量很大。因此，該法通常適用於缺乏歷史數據可供參考的新產品。

（二）帳戶分析法

帳戶分析法是指分析人員根據各有關成本明細帳的發生額，結合其與業務量的依存關係，對每項成本的具體內容進行直接分析，使其分別歸入固定成本或變動成本的一種方法。

此法屬於定性分析，即根據各個成本明細帳戶的成本性態，通過經驗判斷，把那些與固定成本較為接近的成本歸入固定成本，而把那些與變動成本較為接近的成本歸入變動成本。至於不能簡單地歸入固定成本或變動成本的項目，則可通過一定比例將它們分解為固定和變動部分。帳戶分析法具有簡便易行的優點，適用於會計基礎工作較好的企業。但由於此法要求分析人員根據自己的主觀判斷來決定每項成本是固定成本還是變動成本，因而分類結果比較主觀。

（三）合同確認法

合同確認法是根據企業與供應單位所訂立的經濟合同中的費用支付規定和收費標準，分別確認哪些費用屬於固定成本，哪些費用屬於變動成本的方法。合同確認法一般適用於水電費、煤氣費、電話費等公用事業費的成本性態分析。

（四）歷史成本分析法

歷史成本分析法是根據混合成本在過去一定期間內的成本與業務量的歷史資料，採用適當的數學方法對其進行數據處理，從而分解出固定成本和單位變動成本的一種定量分析法。

該方法要求企業歷史資料齊全，成本數據與業務量的資料要同期配套，具備相關性。因此，此法適用於生產條件比較穩定、成本水準波動不大以及有關歷史資料比較完備的企業。歷史成本法的精確程度，取決於用以分析的歷史數據的恰當程度。歷史成本法又可具體分為高低點法、散布圖法和迴歸直線法三種。其中前兩種得到的都是近似值，只有迴歸直線法所得到的結果較為精確。

1. 高低點法

高低點法是從過去一定時期內相關範圍的資料中選出最高業務量和最低業務量

及相應的成本這兩組數據，來推算出固定成本和單位變動成本的一種方法。

基本原理：任何一項混合成本都是由固定成本和變動成本兩種因素構成，因而混合成本的函數也可用 $y = a + bx$ 來表示。由於固定成本在相關範圍內是固定不變的，若單位變動成本在相關範圍內是個常數，則變動成本總額就隨著高低點業務量的變動而變動。

最高業務量的成本函數為：$y_1 = a + bx_1$　　　　　　　　　　　　　　　　　（1）

最低業務量的成本函數為：$y_2 = a + bx_2$　　　　　　　　　　　　　　　　　（2）

（1）－（2），結果得：$y_1 - y_2 = b(x_1 - x_2)$，可求出單位變動成本 b：

$$b = \frac{y_1 - y_2 \,(\text{高低點混合成本之差})}{x_1 - x_2 \,(\text{高低點業務量之差})}$$

將 b 代入（1）式或（2）式，可求出固定成本 a，$a = y_1 - bx_1$ 或 $y_2 - bx_2$。

高低點法在使用中簡便易行，但由於它只選擇了諸多歷史資料中的兩期數據作為計算依據，因而代表性較差，結果不太準確。這種方法一般適用於成本變化趨勢比較穩定的企業。

【例2-4】某企業只生產一種產品，1~6月的實際產銷量和部分成本資料如表2-3所示。

表2-3　　　　　某企業1~6月產品實際產銷量和部分成本表

月份	1	2	3	4	5	6
總成本（元）	2,000	2,900	2,500	3,000	2,200	2,100
產銷量（件）	100	200	180	200	120	100

要求：（1）用高低點法進行成本性態分析；

（2）寫出該企業總成本性態函數模型表達式。

解：

（1）高點坐標為（200,3,000）；低點坐標為（100,2,000）

$b = (3,000 - 2,000)/(200 - 100) = 10$

$a = 2,000 - 10 \times 100 = 1,000$ 或 $a = 3,000 - 10 \times 200 = 1,000$

（2）$y = 1,000 + 10x$

2. 散布圖法

散布圖法又稱目測法，是指將收集到的一系列業務量和混合成本的歷史數據在直角坐標圖上逐一標出，以縱軸表示成本，以橫軸表示業務量，這樣歷史數據就形成若干個點散布在直角坐標圖上，然後通過目測，畫出一條反應成本變動趨勢的直線，該直線應較合理地接近大多數點。將這條直線延長並與縱軸相交，則該直線在縱軸上的截距就是固定成本，該直線的斜率就是單位變動成本。

散布圖法考慮了所獲得的全部歷史數據，因而比高低點法更為準確、可靠，並且該法形象直觀、易於理解。但由於直線位置主要靠目測確定，往往因人而異，且

第二章　成本性態與變動成本法

固定成本和變動成本的計量仍是主觀的，從而影響了計算的客觀性。

3. 最小平方法（迴歸直線法）

最小平方法是一種數理統計法，它根據過去若干期業務量與成本的資料，運用數學上的最小平方法原理精確計算混合成本中的固定成本和單位變動成本。其原理是從散布圖中找到一條直線，使該直線與由全部歷史數據形成的散布點之間的誤差平方和最小，這條直線在數理統計中稱為「迴歸直線」或「迴歸方程」，因而這種方法又稱迴歸直線法。

與前述其他混合成本分解方法相比，最小平方法的計算結果更為科學準確，而且通過迴歸分析可得到關於成本預測可靠性的重要統計信息，使得分析人員可以評價成本計量的可信度。但由於該法計算工作量較大，因而適合於用計算機迴歸軟件來解決。

利用迴歸直線法時，首先要確定自變量（業務量）x 與因變量（混合成本）y 之間是否線性相關及其相關程度，判別的方法主要有「散布圖法」與「相關係數法」。所謂散布圖法，就是將有關的數據繪製成散布圖，然後依據散布圖的分佈情況判斷 x 與 y 之間是否存在線性關係；所謂相關係數法，就是通過計算相關係數 r 判別 x 與 y 之間的關係。相關係數可按下列公式進行計算：

$$r = \frac{\sum x_i y_i - n\bar{x}\bar{y}}{\sqrt{\left[\sum x_i^2 - n(\bar{x})^2\right]\left[\sum y_i^2 - n(\bar{y})^2\right]}}$$

判斷相關係數相關性標準如表 2-4 所示。

表 2-4　　　　　　　　　相關係數相關性判斷表

相關係數的數值	$|r|>0.7$	$0.3<|r|<0.7$	$|r|<0.3$	$|r|=0$
因變量與自變量的關係	強相關	顯著相關	弱相關	不相關

在確認因變量與自變量之間存在線性關係之後，便可建立迴歸直線方程，y 為因變量，x 為自變量，a、b 為迴歸系數。

根據最小平方法原理，可得到求 a、b 的公式：

$$a = \frac{(\sum x_i^2)\bar{y} - \bar{x}\sum x_i y_i}{\sum x_i^2 - n(\bar{x})^2}, \quad b = \frac{\sum x_i y_i - n\bar{x}\bar{y}}{\sum x_i^2 - n(\bar{x})^2}$$

【例 2-5】設某公司模具車間 20×× 年各月份實際發生的機器工作小時和機器維修成本如表 2-5 所示。要求：用最小平方法（迴歸直線法）進行成本性態分析，寫出該車間機器維修成本的性態函數模型表達式。

管理會計

表 2-5　　　　　　　　某公司模具車間生產數據資料匯總

月份	機器工作小時 x	機器運行成本 y（元）
1	500	364
2	460	358
3	380	330
4	420	340
5	360	320
6	480	356
7	390	354
8	394	362
9	430	352
10	460	344
11	396	360
12	504	370

解：第一步，設以 y 代表機器維修成本，x 代表機器工作小時，根據表 2-5 提供的資料計算，如表 2-6 所示。

表 2-6　　　　　　　　　　　計算列表

月份	x_i	y_i	$x_i y_i$	y_i^2	x_i^2
1	500	364	182,000	132,496	250,000
2	460	358	164,680	128,164	211,600
3	380	330	125,400	108,900	144,400
4	420	340	142,800	115,600	176,400
5	360	320	115,200	102,400	129,600
6	480	356	170,880	126,736	230,400
7	390	354	138,060	125,316	152,100
8	394	362	142,628	131,044	155,236
9	430	352	151,360	123,904	184,900
10	460	344	158,240	118,336	211,600
11	396	360	142,560	129,600	156,816
12	504	370	186,480	136,900	254,016
合　計	5,174	4,210	1,820,288	1,479,396	2,257,068

第二步，為判斷 x 與 y 之間是否存在著線性關係，應計算相關係數：

第二章　成本性態與變動成本法

$$r = \frac{1,820,288 - 12 \times 431.17 \times 350.83}{\sqrt{(2,257,068 - 12 \times 431.17^2)(1,479,396 - 12 \times 350.83^2)}}$$

$$\approx \frac{5,079.55}{7,952.17} \approx 0.638,76$$

根據前述的判斷標準，可以判定 x 與 y 之間呈顯著相關狀態。

第三步，利用公式計算該車間固定成本及單位變動成本，建立迴歸直線方程：

$$a = \frac{2,257,068 \times 350.83 - 431.17 \times 1,820,288}{2,257,068 - 12 \times 431.17^2}$$

$$\approx \frac{6,993,589.5}{26,177.17} \approx 267.16$$

$$b = \frac{1,820,288 - 12 \times 431.17 \times 350.83}{2,257,068 - 12 \times 431.17^2}$$

$$\approx \frac{5,079.55}{26,177.17} \approx 0.19$$

$\therefore y = 267.16 + 0.19x$

該車間固定成本為267.16元，單位機器工時對應的變動成本為0.19元，其總成本性態函數模型為 $y = 267.16 + 0.19x$。

第三節　變動成本法與完全成本法

一、變動成本法

（一）變動成本法的概念

變動成本法，又稱變動成本計算法，是一種成本計算的方法，在這種成本計算法下，產品成本實際上就是其變動生產成本，即在某種產品製造（生產）過程中直接發生的、同產量保持正比例關係的各種費用，包括直接材料、直接人工和變動性製造費用。當期發生的固定性製造費用，全部以「期間成本」的名義計入當期損益中，作為邊際貢獻的扣減項目。變動成本法的理論依據如下：

1. 產品成本只應包括變動生產成本

在管理會計中，產品成本是指那些隨產品實體的流動而流動，只有當產品實現銷售時才能與相關收入實現配比、得以補償的成本。這裡的「隨產品實體的流動而流動」的「成本流動」，是指構成產品成本的價值要素，最終要在廣義產品的各種實物形態（包括本期銷貨和期末產成品存貨）上得以體現，即物化於廣義產品，表現為本期銷售成本與期末存貨成本。由於產品成本只有在產品實現銷售時才能轉化為與相關收入相配比的費用，因此，本期發生的產品成本得以補償的歸屬期有兩種

管理會計

可能：一種是以銷售成本的形式計入當期損益，成為與當期收入相配比的費用；一種是以當期完工但尚未售出的產成品和當期尚未完工的在產品等存貨成本的形式計入期末資產負債表遞延下期，與在以後期間實現的銷售收入相配比。按照變動成本法的解釋，產品成本必然與產品產量密切相關，在生產工藝沒有發生實質變化、成本水準不變的條件下，所發生的產品成本總額應當隨著完成的產品產量成正比例變動。若不存在產品這個物質承擔者，就不應當有產品成本存在。顯然，在變動成本法下，只有變動成本才能構成產品成本的內容。

2. 固定成本應當作為期間成本處理

在管理會計中，期間成本是指那些不隨產品實體的流動而流動，而是隨企業生產經營持續期間長短而增減，其效益隨期間的推移而消逝，不能遞延到下期，只能於發生的當期計入損益且由當期收入補償的成本。這類成本的歸屬期只有一個，即於發生的當期直接轉作本期費用，因而與產品實體流動的情況無關，不能計入期末存貨成本。按照變動成本法的解釋，並非在生產領域內發生的所有成本都是產品成本。如生產成本中的固定性製造費用，在相關範圍內，它的發生與各期的實際產量的多少無關，它只是定期地創造了可利用的生產能力，因而與期間的關係更為密切。在這一點上它與銷售費用、管理費用和財務費用等非生產成本只是定期地創造了維持企業經營的必要條件一樣具有時效性。不管這些能力和條件是否在當期被利用或被利用得是否有效，這種成本發生額都不會受到絲毫影響，其效益隨著時間的推移而逐漸喪失，不能遞延到下期。因此，固定性製造費用（即固定生產成本）應當與非生產成本同樣作為期間成本處理。

（二）變動成本法的特點

變動成本法的特點是和完全成本法比較而言的。與完全成本法相比，變動成本法的特點如下：

（1）就成本劃分的標準與類別以及產品所包含的內容來看，變動成本法是根據成本性態把企業全部成本劃分為變動成本和固定成本兩大類；其產品成本的內容只包括變動的直接材料、直接人工與變動製造費用三大成本項目。而完全成本法則根據成本的經濟用途把企業全部成本劃分為製造成本和非製造成本兩大類；其產品成本的內容則是指整個製造成本，包括直接材料、直接人工與全部製造費用（包括變動性與固定性製造費用）三大成本項目。詳見表2-7所示。

（2）就期末產成品和在產品的存貨計價來看，採用變動成本法，只包括變動製造費用，而不包括固定製造費用；若採用完全成本法，則由於在已銷售的產成品、庫存的產成品和在產品之間都分配了全部製造成本，因此，它的期末產成品和在產品的存貨計價也應以全部製造成本為準，其數額必然大於採用變動成本法的計價。

第二章　成本性態與變動成本法

表 2-7　變動成本法與完全成本法在成本劃分標準和成本構成內容方面的比較

區分標誌	變動成本法			完全成本法		
成本劃分標準	按成本習性			按經濟用途		
成本劃分類別	變動成本	變動製造成本	直接材料	製造成本	直接材料	
			直接人工		直接人工	
			變動製造費用		製造費用	
		變動銷售費用				
		變動管理及財務費用				
	固定成本	固定製造費用		非製造成本	銷售費用	
		固定銷售費用			管理費用	
		固定管理費用及財務費用			財務費用	
產品成本包含內容	變動製造成本	直接材料		全部製造成本	直接材料	
		直接人工			直接人工	
		變動製造費用			全部製造費用	

（3）在利潤的計算結果方面，由於兩種方法對存貨的估價不同，故在產銷不平衡時，計算出的利潤也就不一樣。變動成本法與完全成本法在利潤計算結果方面的不同，可概括如下：

①變動成本法下：
生產邊際貢獻＝銷售收入－產品變動生產成本
產品邊際貢獻＝生產邊際貢獻－變動性銷售和管理及財務費用
營業利潤＝產品邊際貢獻－固定性製造費用－固定性銷售和管理及財務費用
其中：產品變動生產成本＝直接材料＋直接人工＋變動性製造費用

②完全成本法下：
銷售毛利＝銷售收入－產品銷售成本
營業利潤＝銷售毛利－銷售費用－管理費用－財務費用
其中：產品銷售成本＝直接材料＋直接人工＋全部製造費用

當期末存貨成本＝期初存貨成本（或本期產量＝銷售量）時，兩者計算出的營業利潤相等；

當期末存貨成本＞期初存貨成本（或本期產量＞銷售量）時，完全成本法計算的營業利潤＞變動成本法計算的營業利潤；

當期末存貨成本＜期初存貨成本（或本期產量＜銷售量）時，完全成本法計算的營業利潤＜變動成本法計算的營業利潤。

兩者差異＝期末存貨中的固定製造費用－期初存貨中的固定製造費用
　　　　＝（期末單位固定製造費用×期末存貨量）－（期初單位固定製造費用
　　　　　×期初存貨量）

管理會計

【例2-6】假設某廠只生產單一產品，有關資料如下：全年生產5,000件，銷售4,000件，無期初產成品庫存；生產成本為每件變動成本（包括直接材料、直接人工和變動性製造費用）4元，每件變動性銷售和管理及財務費用1元，固定性製造費用共10,000元，固定性銷售和管理及財務費用共2,000元。每單位產品的售價為10元。根據上述資料，採用變動成本計算法，據以確定產品的單位成本和全年的營業利潤如下：

單位產品變動生產成本＝4（元）

生產邊際貢獻總額＝10×4,000－4×4,000＝24,000（元）

產品邊際貢獻＝24,000－1×4,000＝20,000（元）

營業利潤＝20,000－10,000－2,000＝8,000（元）

（三）變動成本法的優缺點

1. 變動成本法的優點

變動成本法突破了完全成本法傳統、狹隘的成本觀念，為正確計算企業利潤、強化企業的內部經營管理、提高經濟效益開拓了新途徑。具體表現為以下幾個方面：

（1）更符合費用和收益相配比這一公認會計原則的要求。

（2）能提供更有用的管理信息，便於進行預測和短期經營決策。有了固定成本和變動成本的資料，就能以邊際貢獻分析為基礎，進行盈虧平衡點和量本利分析，進而揭示出產量與成本變動的內在規律，使預測、決策和控制建立在科學可靠的基礎之上，達到預期的目標。

（3）便於分清各部門、各單位的經濟責任，有利於進行成本控制與業績考核和評價。一般來講，變動成本的高低，反應出生產部門和供應部門的業績，而固定成本的高低通常應由管理部門負責，所以應採取不同的方法分別進行控制。對於變動成本，可採用制定標準成本和建立彈性預算的方法進行日常控制；對於固定成本，則應通過製造費用預算加以控制。變動成本法分清了變動成本與固定成本，為實施以上方法提供了良好的基礎。

（4）能夠提醒管理當局重視銷售環節，防止盲目生產。在完全成本法下，只要大量生產，單位產品中的固定成本就會降低，因而營業利潤也會增加，這樣就把銷售拋在一邊，導致有些企業為了追求短期效益而盲目增加產量、輕銷售而造成產品積壓的弊端。而在變動成本法下，產量變動對產品單位成本的影響不大，企業的生產只會以銷售為基礎，從而避免了產品的積壓。

（5）避免間接費用的分攤，簡化了核算工作，有利於會計人員集中精力對經濟活動進行日常控制。採用變動成本法由於將固定成本直接計入當期損益，免去了每期期末固定成本在各產品及在製品之間進行分配的繁重工作，因而使成本核算工作變得簡便、高效且減少了成本計算中的主觀隨意性，相應地提高了產品成本信息的準確性和可信度。

第二章　成本性態與變動成本法

2. 變動成本法的缺點
（1）不符合傳統的成本概念以及對外報告的要求。
（2）只適用於短期決策，不適用於長期決策。

二、完全成本法

（一）完全成本法的概念

所謂完全成本法，是指構成產品成本的內容包括直接材料、直接人工和全部製造費用（包括固定性製造費用和變動性製造費用）的成本計算方法。也就是說，每生產一單位產品，其成本不僅包括產品生產過程中直接消耗的直接材料、直接人工和變動性製造費用，而且還包括一定份額的固定性製造費用，本期已銷售的產品中的固定性製造費用轉作本期銷售生產成本，本期未銷售產品的固定性製造費用則遞延到以後期間。

（二）完全成本法的特點

1. 完全成本法下的產品成本的構成

如前所述，完全成本法根據成本的經濟用途把全部成本劃分為製造成本和非製造成本兩大類；其產品成本的內容是指整個製造成本，包括直接材料、直接人工與全部製造費用（包括變動性製造費用與固定性製造費用）三大成本項目。從而，在完全成本法下，產品成本的計算公式如下：

產品成本＝直接材料＋直接人工＋全部製造費用
　　　　＝直接材料＋直接人工＋變動性製造費用＋固定性製造費用

2. 完全成本法下的利潤計算

通過前面對變動成本法的介紹，我們知道兩種計算方法最大的差別是對固定性製造費用的處理方法不同。變動成本法把固定性製造費用當作期間成本直接計入當期損益，而完全成本法則把固定性製造費用計入產品成本。因此，在完全成本法下，不管已實現銷售的產品還是期末未實現銷售的產成品或在產品的成本都包括一定的固定性製造費用，導致在產銷不平衡的情況下，計算出的利潤也不一樣。

【例2-7】承前【例2-6】的資料，採用完全成本法計算的單位產品成本和營業利潤如下：

產品的單位生產成本＝4＋10,000÷5,000＝4＋2＝6（元）
銷售毛利＝10×4,000－6×4,000＝16,000（元）
營業利潤＝16,000－(4,000×1＋2,000)＝10,000（元）

從計算結果得知，當產量大於銷量時，採用完全成本法計算的營業利潤大於採用變動成本計算法計算的營業利潤（10,000＞8,000），差額可以計算如下：

差異額＝2×(5,000－4,000)－0＝2,000（元），即為年末存貨的固定製造費用。

（三）完全成本法的優缺點

1. 完全成本法的優點

（1）比較符合公認會計準則成本概念的要求。

（2）產品成本和存貨的計價比較完整，便於直接編製對外財務報告。

2. 完全成本法的缺點

（1）計算出來的單位產品成本不僅不能反應生產部門的真實成績，反而掩蓋或誇大了它們的生產業績。

（2）計算出來的營業利潤結果往往令人費解，甚至還會促使企業片面追求產量、盲目生產，造成產品積壓，造成社會資源浪費。

（3）無法據以進行預測分析和決策分析或編製彈性預算。

（4）固定費用需要經過人為分配後才能進入產品成本。

（四）採用完全成本法的必要性

完全成本法目前之所以仍然得到公認會計準則的認可並在實際工作中廣泛應用，是因為變動成本與固定成本都是產品生產時所必須發生的耗費，從而兩種成本都應計入產品成本中。除此之外，在企業的經營管理中採用完全成本法，還有以下兩個方面的原因：

（1）有助於刺激企業加速發展生產的積極性。這是因為按照完全成本法，產量越大，則單位固定成本越低，從而整個單位產品成本也隨之降低，超額利潤也越大。這在客觀上有助於刺激生產的發展。

（2）有利於企業編製對外報表。正因為完全成本法得到公認會計準則的認可和支持，所以企業只能以完全成本法為基礎編製對外報表。

三、變動成本法與完全成本法的結合

通過前面的內容我們知道，完全成本法和變動成本法都有自身的優點，同時也存在各自的不足之處，主要是側重的方面不同，具體歸納如下：

（1）兩種計算法下，產品總成本和單位成本有區別。

（2）變動成本法的數據有利於管理，便於理解；而完全成本法的資料不便於管理，易引起盲目生產、積壓資金。

（3）變動成本法的利潤與銷量相聯繫，銷量越大，利潤也越大；反之，銷量越小，利潤也越小。完全成本法的利潤與產量相聯繫，在銷量不變的情況下，產量越大，利潤也越大；反之，產量越小，利潤也越小。

總之，變動成本法是為了滿足面向未來決策、強化內部管理的要求而產生的。由於它能夠提供反應成本與業務量之間、利潤與銷售量之間有關的變化規律的信息，因而有助於加強成本管理、強化預測、決策、計劃、控制和業績考核等職能，促進以銷定產，減少或避免盲目生產帶來的損失。為充分發揮變動成本法的優點，必須兼顧現行統一會計準則所規定的完全成本法，使二者結合起來，不能搞兩套平行的

第二章　成本性態與變動成本法

成本計算資料，以免造成人力、物力、財力和時間的浪費。合理的做法應該是：將日常核算工作建立在變動成本法的基礎上，同時把日常所發生的固定製造費用先記入「存貨中的固定性製造費用」帳戶內，每期期末，把屬於本期已銷售部分的固定成本從該帳戶轉入「主營業務成本」帳戶，並列入損益表內作為本期銷售收入的扣減項目；餘下的固定成本，仍留在原帳戶內，並將其餘額按實際比例分攤給產成品和在產品項目，使它們仍按完全成本列示。

【例2-8】某廠生產甲產品，產品售價為10元/件，單位產品變動生產成本為4元，固定性製造費用總額為24,000元，銷售及管理費用為6,000元，全部是固定性的。存貨按先進先出法計價，最近三年的產銷量如2-8表所示。

表2-8　　　　　　　　某廠甲產品最近三年的產銷量表

資料	第一年	第二年	第三年
期初存貨量	0	0	2,000
本期生產量	6,000	8,000	4,000
本期銷貨量	6,000	6,000	6,000
期末存貨量	0	2,000	0

要求：（1）分別按變動成本法和完全成本法計算單位產品成本；
（2）分別按變動成本法和完全成本法計算三年的營業利潤。
解：（1）計算過程及結果如表2-9所示：

表2-9　　　　　　　　　　　　　　　　　　　　　　　　　　　　　　單位：元

單位產品成本	第一年	第二年	第三年
變動成本法	4	4	4
完全成本法	4+24,000÷6,000=8	4+24,000÷8,000=7	4+24,000÷4,000=10

（2）營業利潤計算如表2-10、表2-11所示：

表2-10　　　　　　　貢獻式利潤表（變動成本法）　　　　　　　單位：元

項目	第一年	第二年	第三年
銷售收入	60,000	60,000	60,000
減：變動成本	24,000	24,000	24,000
其中：生產性	24,000	24,000	24,000
非生產性	0	0	0
邊際貢獻	36,000	36,000	36,000
減：固定成本	30,000	30,000	30,000
其中：生產性	24,000	24,000	24,000
非生產性	6,000	6,000	6,000
營業利潤	6,000	6,000	6,000

管理會計

表2-11　　　　　　　傳統式利潤表（完全成本法）　　　　　　　單位：元

項目	第一年	第二年	第三年
銷售收入	60,000	60,000	60,000
減：銷售成本	48,000	42,000	54,000 （2,000×7+4,000×10）
銷售毛利	12,000	18,000	6,000
減：期間費用	6,000	6,000	6,000
營業利潤	6,000	12,000	0

　　從【例2-8】的計算可以看出，變動成本法下營業利潤的高低取決於銷量，顯得更為合理；完全成本法下營業利潤的高低取決於產量。

　　在各期單位變動成本、固定製造費用相同的情況下：當生產量等於銷售量時，兩種成本法所確定的營業利潤相等（如第一年的情況）；當生產量小於銷售量時，採用完全成本法所確定的營業利潤小於採用變動成本法所確定的營業利潤（如第三年的情況）；當生產量大於銷售量時，採用完全成本法所確定的營業利潤大於採用變動成本法所確定的營業利潤（如第二年的情況）。這是因為，在變動成本法下，計入當期損益表的是當期發生的全部固定性製造費用。而採用完全成本法時，產成品成本中包括固定製造費用，當存在期初、期末庫存產成品存貨時，這些存貨會釋放或吸收固定製造費用，即計入當期損益表的固定性製造費用數額，不僅受到當期發生的全部固定性製造費用水準的影響，而且還要受到期初、期末存貨水準的影響。

　　在其他條件不變的情況下，只要某期完全成本法下期末存貨的固定製造費用與期初存貨的固定製造費用的水準相同，就意味著兩種成本法計入當期損益表的固定製造費用的數額相同，兩種成本法的當期營業利潤必然相等；如果某期完全成本法下期末存貨的固定製造費用與期初存貨的固定製造費用的水準不同，就意味著兩種成本法計入當期損益表的固定製造費用的數額不等，此時兩種成本法確定的當期營業利潤不相等。

第四節　變動成本法的應用

　　隨著中國改革開放的進一步深入，企業的市場競爭日趨激烈，市場機會瞬息萬變。在企業外部環境優化、產品差異化程度不大的前提下，誰擁有成本優勢，誰就擁有主動權，就能在市場中站穩腳跟，並得到進一步發展。在這種情況下，企業財務部門的成本信息就成為企業加強對經濟活動的事前規劃和日常控制的重要依據。而隨著生產技術的不斷進步，資本有機構成的提高，使得固定成本的比重呈逐漸上

第二章　成本性態與變動成本法

升的趨勢。這樣，按傳統的完全成本法提供的會計資料就越來越不能滿足企業預測、決策、考核、分析和控制的需要了，於是變動成本法的應用就有了廣闊的空間。

變動成本法與完全成本法的主要區別在於對固定性製造費用的處理不同：變動成本法將其作為期間成本直接計入當期損益，而完全成本法則將其與變動性製造費用一起在產品中進行分配，當產品實現銷售時計入損益。由此可見，固定性製造費用是兩種方法的焦點，完全成本法對固定製造費用不單獨做處理，而變動成本法則需將其單獨列出。隨著中國市場經濟體制不斷完善、科學技術日益發達，固定性製造費用所占的比例越來越高，採用變動成本法提供成本資料將對企業的經營管理起到巨大的作用。

一、變動成本法的應用條件

變動成本法的應用應具備以下條件：

（1）國家財政有較強的承受能力。在開始普遍推行變動成本法的較長一段時間，由於全部固定成本直接計入損益，這將導致國家財政收入陡然減少。因此，它要求國家財政有較強的承受能力，能夠承受住財政收入暫時減少帶來的影響。這是實行變動成本法的堅實基礎。

（2）企業會計核算基礎工作較好，會計人員素質較高。實行變動成本法所需的資料較多，並且要求資料的規範性較好，這就要求企業會計核算基礎工作必須紮實，以便隨時提供所需的資料。變動成本法是一種新的成本核算方法，要求參與的會計人員既精通舊方法，又能很快掌握新方法，特別是對固定成本和變動成本的劃分，一定要做到科學和準確，這就要求會計人員應具備較高的素質。

（3）企業固定成本的比重較大且產品更新換代的速度較快。當企業中的固定資產價值較大或管理成本較高時，分攤計入產品成本中的固定成本比重大，這時如不將其單獨列出，就不能正確反應產品的盈利狀況。當產品更新換代的速度較快時，需經常對是否投產新產品、如何確定新產品的價格以及新產品的生產量等一系列問題做出短期決策，而這些決策的做出依賴於完整準確的變動成本資料。

第（1）條是採用變動成本法的宏觀條件，即國家和社會應具備的條件，第（2）、第（3）條是採用變動成本法的微觀條件，即企業應具備的條件，只有當這些條件同時得到滿足，變動成本法才能普遍推行。

二、變動成本法的應用方法

（1）單軌制，即用變動成本法徹底替代完全成本法進行成本核算。這種方法既滿足了企業內部管理的需要，又使得用變動成本法提供對外報表合法化。這當然是最理想的一種應用方法。然而由於種種原因，現階段企業外部的信息使用者仍然要求企業按完全成本法計算提供報表，再加上變動成本法自身也存在一定缺陷，在相

管理會計

當長時間內還不能從會計法規上使其合法化。

（2）雙軌制，即企業在按完全成本法提供對外報表的同時，在企業內部另設一套按變動成本法計算的內部帳。這種方法的工作量非常大，要增加專門的人員按變動成本法做帳，從經濟上講沒有多大必要。

（3）結合制，即將變動成本法與完全成本法結合使用，日常核算建立在變動成本法的基礎之上，對產品成本、存貨成本、邊際貢獻和稅前利潤都按變動成本法計算，以滿足企業內部經營管理的需要；定期將按變動成本法確定的成本與利潤等會計資料調整為按完全成本法反應的會計資料，以滿足企業外部投資者等各方面的需要。

對以上三種觀點進行分析，並權衡利弊，我們認為「結合制」較為合理。其原因是：在變動成本法的應用上，既可充分發揮變動成本法的優點，又不與現行會計法規、制度等衝突，同時也能夠兼顧內部管理者和外部投資者兩方面的需要，而且不會破壞國家財政收入數據資料的準確性。可見，它是一種切實可行的有效方法。「結合制」具體操作步驟如下：

第一，認真進行成本性態分析，將製造費用正確劃分為固定性製造費用和變動性製造費用。這一步是採用變動成本法的基礎和前提，其關鍵是做到兩種費用劃分的科學性與正確性。如果劃分不準確，預測就不會準確，由此所進行的決策必然失誤。純粹的固定性製造費用和變動性製造費用的區分較為容易，主要看該項費用是否同產品產量呈正比例變化：如呈正比例變化，則計入變動成本；如與產品產量無比例關係，則劃入固定成本。這時關鍵是要做好混合成本的分解。

第二，在「製造費用」科目下增設「變動製造費用」與「固定製造費用」兩個二級科目，同時還在這兩個科目下設具體的費用明細科目，這樣就做到了在平常記帳過程中就分清了變動性製造費用和固定性製造費用的界限。

第三，設計計算表格，進行變動成本的計算。

第四，提供產品成本信息用於預測、決策與控制。

三、變動成本法的應用實例

某公司從 20×2 年起採用變動成本法進行成本核算，兩年多來，為公司管理層進行正確預測、決策和控制活動提供了大量更為科學的產品成本信息，起到了很好的效果。

20×1 年下半年，由於公司所處的電子信息行業市場份額萎縮，市場競爭加劇，產品大幅降價，公司出現了虧損。從財務部門提供的成本資料來看，產品的製造成本普遍很高，有的甚至超過售價。在這種情況下，一系列關於產品的決策問題深深困擾著公司領導層：是拱手讓出那些得之不易但卻成本過高的產品還是繼續組織生產？以怎樣的方式組織生產？以怎樣的份額和價格佔有市場？公司領導召集各部門召

第二章　成本性態與變動成本法

開緊急會議研究對策，經認真分析，大家都覺得產品成本信息有問題。公司在財務成本核算中，一直採用完全成本法，對內提供成本信息用於決策時也是運用該方法。但由於公司屬高科技企業，主要設備均為進口高精尖設備，其價值很高，淘汰年限又非常短，因而固定製造費用很高，導致產品成本普遍偏高。在這種情況下，原來採用的完全成本法已不能從數量上揭示產品與產銷量之間的內在聯繫，不能為企業的經營預測和決策提供真實、準確的成本信息。因此，公司最後決定採用變動成本法提供的成本資料重新對產品的生產和銷售進行預測。

首先對產品生產成本進行測算。其具體做法是：①正確劃分變動成本和固定成本。如何將構成產品的生產成本劃分為變動成本和固定成本，是運用此法的關鍵。將與生產量有關並且生產車間可控的成本，如產品的直接材料費、直接人工費、水電費等確定為變動成本，而把與生產量無關且生產車間不能控制的成本，如廠房、設備折舊、車間管理人員的工資等確定為固定成本。目的是使車間能有的放矢地控制產品的生產成本。②確定單位變動成本。根據現有生產情況，按生產工藝流程及質量標準，逐步測算產品單位變動成本，並與市場銷售價進行對比，以確定產品的盈利能力。③確定保本生產量和銷售量。依據市場價格和測算的單位變動成本，計算收支平衡時的生產量和銷售量。

其次對產品市場進行認真分析，通過分析清楚看到，公司現有市場情況已完全能夠實現保本銷售量。

公司制定了以下措施：一是確定目標成本，加強成本監督和控制。把測算的單位變動成本作為目標成本，按生產過程層層分解到班組、機臺、個人，公司與生產車間、生產車間與班組、班組與機臺或個人層層簽訂崗位任務書，使生產過程的每個環節職責清楚，任務明確。二是確定目標銷售量，擴大市場佔有率。在變動成本法下，利潤的高低是與銷售量的增減相一致的。因此，必須在確保完成保本銷售量的同時，加大市場開發力度，爭取最大經濟效益。通過運用變動成本法對產品成本和市場銷售進行預測和分析，使生產經營者明確了工作目標，使產品生產從下半年開始穩步增長，取得了較好的經濟效益。

對公司的實際應用的分析，充分說明應用變動成本法對加強企業內部經營管理具有積極作用，有力支持了企業的預測和決策，提高了企業的經濟效益。

但變動成本法也有一些固有的缺點，它更加適用於在變幻莫測的市場中作短期決策，而完全成本法則更有助於適應企業長期決策的要求，因為就企業長期決策而言，生產能力會發生增減變動，固定成本也會相應變動，所以長期決策應建立在補償所有成本的基礎上，即採用完全成本法此時更為恰當。

本章小結

　　本章在介紹成本性態及成本按性態分類的基礎上，提出成本性態的分析方法，解決混合成本的分解問題；成本按性態的分類促使新的成本計算方法——變動成本法的產生，探討變動成本法的計算原理、作用及局限性，並將變動成本法與完全成本法加以比較。兩者在計算成本上的差異體現在對固定製造費用的處理上不同：完全成本法包括產品製造或勞務提供過程中發生的全部生產要素的耗費；而變動成本法將產品製造或勞務提供過程中發生的固定費用列作當期損益，不計入產品或勞務的成本。變動成本法在企業經營管理中的應用方法包括單軌制、雙軌制及結合制。

綜合練習

一、單項選擇題

1. 將全部成本分為固定成本、變動成本和混合成本所採用的分類標誌是（　　）。
    A. 成本的目標　　　　　　　　B. 成本的可辨認性
    C. 成本的經濟用途　　　　　　D. 成本的性態

2. 在歷史資料分析法的具體應用中，計算結果最為精確的方法是（　　）。
    A. 高低點法　　　　　　　　　B. 散布圖法
    C. 迴歸直線法　　　　　　　　D. 直接分析法

3. 在管理會計中，狹義相關範圍是指（　　）。
    A. 成本的變動範圍　　　　　　B. 業務量的變動範圍
    C. 時間的變動範圍　　　　　　D. 市場容量的變動範圍

4. 在應用高低點法進行成本性態分析時，選擇高點坐標的依據是（　　）。
    A. 最高的業務量　　　　　　　B. 最高的成本
    C. 最高的業務量和最高的成本　D. 最高的業務量或最高的成本

5. 在變動成本法中，產品成本是指（　　）。
    A. 製造費用　　　　　　　　　B. 生產成本
    C. 變動生產成本　　　　　　　D. 變動成本

6. 在變動成本法下，銷售收入減去變動成本等於（　　）。
    A. 銷售毛利　　　　　　　　　B. 稅後利潤
    C. 稅前利潤　　　　　　　　　D. 邊際貢獻

7. 如果完全成本法期末存貨吸收的固定性製造費用大於期初存貨釋放的固定性製造費用，則採用完全成本法與變動成本法計算的營業利潤比較的結果是（　　）。
    A. 相等

第二章 成本性態與變動成本法

　　B. 採用完全成本法計算的營業利潤較大

　　C. 採用變動成本法計算的營業利潤較大

　　D. 不確定

8. 下列項目中，不能列入變動成本法下產品成本的是（　　）。

　　A. 直接材料　　　　　　　　B. 直接人工

　　C. 變動性製造費用　　　　　D. 固定性製造費用

9. 下列各項中，能反應變動成本法局限性的說法是（　　）。

　　A. 導致企業盲目生產　　　　B. 不利於成本控制

　　C. 不利於短期決策　　　　　D. 不符合傳統的成本觀念

10. 用變動成本法計算產品成本，對固定性製造費用進行處理時（　　）。

　　A. 不將其作為費用

　　B. 將其作為期間費用，全額列入利潤表

　　C. 將其作為期間費用，部分列入利潤表

　　D. 在各單位產品間分攤

二、多項選擇題

1. 固定成本具有的特徵是（　　）。

　　A. 固定成本總額的不變性

　　B. 單位固定成本的反比例變動性

　　C. 固定成本總額的正比例變動性

　　D. 單位固定成本的不變性

2. 下列成本項目中，屬於酌量性固定成本的是（　　）。

　　A. 新產品開發費　　　　　　B. 房屋租金

　　C. 管理人員工資　　　　　　D. 廣告費

3. 成本性態分析最終將全部成本區分為（　　）。

　　A. 固定成本　　B. 變動成本　　C. 混合成本　　D. 半變動成本

4. 以下可能屬於半變動成本的有（　　）。

　　A. 電話費　　　B. 煤氣費　　　C. 水電費　　　D. 折舊費

5. 歷史資料分析法具體包括的方法有（　　）。

　　A. 高低點法　　B. 散布圖法　　C. 迴歸直線法　　D. 階梯法

6. 在完全成本法下，期間費用包括（　　）。

　　A. 製造費用　　B. 財務費用　　C. 銷售費用　　D. 管理費用

7. 變動成本法下屬於產品成本構成項目的有（　　）。

　　A. 變動製造費用　　　　　　B. 直接材料

　　C. 固定製造費用　　　　　　D. 直接人工

8. 變動成本法與完全成本法的區別表現在（　　）。

　　A. 產品成本的構成內容不同　　B. 存貨成本水準不同

C. 損益確定程序不同　　　　　　D. 編製的損益表格式不同

9. 如果採用完全成本法與變動成本法計算的營業利潤差額不等於零，則完全成本法期末存貨吸收的固定性製造費用與期初存貨釋放的固定性製造費用的數量關係可能是（　　　）。

　　A. 前者等於後者　　　　　　　B. 前者大於後者
　　C. 前者小於後者　　　　　　　D. 兩者為零

10. 完全成本法計入當期利潤表的期間成本包括（　　　）。

　　A. 固定性製造費用　　　　　　B. 變動性製造費用
　　C. 固定性銷售和管理費用　　　D. 變動性銷售和管理費用

三、判斷題

1. 單位固定成本在一定相關範圍內不隨業務量發生任何數額變化。（　　）

2. 約束性固定成本是指受管理當局短期決策行為影響，可以在不同時期改變其數額的那部分固定成本。（　　）

3. 成本性態分析是指在明確各種成本性態的基礎上，按照一定的程序和方法，最終將全部成本分為固定成本和變動成本兩大類，建立相應成本函數模型的過程。
　　　　　　　　　　　　　　　　　　　　　　　　　　　　　　　　（　　）

4. 成本性態分析的最終結果是將企業的全部成本區分為變動成本、固定成本和混合成本三大類。（　　）

5. 在變動成本法下，本期利潤不受期初、期末存貨變動的影響；而在完全成本法下，本期利潤受期初、期末存貨變動的影響。（　　）

6. 變動成本法是指在組織常規的成本計算過程中，以成本性態分析為前提條件，只將變動生產成本作為產品成本的構成內容，而將固定生產成本及非生產成本作為期間成本，並按貢獻式損益確定程序計量損益的一種成本計算模式。（　　）

7. 採用變動成本法易導致盲目增產，造成社會資源浪費。（　　）

8. 在目前的現實情況下，變動成本法應用中的「雙軌制」是一種較為合理、切實可行的有效方法。（　　）

四、實踐練習題

實踐練習 1

某企業生產一種機床，最近五年的產量和歷史成本資料如表 2-12 所示：

表 2-12

年份	產量（千臺）	產品成本（萬元）
20×5	60	500
20×6	55	470
20×7	50	460
20×8	65	510
20×9	70	550

第二章　成本性態與變動成本法

要求：
(1) 採用高低點法進行成本性態分析；
(2) 採用迴歸直線法進行成本性態分析。

實踐練習 2

某企業本期有關成本資料如下：單位直接材料成本為 10 元，單位直接人工成本為 5 元，單位變動性製造費用為 7 元，固定性製造費用總額為 4,000 元，單位變動性銷售管理費用為 4 元，固定性銷售管理費用為 1,000 元。期初存貨量為零，本期產量為 1,000 件，銷量為 600 件，單位售價為 40 元。

要求：分別按變動成本法和完全成本法的有關公式計算下列指標：
(1) 單位產品成本；(2) 期間成本；(3) 銷貨成本；(4) 營業利潤。

實踐練習 3

已知：某廠只生產一種產品，第一、第二年的產量分別為 30,000 件和 24,000 件，銷售量分別為 20,000 件和 30,000 件；存貨計價採用先進先出法。產品單價為 15 元/件，單位變動生產成本為 5 元/件；每年固定性製造費用的發生額為 180,000 元。銷售及管理費用都是固定性的，每年發生額為 25,000 元。

要求：假設第一年年初該產品無庫存，分別採用變動成本法和完全成本法兩種成本計算方法確定第一、第二年的營業利潤。

實踐練習 4

已知：某廠生產甲產品，產品售價為 10 元/件，單位產品變動生產成本為 4 元，固定性製造費用總額為 20,000 元，變動銷售及管理費用為 1 元/件，固定性銷售及管理費用為 4,000 元，存貨按先進先出法計價，最近三年的產銷量資料如表 2-13 所示：

表 2-13　　　　　　　　　　　資料　　　　　　　　　　單位：件

項目	第一年	第二年	第三年
期初存貨量	0	0	2,000
本期生產量	5,000	8,000	4,000
本期銷售量	5,000	6,000	5,000
期末存貨量	0	2,000	1,000

要求：
(1) 分別按變動成本法和完全成本法計算單位產品成本；
(2) 分別按兩種方法計算期末存貨成本；
(3) 分別按兩種方法計算期初存貨成本；
(4) 分別按兩種方法計算各年營業利潤（編製利潤表）。

表 2-14　　　　　　　　變動成本法：貢獻式利潤表　　　　　　　　單位：元

項目	第一年	第二年	第三年
銷售收入			
減：變動成本 其中：生產性 　　　非生產性			
邊際貢獻			
減：固定成本 其中：生產性 　　　非生產性			
營業利潤			

表 2-15　　　　　　　　完全成本法：傳統式利潤表　　　　　　　　單位：元

項目	第一年	第二年	第三年
銷售收入			
減：銷售成本			
銷售毛利			
減：期間費用			
營業利潤			

實踐練習 5

某公司生產一種產品，20×7 年和 20×8 年的有關資料如表 2-16 所示：

表 2-16

項目	20×7 年	20×8 年
銷售收入（元）	1,000	1,500
產量（噸）	300	200
年初產成品存貨數量（噸）	0	100
年末產成品存貨數量（噸）	100	0
固定生產成本（元）	600	600
銷售和管理費用（全部固定）	150	150
單位變動生產成本（元）	1.8	1.8

要求：

（1）用完全成本法為該公司編製這兩年的比較利潤表，並說明為什麼銷售增加 50%，營業淨利反而大為減少。

（2）用變動成本法根據相同的資料編製比較利潤表，並將它同（1）中的比較

第二章　成本性態與變動成本法

利潤表進行對比,指出哪一種成本法比較重視生產,哪一種比較重視銷售。

實踐練習6——成本分解案例

上海某化工廠是一家大型企業。該廠在從生產型轉向生產經營型的過程中,從廠長到車間領導和生產工人都非常關心生產業績。過去,往往要到月底才能知道月度的生產情況,這顯然不能及時掌握生產信息,特別是成本和利潤兩大指標。如果心中無數,便不能及時地在生產過程的各階段進行控制和調整。該廠根據實際情況,決定採用量本利分析的方法來預測產品的成本和利潤。

首先以主要生產環氧丙錠和丙乙醇產品的五車間為試點。按成本與產量變動的依存關係,把工資費用、附加費、折舊費和大修理費等列作固定成本(約佔總成本的10%)。把原材料、輔助材料、燃料等其他要素作為變動成本(約佔總成本的65%),同時把水電費、蒸汽費、製造費用、管理費用(除折舊以外)列作半變動成本,因為這些費用與產量無直接比例關係,但也不是固定不變的(約佔總成本的25%)。

按照1~5月的資料,總成本、變動成本、固定成本、半變動成本和產量如表2-17所示:

表2-17

月份	總成本 (萬元)	變動成本 (萬元)	固定成本 (萬元)	半變動成本 (萬元)	產量 (噸)
1	58.633	36.363	5.94	16.33	430.48
2	57.764	36.454	5.97	15.34	428.49
3	55.744	36.454	5.98	13.43	411.20
4	63.319	40.189	6.21	16.92	474.33
5	61.656	40.016	6.54	15.19	462.17
合計	297.116	189.476	30.64	77.21	2,206.67

1~5月半變動成本組成如表2-18所示。

表2-18

月份	修理 (元)	扣下腳 (元)	動力 (元)	水費 (元)	管理費用 (元)	製造費用 (元)	合計 (萬元)
1	33,179.51	-15,926.75	85,560.82	19,837.16	35,680	4,995.28	16.33
2	26,286.10	-15,502.55	86,292.62	25,879.73	24,937	8,571.95	15.65
3	8,169.31	-2,682.75	80,600.71	16,221.10	26,599	5,394.63	13.43
4	12,540.31	-5,803.45	81,802.80	26,936.17	47,815	5,943.39	16.92
5	33,782.25	-26,372.5	83,869.45	24,962.00	30,234	5,423.88	15.19

管理會計

　　會計人員用高低點法對半變動成本進行分解，結果是：單位變動成本為0.055,3萬元，固定成本為-9.31萬元。

　　固定成本為負，顯然是不對的。用迴歸分析法求解，單位變動成本為0.032,1萬元，固定成本為1.28萬元。

　　經驗算發現，1~5月固定成本與預計數1.28萬元相差很遠（1月：1萬元；2月：1.585萬元；3月：0.230萬元；4月：1.694萬元；5月：0.354萬元）。

　　會計人員感到很困惑，不知道問題出在哪裡。請問應該採用什麼方法來劃分變動成本和固定成本？

第三章 量本利分析

學習目標

掌握：保本點、保利點的計算，有關因素的變動對保本點、保利點的影響
熟悉：量本利分析的基本關係式、企業經營安全程度的評價指標
瞭解：量本利分析的概念和前提假設

關鍵術語

量本利分析；保本點；保利點；敏感性分析；邊際貢獻；安全邊際

第一節 量本利分析概述

　　量本利分析，也稱為 CVP 分析（Cost Volume Profit Analysis），是成本-產量（或銷售量）-利潤依存關係分析的簡稱，是在成本性態分析和變動成本計算法的基礎上進一步展開的一種分析方法。量本利分析是以數學化的會計模型與圖文來揭示固定成本、變動成本、銷售量、單價、銷售額、利潤等變量之間的內在規律性的聯繫，為會計預測、決策和規劃提供必要的財務信息的一種定量分析方法。其著重研究銷售數量、價格、成本和利潤之間的數量關係，它所提供的原理、方法在管理會計中有著廣泛的用途，可用於保本預測、銷售預測、生產決策、全面預算、成本控制、不確定分析、經營風險分析、責任會計等方面。

管理會計

一、量本利分析基本模型的假設條件

任何科學的理論體系都要依靠公理和假設才能建立。同樣，量本利分析的理論也是建立在若干個基本假設之上的。

（一）銷售收入與銷售量呈完全線性關係的假設

在量本利分析中，通常都假設銷售單價是個常數，銷售收入與銷售量成正比，二者存在一種線性關係。即：銷售收入＝銷售量×單價。但這個假設只有在滿足以下條件時才能成立：產品基本上處於成熟期，其售價比較穩定；通貨膨脹率很低。

（二）變動成本與產量呈完全線性聯繫的假設

在量本利分析中，變動成本與產量（業務量）成正比例關係。這個假設只有在一定的產量範圍內才能成立，若產量過低或超負荷生產，變動成本會增加。

（三）固定成本保持不變的假設

量本利分析的線性關係假設，首先是指固定成本與產量無關，能夠保持穩定。這個假設也是在一定的相關範圍內成立。一般來說，在生產能力利用的一定範圍內，固定成本是穩定的。但超出這個範圍後，由於新增設備等原因，固定成本會突然增加。

（四）品種結構不變的假設

這一假設假定一個銷售多種產品的企業，在銷售中各種產品的比例關係不會發生變化。但實際上很難做到始終按一個固定的品種結構模式均勻地銷售各種產品。一旦品種結構變動較大，而各種產品盈利水準又不一致，計劃利潤與實際利潤就必然會有較大的出入。

（五）產銷平衡的假設

產量的變動會影響到成本的高低，而銷量的變動則影響到收入的多少。基於產銷平衡的假設，在量本利分析模型中，通常不考慮「產量」而只考慮「銷量」這一數量因素。但實際上，產銷常常是不平衡的，一旦二者有較大的差別，就需要考慮產量因素對本期利潤的影響。

（六）會計數據可靠性的假設

這個假設認為，在進行量本利分析時，所使用的會計數據都是真實可靠的，不但會計提供的歷史成本數據是真實可靠的，而且根據這些歷史成本數據所確定的固定成本和變動成本也是真實可靠的。而這一切，又都是建立在會計人員可以把所有成本合理地分解成固定成本和變動成本，並且能確知它們與業務量的數量關係這個假設之上的。但實際上，情況並非完全如此。首先，會計提供的歷史成本數據不一定真實可靠。其次，會計主管人員由於受到認識水準的限制和其他方面的制約，他們對成本性態的判定和混合成本的分解，也難免帶有或多或少的主觀隨意性。既然會計數據本身就可能不夠真實，那麼，根據它們所確定的固定成本和變動成本的數

第三章　量本利分析

額自然也不可能是完全真實的。但是,指出會計數據並非完全可靠的這一事實,並不是要使人們感到無所適從,而是要讓人們充分認識到有關假設的條件性與相對性。

二、量本利分析的基本公式

量本利分析是以成本性態分析和變動成本法為基礎的,其基本公式是變動成本法下技術利潤的公式。量本利分析的基本公式反應了固定成本(用 a 表示)、單位變動成本(用 b 表示)、產量或銷售量(用 x 表示)、單價(用 p 表示)、銷售收入(用 px 表示)和營業利潤(用 P 表示)等各因素之間的相互關係。即

$$\begin{aligned}營業利潤(P) &= 銷售收入-總成本 = px-(a+bx)\\&= 銷售收入-變動成本-固定成本\\&= 單價\times銷售量-單位變動成本\times銷售量-固定成本 = px-bx-a\\&= (單價-單位變動成本)\times銷售量-固定成本 = (p-b)x-a\end{aligned}$$

量本利分析方法的數學模型是在上述公式的基礎上建立起來的,上式被稱為量本利分析基本公式。

三、邊際貢獻和邊際貢獻率計算公式

量本利分析是成本管理會計的重要方法,其基本內容包括:將總成本劃分為變動成本和固定成本;計算產品的邊際貢獻;確定產品生產銷售的保本點;分析產品銷售的安全邊際;等等。邊際貢獻和邊際貢獻率是量本利分析中的核心指標。計算產品的邊際貢獻和邊際貢獻率是量本利分析的前提條件。

(一) 邊際貢獻

邊際貢獻,是指產品的銷售收入與相應變動成本的差額,也稱貢獻毛益、貢獻邊際。邊際貢獻首先應該用於補償固定成本,補償固定成本之後的餘額,即為企業的利潤。邊際貢獻有單位產品邊際貢獻和邊際貢獻總額兩種表現形式,計算公式如下:

$$\begin{aligned}單位邊際貢獻 &= 銷售單價-單位變動成本\\&= \frac{邊際貢獻總額}{銷售量}\\&= 銷售單價\times邊際貢獻率\end{aligned}$$

$$\begin{aligned}邊際貢獻總額 &= 銷售收入總額-變動成本總額\\&= 單位邊際貢獻\times銷售量\\&= 銷售收入\times邊際貢獻率\end{aligned}$$

根據量本利基本公式,邊際貢獻、固定成本和營業利潤三者之間的關係可用下式表示:

營業利潤=邊際貢獻-固定成本

管理會計

產品提供的邊際貢獻首先用於補償企業的固定成本，只有邊際貢獻大於固定成本時才能為企業提供利潤，否則企業將會出現虧損。邊際貢獻是反應企業盈利能力的一個重要指標，當企業進行短期經營決策時，一般都以提供邊際貢獻總額最大的備選方案為最優。

【例3-1】某公司生產的內存卡每件售價100元，每件變動成本70元，固定成本總額為75,000元，全年業務量（產銷一致）為3,000件。則內存卡的單位邊際貢獻與邊際貢獻總額為：

單位邊際貢獻＝100－70＝30（元）

邊際貢獻總額＝30×3,000＝90,000（元）

（二）邊際貢獻率

邊際貢獻率，是指單位邊際貢獻與銷售價格的比率，或邊際貢獻總額與銷售收入總額的比率，它表示每100元銷售收入能提供的邊際貢獻。其計算公式如下：

$$邊際貢獻率 = \frac{單位邊際貢獻}{銷售單價} \times 100\%$$

$$= \frac{邊際貢獻總額}{銷售收入總額} \times 100\%$$

【例3-2】承上例，內存卡的邊際貢獻率＝$\frac{30}{100} \times 100\% = 30\%$，即每產銷100元的產品，可以產生30元的邊際貢獻。

根據邊際貢獻指標，還可以測算出銷售額的變動對利潤的影響。假定該公司預測計算期增加銷售收入60,000元，固定成本總額不變，則根據邊際貢獻率可以預計利潤將增加18,000（元）＝60,000×30%。

與邊際貢獻率密切關聯的指標是變動成本率。所謂變動成本率，是指變動成本占銷售收入的百分比，或指單位變動成本占單價的百分比。其計算公式為：

$$變動成本率 = \frac{變動成本}{銷售收入} \times 100\%$$

$$= \frac{單位變動成本}{單價} \times 100\%$$

邊際貢獻率與變動成本率指標的關係如下：

變動成本率＋邊際貢獻率＝1

變動成本率與邊際貢獻率屬於互補性質：凡是變動成本率低的企業，邊際貢獻率高，創利能力也高；反之，凡是變動成本率高的企業，邊際貢獻率低，創利能力低。所以，邊際貢獻率的高低，在企業的經營決策中具有舉足輕重的作用。

【例3-3】某企業只生產甲產品，單價為1,000元，單位變動成本為550元，固定成本為400,000元。2013年生產經營能力為25,000件。

要求：計算單位邊際貢獻、邊際貢獻總額、邊際貢獻率、變動成本率。

第三章 量本利分析

解：單位邊際貢獻＝1,000-550＝450（元）
邊際貢獻總額＝450×25,000＝11,250,000（元）
邊際貢獻率＝11,250,000÷(25,000×1,000)×100%＝45%
或　　　　＝450÷1,000×100%＝45%
變動成本率＝550÷1,000×100%＝55%

第二節　保本點、保利點分析

保本點分析是量本利分析的核心內容，其計算方法由美國著名學者諾伊貝爾在20世紀30年代提出，它推動會計學的分析研究方法由事後向事前邁進了一大步。

一、保本點分析

所謂保本是指企業在一定時期內的收支相等、盈虧平衡、不盈不虧、利潤為零。保本分析，是研究當企業恰好處於保本狀態時量本利關係的一種定量分析方法，是確定企業經營安全程度和進行保利分析的基礎，也叫作盈虧臨界分析、損益平衡分析。

保本點是企業管理中一項很重要的管理信息，它能幫助企業管理人員正確地把握產品銷售量（額）與企業盈利之間的關係。通常情況下，企業要盈利，其實際銷售量（額）一定要超過其保本點，而且，超過保本點後銷售越多，企業利潤增長就越快，這也是刺激企業生產經營不斷向規模經濟發展的一個重要的內在要素。

（一）保本點的含義

保本點，也稱為盈虧臨界點、盈虧平衡點、損益平衡點等，是指企業經營達到不盈不虧的狀態的業務量的總稱。企業的銷售收入扣減變動成本後得到邊際貢獻，它首先要用於補償固定成本，只有補償固定成本後還有剩餘，才能為企業提供最終的利潤；否則，就會發生虧損。如果邊際貢獻剛好等於固定成本，那就是不盈不虧的狀態。此時的銷售量就是保本點。

（二）單一品種的保本點分析

單一品種的保本點確定可以根據量本利基本公式、保本圖等方法確定。

1. 根據量本利基本公式計算保本點

單一品種的保本點計算有兩種形式，可根據保本點的定義，利用量本利基本公式，求出保本量及保本額。

（1）按實物單位計算，即保本點銷售量（簡稱保本量）

$$\text{保本點的銷售量（實物單位）} = \frac{\text{固定成本}}{\text{單價} - \text{單位變動成本}} = \frac{\text{固定成本}}{\text{單位產品貢獻邊際}}$$

(2) 按金額綜合計算，即保本點銷售額（簡稱保本額）

$$保本點的銷售量（金額）=\frac{固定成本}{邊際貢獻率}=保本點的銷售量\times 單價$$

多品種條件下，由於不同產品的銷售量不能直接相加，因而只能去確定總的保本額，不能確定總保本量。

【例 3-4】按例 3-1 的資料。

要求：計算該企業的保本點指標。

解：保本量 $=\dfrac{75,000}{100-70}=2,500$（件）

保本額 $=2,500\times 100=250,000$（元）

可見，該企業至少需生產 2,500 件內存卡，銷售收入達 250,000 元才能保證企業不盈不虧。

2. 根據保本圖確定保本點

圖解法，是指通過繪製保本圖來確定保本點位置的方法，該方法基於總收入等於總成本時企業恰好保本的原理。保本圖是將保本點反應在坐標系中。

保本點的位置，取決於固定成本、單位變動成本和銷售單價這幾個因素，圖 3-1 形象直觀地描述了這種關係：

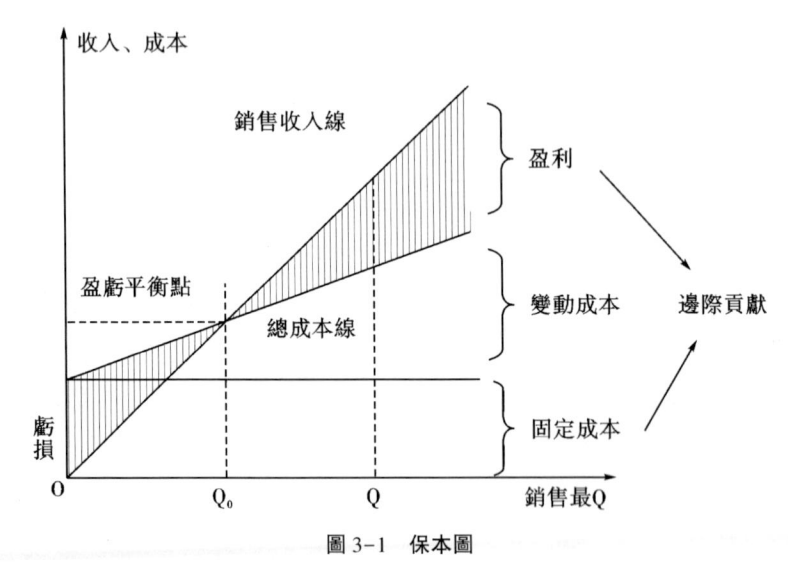

圖 3-1 保本圖

保本圖的具體表現為：

（1）在固定成本、單位變動成本、銷售單價不變的情況下，保本點是固定的。銷售量越大，當銷售量超過保本點時，實現的目標利潤就越多；當銷售量低於保本點，則虧損越少。反之則是虧損越多或利潤越少。

（2）在總成本不變的情況下，臨界點的位置隨銷售單價的升高而降低，隨銷售

第三章　量本利分析

單價的降低而升高。

（3）在銷售單價、單位變動成本不變的情況下，固定成本越大，臨界點的位置越高，反之臨界點的位置就越低。

（4）在銷售單價和固定成本不變的情況下，單位變動成本越高，盈虧臨界點越高，反之亦然。

此法的優點在於形象、直觀，容易理解。但由於繪圖比較麻煩，而且保本量和保本額數值的確定都需要在數軸上讀取，容易造成結果的不準確。

（三）多品種的保本點分析

對於只生產和銷售一種產品的企業而言，其保本點的預測是比較簡單的，實際上大部分企業不可能只生產和銷售一種產品，往往有幾種、幾十種乃至幾百種產品。多品種保本點分析是現代企業內部經營管理實現定量化和科學化的主要內容。

多品種保本點計算的主要方法有：加權平均邊際貢獻率法、加權平均單位貢獻率法、分別計算法、主要品種法、聯合單位法、順序法等。在產銷多種產品的情況下，由於產品的盈利能力不同，產品銷售的品種結構的變化會導致企業利潤水準出現相應變動，也會有不同的保本點。下面主要介紹兩種常用方法。

1. 加權平均邊際貢獻率法

在企業同時產銷多種產品的情況下，如果固定成本較難合理地分配，且難以區分主次產品，一般多採用加權平均邊際貢獻率法。該方法是先確定整個企業的綜合保本額，然後按銷售比重確定各產品的保本點。其計算公式如下：

$$綜合保本銷售額 = \frac{固定成本總額}{加權平均邊際貢獻率}$$

該方法計算的關鍵在於計算各種產品綜合邊際貢獻率，即以各種產品銷售比重為權數對其個別邊際貢獻率的加權平均。其計算步驟如下：

（1）計算各種產品的銷售比重：

$$某種產品銷售比重 = \frac{該產品預計銷售額}{\sum 各種產品預計銷售額}$$

（2）計算各種產品的加權平均邊際貢獻率：

$$加權平均邊際貢獻率 = \sum (某種產品銷售比重 \times 該產品邊際貢獻率)$$

（3）計算企業綜合的保本點：

$$綜合保本銷售額 = \frac{固定成本總額}{加權平均邊際貢獻率}$$

（4）計算各種產品的保本點：

某種產品保本銷售額 = 綜合保本銷售額 × 該產品銷售比重

【例3-5】某企業計劃期擬產銷甲、乙、丙三種產品，固定成本為60,000元，預計銷售量、成本及單價資料如表3-1所示。

表 3-1

產品	銷售單價（元）	單位變動成本（元）	銷售量（件）
甲產品	20	17	10,000
乙產品	40	32	2,500
丙產品	100	50	1,000

要求：計算保本點。

解：（1）計算各種產品的銷售比重，見表 3-2。

表 3-2

產品	銷售量（件）	銷售單價（元）	銷售收入（元）	銷售比重
甲產品	10,000	20	200,000	50%
乙產品	2,500	40	100,000	25%
丙產品	1,000	100	100,000	25%
合計	—	—	400,000	100%

（2）計算各種產品的加權平均邊際貢獻率，見表 3-3。

表 3-3

產品	銷售單價（元）	單位變動成本（元）	單位邊際貢獻（元）	邊際貢獻率
甲產品	20	17	3	3÷20=15%
乙產品	40	32	8	8÷40=20%
丙產品	100	50	50	50÷100=50%

加權平均邊際貢獻率 = 15%×50%+20%×25%+50%×25% = 25%

（3）計算企業綜合的保本點：

綜合保本銷售額 = 60,000÷25% = 240,000（元）

（4）計算各種產品的保本點，見表 3-4。

表 3-4

產品	保本銷售額（元）	保本銷售量（件）
甲產品	240,000×50% = 120,000	120,000÷20 = 6,000
乙產品	240,000×25% = 60,000	60,000÷40 = 1,500
丙產品	240,000×25% = 60,000	60,000÷100 = 600

2. 聯合單位法

聯合單位法是指在事先掌握多品種之間客觀存在的相對穩定產銷實物量比例的

第三章 量本利分析

基礎上，確定每一聯合單位的單價和單位變動成本，進行多品種條件下量本利分析的一種方法。這種方法一般適用於利用同一種原料生產性質相近的聯產品且產品結構較穩定的企業，如化工企業等。其預測結構一般與加權平均邊際貢獻率法相同。

聯合單位，是指由各產品按其銷售比重構成的一組產品，可用它來統一計量多品種生產企業的業務量，相應地可借助單一產品的方法進行保本點預測。

如果企業生產的多個品種之間的實物產出量之間存在較穩定的數量關係，而且所有產品的銷路都很好，就可以用聯合單位代表按時間實物量比例構成的一組產品。聯合單位法的計算步驟如下：

（1）確定用銷售量表示的銷售組合。如企業生產的甲、乙、丙三種產品的銷量比例為 3：2：1，則一個聯合單位就相當於三個甲、兩個乙和一個丙的集合。

（2）計算聯合單位的邊際貢獻：

聯合單位的邊際貢獻 = 聯合單位的銷售單價 - 聯合單位變動成本

$$= \sum (某種產品的構成數量 \times 該產品單價) - \sum (某種產品的構成數量 \times 該產品單位變動成本)$$

$$= \sum (每聯合單位包含某產品數量 \times 該產品單位邊際貢獻)$$

（3）計算保本點聯合單位數量：

$$保本點聯合單位數量 = \frac{固定成本總額}{聯合單位的邊際貢獻}$$

（4）計算各種產品在保本點的銷售量：

某產品保本點的銷售量 = 保本點聯合單位數量 × 聯合單位包含該產品數量

【例 3-6】沿用例 3-5 資料採用聯合單位法預測保本點。

（1）確定用銷售量表示的銷售組合：

每一聯合單位銷售量構成比例 = 10,000：2,500：1,000 = 10：2.5：1

即每聯合單位由 10 件甲產品，2.5 件乙產品和 1 件丙產品構成。

（2）計算聯合單位的邊際貢獻：

聯合單位邊際貢獻 = 10×(20-17)+2.5×(40-32)+1×(100-50) = 100（元）

（3）計算保本點聯合單位數量：

保本點聯合單位數量 = 60,000÷100 = 600（件）

（4）計算各種產品在保本點的銷售量：

甲產品的保本點銷售量 = 600×10 = 6,000（件）

乙產品的保本點銷售量 = 600×2.5 = 1,500（件）

丙產品的保本點銷售量 = 600×1 = 600（件）

（四）企業經營安全程度的評價指標

1. 安全邊際指標

與保本點相關的還有一個概念，即安全邊際（Margin of Safety）。安全邊際，是

管理會計

根據實際或預計的銷售業務量與保本業務量的差量確定的定量指標。它表明銷售量下降多少企業仍不致虧損。它標誌著從現有銷售量或預計可達到的銷售量到盈虧臨界點還有多大的差距。此差距說明現有或預計可達到的銷售量再降低多少企業才會發生損失。差距越大，則企業發生虧損的可能性就越小，企業的經營就越安全。

安全邊際可以用絕對數和相對數兩種形式來表現，其計算公式為：

安全邊際量＝現有（實際）或預計（計劃）的銷售量－保本量

安全邊際額＝現有（實際）或預計（計劃）的銷售額－保本額

＝安全邊際量×單價

$$安全邊際率 = \frac{安全邊際量}{現有或預計銷售量} \times 100\%$$

$$= \frac{安全邊際額}{現有或預計銷售額} \times 100\%$$

【例3-7】按例3-1、3-4的資料。

要求：計算企業的安全邊際各項指標。

解：安全邊際量＝3,000－2,500＝500（件）

安全邊際額＝500×100＝50,000（元）

安全邊際率＝500÷3,000×100%≈16.67%。

安全邊際量和安全邊際率都是正指標，即越大越好。一般用安全邊際率來評價企業經營的安全程度，西方企業評價安全程度的經驗標準，如表3-5所示。

表3-5　　　　　　　　　　　企業安全性經驗標準

安全邊際率	10%以下	11%～20%	21%～30%	31%～40%	41%以上
安全程度	危險	值得注意	比較安全	安全	很安全

安全邊際能夠為企業帶來利潤。我們知道，盈虧臨界點的銷售額除了彌補產品自身的變動成本外，剛好能夠彌補企業的固定成本，不能給企業帶來利潤。只有超過盈虧臨界點的銷售額，才能在扣除變動成本後，不必再彌補固定成本，而是直接形成企業的稅前利潤。用公式表示如下：

稅前利潤＝銷售單價×銷售量－單位變動成本×銷售量－固定成本

＝（安全邊際銷售量＋盈虧臨界點銷售量）×單位邊際貢獻－固定成本

＝安全邊際銷售量×單位邊際貢獻

＝安全邊際銷售額×邊際貢獻率

將上式兩邊同時除以銷售額可以得出：

稅前利潤率＝安全邊際率×邊際貢獻率

2. 達到保本點的作業率

達到保本點的作業率（Breakeven Capacity），是指保本點銷售量或銷售額占企業正常銷售量的比重，它表明在保本的情況下，企業生產經營能力的利用程度。正常

第三章　量本利分析

銷售量是指在正常市場下和正常開工下企業的產銷量。計算公式如下：

$$達到保本點的作業率 = \frac{保本點銷售量}{現有或預計銷售量} \times 100\%$$

$$= \frac{保本點銷售額}{現有或預計銷售額} \times 100\%$$

【例 3-8】按例 3-1、3-4 的資料。

要求：計算企業達到保本點的作業率。

解：達到保本點的作業率 = 2,500÷3,000×100% ≈ 83.33%。

即企業作業率至少要達到正常銷售量的 83.33% 才能盈利，否則將發生虧損。

從上面的計算還可以看出：

達到保本點的作業率+安全邊際率=1

達到保本點的作業率對安排企業生產具有一定的指導意義。

二、保利點分析

當企業的銷售量超過保本點時，可以實現利潤。企業的目標是盡可能多超過保本點來實現利潤目標，所以保利點分析是保本點分析的延伸和拓展。保利點分析即盈利條件下的量本利分析，其實質是逐一描述業務量、成本、單價、利潤等因素相對於其他因素存在的定量關係的過程。

1. 保利點及其計算

保利點，也叫作實現目標利潤的業務量，是指在單價和成本水準確定的情況下，為確保預先確定的目標利潤能夠實現而應達到的銷售量和銷售額的統稱，包括保利量和保利額兩項指標。

根據量本利的基本公式，可推導出保利點的計算公式：

$$保利（銷售）量 = \frac{固定成本+目標利潤}{單價-單位變動成本}$$

$$= \frac{固定成本+目標利潤}{單位邊際貢獻}$$

保利（銷售）額 = 單價×保利量

$$= \frac{固定成本+目標利潤}{邊際貢獻率} = \frac{固定成本+目標利潤}{1-變動成本率}$$

【例 3-9】某公司產品單價為 800 元，單位變動成本為 650 元，固定成本為 90,000 元。

要求：假設公司要實現的目標利潤為 120,000 元，求保利量和保利額。

保利（銷售）量 =（90,000+120,000）÷（800-650）= 1,400（件）

保利（銷售）額 = 800×1,400 = 1,120,000（元）

2. 保淨利點及其計算

當進行保本點分析時，不必考慮所得稅的影響。但是如果要計算特定淨利潤的

銷售量，就要考慮所得稅的影響。如果目標利潤用稅後利潤表示，需要加上所得稅後才能得出營業收益。保淨利點，又稱為實現目標淨利潤的業務量，是企業在一定時期繳納所得稅後實現的利潤目標，是利潤規劃的一個重要指標。

保淨利點也包括保淨利量和保淨利額兩種形式。在計算保淨利點過程中，需要考慮目標淨利潤及所得稅等因素。

在保利點公式的基礎上，可推導出保淨利點的以下公式：

$$保淨利（銷售）量 = \frac{固定成本 + \dfrac{目標淨利潤}{1-所得稅稅率}}{單價-單位變動成本}$$

保淨利（銷售）額 = 單價 × 保淨利量

$$= \frac{固定成本 + \dfrac{目標淨利潤}{1-所得稅稅率}}{邊際貢獻率}$$

【例3-10】承例3-9，假定企業的目標淨利潤為157,500元，所得稅稅率為25%，價格和成本水準維持不變。

要求：計算保淨利量和保淨利額。

解：

$$保淨利（銷售）量 = \frac{90,000 + \dfrac{157,500}{1-25\%}}{800-650} = 2,000（件）$$

保淨利（銷售）額 = 800 × 2,000 = 1,600,000（元）

（三）相關因素變動對目標利潤的影響

在量本利分析中，某個變量的變動通常會影響到其他變量值，由於企業是在動態環境中從事經營，所以必須瞭解價格、變動成本和固定成本所發生的變動。下面討論價格、單位變動成本和固定成本這三者變動對盈虧臨界點的影響。

1. 固定成本變動對實現目標利潤的影響

從實現目標利潤的模型中可以看出，若其他條件不變，固定成本與目標利潤之間是此消彼長的關係，即固定成本降低，則目標利潤增大，使得實現目標利潤的銷售量降低，盈虧臨界點降低。

2. 單位變動成本變動對實現目標利潤的影響

若其他條件既定，單位變動成本與目標利潤之間也是此消彼長的關係，即單位變動成本降低，則目標利潤增大，使得實現目標利潤的銷售量降低，盈虧臨界點降低。

3. 單位售價變動對實現目標利潤的影響

單位售價的變動對盈虧臨界點的影響是最直接的，對實現目標利潤的影響也一樣。若其他條件既定，售價降低，則目標利潤減少，使得實現目標利潤的銷售量增

大，盈虧臨界點增高；反之，售價增高，目標利潤增加，實現目標利潤的銷售量降低，盈虧臨界點降低。

4. 多種因素同時變動對實現目標利潤的影響

在現實經濟生活中，上述影響利潤的各個因素之間是有關聯性的。例如，為了提高產量，可能需要增加生產設備，導致固定成本的上升；為了銷售產品，可能會增加廣告費用；等等。企業往往採取降低固定成本、單位變動成本或者提高單價等綜合措施來增加利潤；在增加利潤的前提下，需要對所採取的措施進行權衡和測算。

第三節　保本點的敏感分析

在進行敏感性分析時，敏感性指的是所研究方案的影響因素發生改變時對原方案的經濟效果發生影響和變化的程度。如果引起的變化幅度很大，說明這個變動的因素對方案經濟效果的影響是敏感的；如果引起變動的幅度很小，則說明這個因素是不敏感的。

敏感性分析是一種「如果……會怎麼樣」的分析技術，它要研究的是，當模型中的自變量發生變動時，因變量將會發生怎樣的變化。即在一定條件下，求得模型的滿意（可行）解之後，模型中的一個或幾個參數允許發生多大的變化，仍能使原來的滿意（可行）解不變；或當某個參數的變化已經超出允許的範圍，原來的滿意（可行）解已經不是滿意（可行）解時如何用最簡便的方法，求得新的滿意（可行）解。

一、保本點敏感分析的含義

保本點敏感性分析，指在現有或預計銷售量的基礎上測算影響保本點的各個因素單獨達到什麼水準時仍能確保企業不虧損的一種敏感性分析方法。

從量本利基本公式可知，影響利潤的主要因素有：產品單位售價、產品單位變動成本、銷售量和固定成本總額。追求利潤是企業的根本目標，因此，當企業處於不盈不虧的保本狀態時，其單位售價和銷售量達到了最小的臨界值，而其單位成本和固定成本總額達到了最大臨界值。當其他條件不變時，若某一條件超越了臨界值，企業就會出現虧損。計算確定這些因素的臨界值對於企業管理者做出何種決策是具有指導性作用的。

保本點敏感性分析的實質是在銷售量水準不變和其他兩個因素不變的前提下，分別計算保本單價、保本單位變動成本和保本固定成本，從而確定影響企業保本點的單價、單位變動成本和固定成本等因素在現有水準的基礎上還有多大的變動餘地，以便企業及時採取對策。

二、保本點敏感性分析的假設

在進行保本點敏感性分析時，通常是以下面幾個假設條件為前提的：①企業正常盈利的假設，假定已知的銷售量大於按照原有的單價、單位變動成本和固定成本確定的保本點，企業的安全邊際指標大於零，能夠實現盈利；②產品的銷售量為已知常數的假設；③各因素單獨變動的假設，利用保本點計算公式，按照已知的銷售量分別計算新的保本單價、保本變動成本和固定成本時，假設其他兩個影響因素是不變的。

三、保本點敏感性分析的公式

保本固定成本總額＝(現有單價－現有單位變動成本)×現有銷售量

$$保本單位變動成本＝現有單位售價－\frac{現有固定成本}{現有銷售數量}$$

$$保本單位售價＝現有單位變動成本＋\frac{現有固定成本}{現有銷售數量}$$

【例3-11】某企業只生產一種產品，2017年銷售量為30,000件，單位售價為100元，單位變動成本為70元，全年固定成本總額為600,000元，實現利潤600,000元。

假定2018年各種條件不變，要求：

(1) 計算該年的保本銷售量；

(2) 進行2018年的保本點敏感性分析。

解：(1) 保本銷售量＝600,000÷(100－70)＝20,000（件）

(2) 保本點的固定成本總額＝(100－70)×30,000＝900,000（元）

這意味著在其他條件不變的情況下，企業的固定成本總額的最大允許值為900,000元，超過900,000元企業將發生虧損。

保本點的單位變動成本＝100－(600,000÷30,000)＝80（元）

這意味著在其他條件不變的情況下，企業產品的單位變動成本的最大允許值為80元，即當企業的單位變動成本從2017年的60元升高到80元時，利潤將從600,000元降低為0，當企業的單位變動成本超過80元時，企業將發生虧損。

保本點的銷售單價＝70＋(600,000÷30,000)＝90（元）

這意味著在其他條件不變的情況下，產品的銷售單價的最小允許值為90元，單價低於90元企業將發生虧損。

第三章　量本利分析

本章小結

本章介紹了量本利分析的相關知識。其要點包括：

（1）量本利分析的假設條件及基本公式。①假設條件包括：a. 銷售收入與銷售量呈完全線性關係的假設；b. 變動成本與產量呈完全線性聯繫的假設；c. 固定成本保持不變的假設；d. 品種結構不變的假設；e. 產銷平衡的假設；f. 會計數據可靠性的假設。②基本公式：營業利潤（P）＝銷售收入－總成本 ＝$px-(a+bx)$。

（2）邊際貢獻和邊際貢獻率公式。①邊際貢獻，是指產品的銷售收入與相應變動成本的差額，也稱貢獻毛益、貢獻邊際。邊際貢獻首先應該用於補償固定成本，補償固定成本之後的餘額，即為企業的利潤。邊際貢獻有單位產品邊際貢獻和邊際貢獻總額兩種表現形式，計算公式如下：a. 單位邊際貢獻＝銷售單價－單位變動成本；b. 邊際貢獻總額＝銷售收入總額－變動成本總額。②邊際貢獻率，是指單位邊際貢獻與銷售價格的比率，或邊際貢獻總額與銷售總額的比率，它表示每100元銷售收入能提供的邊際貢獻。其計算公式如下：邊際貢獻率＝$\dfrac{單位邊際貢獻}{銷售單價}\times 100\%$。

（3）保本點分析。保本點也稱為盈虧臨界點、盈虧平衡點、損益平衡點等，是指企業經營達到不盈不虧的狀態的業務量的總稱。可以根據量本利基本公式計算保本點，也可以根據保本圖確定保本點。

（4）保利點分析。保利點，也叫作實現目標利潤的業務量，是指在單價和成本水準確定的情況下，為確保預先確定的目標利潤能夠實現而應達到的銷售量和銷售額的統稱，包括保利量和保利額兩項指標。

（5）保本點的敏感性分析。這是指在現有或預計銷售量的基礎上測算影響保本點的各個因素單獨達到什麼水準時仍能確保企業不虧損的一種敏感性分析方法。注意其假設前提及計算分析公式。

綜合練習

一、單項選擇題

1. 在量本利分析中，必須假定產品成本的計算基礎是（　　）。
   A. 完全成本法　　B. 製造成本法　　C. 吸收成本法　　D. 變動成本法
2. 進行量本利分析，必須把企業全部成本區分為固定成本和（　　）。
   A. 稅金成本　　B. 材料成本　　C. 人工成本　　D. 變動成本
3. 下列指標中，可據以判定企業經營安全程度的指標是（　　）。
   A. 保本量　　B. 貢獻邊際　　C. 保本作業率　　D. 保本額

4. 當單價單獨變動時，安全邊際（　　）。
   A. 不會隨之變動　　　　　　　B. 不一定隨之變動
   C. 將隨之發生同方向變動　　　D. 將隨之發生反方向變動
5. 已知企業只生產一種產品，單位變動成本為每件45元，固定成本總額為60,000元，產品單價為120元，為使安全邊際率達到60%，該企業當期至少應銷售該產品（　　）件。
   A. 2,000　　　B. 1,333　　　C. 800　　　D. 1,280
6. 已知企業只生產一種產品，單價為5元，單位變動成本為3元，固定成本總額為600元，則保本銷售量為（　　）件。
   A. 200　　　B. 300　　　C. 120　　　D. 400
7. 根據量本利分析原理，只提高安全邊際而不會降低保本點的措施是（　　）。
   A. 提高單價　　　　　　　B. 增加產量
   C. 降低單位變動成本　　　D. 降低固定成本
8. 已知某企業本年目標利潤為2,000萬元，產品單價為600元，變動成本率為30%，固定成本總額為600萬元，則企業的保利量為（　　）件。
   A. 61,905　　　B. 14,286　　　C. 50,000　　　D. 54,000
9. 下列因素單獨變動時，不對保利點產生影響的是（　　）。
   A. 成本　　　B. 單價　　　C. 銷售量　　　D. 目標利潤
10. 在銷售量不變的情況下，保本點越高，能實現的利潤（　　）。
    A. 越多　　　B. 越少　　　C. 不變　　　D. 越不確定

二、多項選擇題

1. 量本利分析的基本假設包括（　　）。
   A. 相關範圍假設　　　B. 線性假設
   C. 產銷平衡假設　　　D. 品種結構不變假設
2. 下列項目中，屬於量本利分析研究內容的有（　　）。
   A. 銷售量與利潤的關係　　　B. 銷售量、成本與利潤的關係
   C. 成本與利潤的關係　　　　D. 產品質量與成本的關係
3. 安全邊際指標包括的內容有（　　）。
   A. 安全邊際量　　B. 安全邊際額　　C. 安全邊際率　　D. 保本作業率
4. 保本點的表現形式包括（　　）。
   A. 保本額　　B. 保本量　　C. 保本作業率　　D. 貢獻邊際率
5. 下列各項中，可據以判定企業是否處於保本狀態的標誌有（　　）。
   A. 安全邊際率為零　　　　　B. 貢獻邊際等於固定成本
   C. 保本作業率為零　　　　　D. 貢獻邊際率等於變動成本率
6. 關於安全邊際及安全邊際率的說法中，正確的有（　　）。

第三章 量本利分析

　　A. 安全邊際是正常銷售額超過盈虧臨界點銷售額的部分
　　B. 安全邊際率是安全邊際量與正常銷售量之比
　　C. 安全邊際率和保本作業率之和為 1
　　D. 安全邊際率數值越大，企業發生虧損的可能性越大
7. 下列各式計算結果等於貢獻邊際率的有（　　　　）。
　　A. 單位貢獻邊際／單價　　　　B. 1－變動成本率
　　C. 貢獻邊際／銷售收入　　　　D. 固定成本／保本銷售量
8. 貢獻邊際除了以總額的形式表現外，還包括以下表現形式（　　　　）。
　　A. 單位貢獻邊際　B. 稅前利潤　　C. 營業收入　　D. 貢獻邊際率
9. 下列因素中，其水準提高會導致保利點升高的有（　　　　）。
　　A. 單位變動成本　B. 固定成本總額　C. 目標利潤　　D. 銷售量
10. 下列項目中，其變動可以改變保本點位置的因素包括（　　　　）。
　　A. 單價　　　B. 單位變動成本　C. 銷售量　　　D. 目標利潤

三、判斷題

1. 量本利分析的各種模型既然是建立在多種假設的前提條件下，我們在實際應用時就不能忽視它們的局限性。（　　）
2. 若單位產品售價與單位變動成本發生同方向同比例變動，則盈虧平衡點的業務量不變。（　　）
3. 安全邊際率和保本作業率是互補的，安全邊際率高則保本作業率低，其和為1。（　　）
4. 銷售利潤率可通過貢獻邊際率乘以安全邊際率求得。（　　）
5. 單價、單位變動成本及固定成本總額變動均會引起保本點、保利點同方向變動。（　　）
6. 在標準量本利關係圖中，當銷售量變化時，盈利三角區和虧損三角區都會變動。（　　）
7. 在貢獻式量本利關係圖中，銷售收入線與固定成本線之間的垂直距離是貢獻邊際。（　　）
8. 安全邊際和銷售利潤指標均可在保本點的基礎上直接套用公式計算出來。（　　）
9. 保本圖的橫軸表示銷售收入和成本，縱軸表示銷售量。（　　）
10. 企業的貢獻邊際應當等於企業的營業毛利。（　　）

四、實踐練習題

實踐練習 1

已知：甲產品單位售價為 30 元，單位變動成本為 21 元，固定成本為 450 元。
要求：
（1）計算保本點銷售量。

61

(2) 若要實現目標利潤 180 元，銷售量應為多少？

(3) 若銷售淨利潤為銷售額的 20%，計算銷售量。

(4) 若每單位產品變動成本增加 2 元，固定成本減少 170 元，計算此時的保本點銷售量。

(5) 就上列資料，若銷售量為 200 件，計算單價應調整到多少才能實現利潤 350 元。假定單位變動成本和固定成本不變。

實踐練習 2

已知某企業組織多產品品種經營，本年有關資料見表 3-6：

表 3-6

產品	單價（元/件）	銷量（件）	單位變動成本（元）
A	600	100	360
B	100	1,000	50
C	80	3,000	56

假定本年度整個企業固定成本為 109,500 元。

要求：

(1) 計算綜合邊際貢獻率；

(2) 計算綜合保本額；

(3) 計算每種產品的保本額；

(4) 計算每種產品的保本銷量。

實踐練習 3

假定企業只生產和銷售一種產品，產品計劃年度內預計售價為每件 20 元，單位變動成本為 8 元，固定成本總額為 24,000 元。預計銷售量為 10,000 件，全年利潤為 96,000 元。假定單價、單位變動成本、固定成本和銷量分別增長 40%。

要求：計算利潤對各因素變動的敏感係數。

實踐練習 4

已知：某公司只產銷一種產品，銷售單價為 10 元，單位變動成本為 6 元，全月固定成本為 20,000 元，本月銷售 8,000 件。

要求：

(1) 計算保本點銷售量及銷售額；

(2) 計算保本點作業率、安全邊際、安全邊際率；

(3) 計算稅前利潤。

第四章　預測分析

學習目標

掌握：銷售預測的定量分析方法、可比產品和非可比產品的成本預測、利潤預測方法、資金需求預測的銷售百分比法

熟悉：預測分析的定義及特徵、成本分析的程序、資金需求預測的方法

瞭解：預測分析的意義及程序

關鍵術語

預測分析；銷售預測；成本預測；利潤預測；資金需求預測；定性分析法；定量分析法

第一節　預測分析概述

一、預測分析的含義

所謂預測，是指根據過去或現在的資料和信息，運用已有的知識、經驗和科學的方法，對事物的未來發展趨勢進行預計和推測的過程。由此可見，預測是對未來不確定的或不知道的事件做出預計和推測，它不僅可以提高決策的科學性，而且可以使企業的經營目標同整個社會經濟的發展和消費者的需求相適應。預測分析是在企業經營預測過程中，根據過去和現在預計未來，以及根據已知推測未知的各種科

管理會計

學的專門分析方法。管理會計重點研究的是企業生產經營活動中的經營預測。

經營預測，是指根據歷史資料和現在的信息，運用一定的科學預測方法，對未來經濟活動可能產生的經濟效益和發展趨勢做出科學的預計和推測的過程。管理會計中的預測分析，是指運用專門的方法進行經營預測的過程。

二、預測分析的意義

預測分析在提高企業經營管理水準和改善經濟效益等方面有著十分重要的意義。

（1）預測分析是進行經營決策的主要依據。企業的經營活動必須建立在正確的決策基礎上，而科學的預測是進行正確決策的前提和依據。通過預測分析，可以科學地確定商品的品種結構、最佳庫存結構等，合理安排和使用現有的人、財、物，全面協調整個企業的經營活動。

（2）預測分析是編製全面預算的前提。為了減少生產經營活動的盲目性，企業要定期編製全面預算。而預算的前提，就是預測工作所提供的信息資料。科學的預測，能夠避免主觀預計或任意推測，使企業計劃與全面預算合理、科學且切實可行。

（3）預測分析是提高企業經濟效益的手段。以最少的投入取得最大的收益是企業的基本經營原則。通過預測分析，及時掌握國內外市場信息、市場銷售變動趨勢和科學技術發展動態，合理組織和使用各種資源，可以使企業降低消耗，增加銷售收入，提高經濟效益。

三、預測分析的特徵

在市場經濟體制下，企業的生產經營因受多方面的因素影響，所以必須深刻認識預測分析的特徵，遵循科學的原則，不斷改善預測方法，使其發揮應有的重要作用。

（1）預測具有一定的科學性。因為預測是根據實地調查和歷史統計資料，通過一定的程序和計算方法，推算未來的經營狀況，所以基本上能反應經營活動的發展趨勢。從這一角度來看，預測具有一定的科學性。

（2）預測具有一定的誤差性。預測是事先對未來經營狀況的預計和推測，而企業經營活動受各種因素的影響，未來的經營活動又不是過去的簡單重複，所以預測值與實際值之間難免存在一定的誤差，不可能完全一致。從這一角度來看，預測具有一定的誤差性。

（3）預測具有一定的局限性。因為人們對未來經營活動的認識和預見總帶有一定的主觀性和局限性，而且預測所掌握的資料有時不全、不太準確或者在計算過程中省略了一些因素，所以預測的結果不可能完整地、全面地表述未來的經營狀況，因而具有一定的局限性。

四、預測分析的程序

預測是一項複雜、細緻的工作，必須有計劃、有步驟地進行。預測分析一般包括以下步驟。

（1）確定預測目標。首先要弄清楚預測什麼，然後才能根據預測的具體對象和內容確定預測的範圍，並規定預測的時間期限和數量單位等。

（2）收集資料信息。經營預測有賴於系統、準確和全面的資料和信息，所以，收集全面、可靠的信息是開展經營預測的前提條件之一。

（3）選擇預測方法。預測方法多種多樣，既有定性預測方法，又有定量預測方法。我們應該結合預測對象的特點及收集到的信息，選擇恰當的、切實可行的預測方法。

（4）進行實際預測。運用所收集的信息和選定的預測方法，對預測對象提出實事求是的預測結果。

（5）對預測結果進行修正。隨著時間的推移，實際情況會發生各種各樣的變化，我們還應該根據情況的變化和採取的對策，對初步的預測結果進行修正，以保證預測結果盡可能符合變化的實際情況。

第二節　銷售預測

一、銷售預測的定義

廣義的銷售預測包括市場調查和銷售量預測，狹義的銷售預測僅指後者。市場調查是銷售量預測的基礎，是指通過瞭解與特定產品有關的供銷環境和各類市場的情況，做出該產品有無現實市場或潛在市場以及市場大小的結論的過程。銷售量預測，也稱為產品需求量預測，是指根據市場調查所得的有關資料，通過對有關因素的分析研究，預計和測算特定產品在未來一定時期內的市場銷售量水準及其變化趨勢，進而預測企業產品未來銷售量的過程。

二、銷售預測的影響因素

儘管銷售預測十分重要，但進行高質量的銷售預測卻並非易事。在進行預測和選擇最合適的預測方法之前，瞭解對銷售預測產生影響的各種因素是非常重要的。

一般來講，在進行銷售預測時考慮兩大類因素：

（一）外部因素

1. 需求動向

需求是外部因素中最重要的一項，如流行趨勢、愛好變化、生活形態變化、人

管理會計

口流動等，均可成為產品（或服務）需求的質與量方面的影響因素，因此，必須加以分析與預測。企業應盡量收集有關對象的市場資料、市場調查機構資料、購買動機調查等統計資料，以掌握市場的需求動向。

2. 經濟變動

銷售收入深受經濟變動的影響，經濟因素是影響商品銷售的重要因素，為了提高銷售預測的準確性，應特別關注商品市場中的供應和需求情況。尤其近幾年來科技、信息快速發展，更帶來無法預測的影響因素，導致企業銷售收入波動。因此，為了正確預測，需特別注意資源問題的未來發展、政府及財經界對經濟政策的見解以及基礎工業、加工業生產以及經濟增長率等指標的變動情況。尤其要關注突發事件對經濟的影響。

3. 同業競爭動向

銷售額的高低深受同業競爭者的影響。古人云：「知己知彼，百戰不殆。」為了生存，必須掌握對手在市場的所有活動情況。例如，競爭對手的目標市場在哪裡，產品價格水準如何，促銷與服務措施如何等等。

4. 政府、消費者團體的動向

考慮政府的各種經濟政策、方案措施以及消費者團體所提出的各種要求等。

(二) 內部因素

1. 行銷策略

考慮市場定位、產品政策、價格政策、渠道政策、廣告及促銷政策等變更對銷售額所產生的影響。

2. 銷售政策

考慮變更管理內容、交易條件或付款條件、銷售方法等對銷售額所產生的影響。

3. 銷售人員

銷售活動是一種以人為核心的活動，所以人為因素對於銷售額的實現具有相當深遠的影響，這是我們不能忽略的。

4. 生產狀況

需要考慮貨源是否充足，能否保證銷售需要等。

三、銷售預測的方法

銷售預測的方法一般包括定性分析和定量分析兩大類，企業可以根據企業的實際情況採用適宜的方法進行銷售預測。

(一) 銷售預測的定性分析法

定性預測法是在預測人員具備豐富的實踐經驗和廣泛的專業知識的基礎上，根據其對事物的分析和主觀判斷能力對預測對象的性質和發展趨勢做出推斷的預測方法，如市場調研法和判斷分析法。這類方法主要是在企業所掌握的數據資料不完備、

第四章 預測分析

不準確的情況下使用,以通過對經濟形勢、國內外科學技術發展水準、市場動態、產品特點和競爭對手情況等情況或資料的分析研究,對本企業產品的未來銷售情況做出質的判斷。

1. 市場調研法

市場調研法就是通過對某種產品在市場上的供需情況變動的詳細調查,瞭解各因素對該產品市場銷售的影響狀況,並據以推測該種產品市場銷售量的一種分析方法。

在這類方法下,其預測的基礎是市場調查所取得的各種資料,然後根據產品銷售的具體特點和調查所得資料情況,採用具體的預測方法進行預測。

2. 判斷分析法

判斷分析法主要是根據熟悉市場未來變化情況的專家的豐富實踐經驗和綜合判斷能力,在對預測期銷售情況進行綜合分析和研究以後所做出的關於產品銷售趨勢的判斷。參與判斷預測的專家既可以是企業內部人員,如銷售部門經理和銷售人員,也可以是企業外界的人員,如有關推銷商和經濟分析專家等。

判斷分析法的具體方式一般可分為下列三種:

(1) 意見匯集法

意見匯集法也稱主觀判斷法,它是由本企業熟悉銷售業務、對於市場未來發展變化的趨勢比較敏感的領導人、主管人員和業務人員,根據其多年的實踐經驗集思廣益,分析各種不同意見並對之進行綜合分析和評價後所進行的判斷預測。這一方法產生的依據是,企業內部的各有關人員由於工作崗位和業務範圍及分工有所不同,儘管他們對各自的業務都比較熟悉,對市場狀況及企業在競爭中的地位也比較清楚,但其對問題理解的廣度和深度卻往往受到一定的限制。在這種情況下就需要各有關人員既能對總的社會經濟發展趨勢和企業的發展戰略有充分的認識,又能全面瞭解企業當前的銷售情況,進行信息交流和互補,在此基礎上經過意見匯集和分析,就能做出比較全面和客觀的銷售判斷。

①高級經理意見法

高級經理意見法是依據銷售經理(經營者與銷售管理者為中心)或其他高級經理的經驗與直覺,通過一個人或所有參與者的平均意見求出銷售預測值的方法。

②銷售人員意見法

銷售人員意見法是利用銷售人員對未來銷售情況進行預測的方法。有時是由每個銷售人員單獨做出這些預測,有時則與銷售經理共同討論而做出這些預測。預測結果以地區或行政區劃一級一級匯總,最後得出企業的銷售預測結果。

③購買者期望法

許多企業經常關注新顧客、老顧客和潛在顧客未來的購買意向情況,如果存在少數重要的顧客占據企業大部分銷售量這種情況,那麼購買者期望法是很實用的。

這種預測方法是通過徵詢顧客或客戶的潛在需求或未來購買商品計劃的情況,

瞭解顧客購買商品的活動、變化及特徵等，然後在收集消費者意見的基礎上分析市場變化，預測未來市場需求。

(2) 專家小組法

專家小組法也屬於一種客觀判斷法，它是由企業組織各有關方面的專家組成預測小組，通過召開各種形式的座談會的方式，進行充分、廣泛的調查研究和討論，然後運用專家小組的集體科研成果做出最後的預測判斷。

(3) 德爾菲法

德爾菲法又稱專家調查法，它是一種客觀判斷法，由美國蘭德公司在20世紀40年代首先倡導使用。它主要是採用通信的方式，通過向見識廣、學有專長的各有關專家發出預測問題調查表的方式來搜集和徵詢專家們的意見，並經過多次反覆，綜合、整理、歸納各專家的意見以後，做出預測判斷。

【例4-1】某公司準備推出一種新產品，由於該新產品沒有銷售記錄，公司準備聘請專家共7人，採用德爾菲法進行預測，連續三次預測結果如表4-1所示。

表4-1　　　　　　　　　　　　產品預測表

專家編號	第一次判斷			第二次判斷			第三次判斷		
	最高	最可能	最低	最高	最可能	最低	最高	最可能	最低
1	2,300	2,000	1,500	2,300	2,000	1,700	2,300	2,000	1,600
2	1,500	1,400	900	1,800	1,500	1,100	1,800	1,500	1,300
3	2,100	1,700	1,300	2,100	1,900	1,500	2,100	1,900	1,500
4	3,500	2,300	2,000	3,500	2,000	1,700	3,000	1,700	1,500
5	1,200	900	700	1,500	1,300	900	1,700	1,500	1,100
6	2,000	1,500	1,100	2,000	2,000	1,100	2,000	1,700	1,100
7	1,300	1,100	1,000	1,500	1,500	1,000	1,700	1,500	1,300
平均值	1,986	1,557	1,214	2,100	1,743	1,286	2,086	1,686	1,343

公司在此基礎上，按最後一次預測的結果，採用算術平均法確定最終的預測值是1,705件。

1,750＝(2,086+1,686+1,343)/3

(二) 銷售預測的定量分析法

定量預測法主要是根據有關的歷史資料，運用現代數學方法對歷史資料進行分析加工處理，並通過建立預測模型來對產品的市場變動趨勢進行研究並做出推測的預測方法，如趨勢預測分析法和因果預測分析法。這類方法是在擁有盡可能多的數據資料的前提下運用，以便能通過對數據類型的分析，確定具體適用的預測方法對產品的市場需求做出量的估計。

第四章　預測分析

1. 趨勢預測分析法

趨勢預測分析法是運用事物發展的延續性原理來預測事物發展的趨勢。首先把本企業的歷年銷售資料按時間的順序排列出來，然後運用數理統計的方法來預計、推測計劃期間的銷售數量或銷售金額，故亦稱「時間序列預測分析法」。這類方法的優點是收集信息方便、迅速；缺點是對市場供需情況的變動因素未加考慮。

（1）算術平均法

算術平均法是以過去若干期的銷售量或銷售額的算術平均數作為計劃期的銷售預測數。其計算公式如下：

$$計劃期銷售預測值 = \frac{各期銷售量（額）之和}{期數}$$

【例 4-2】某企業 2018 年上半年銷售 A 產品的情況如表 4-2 所示：

表 4-2　　　　　　　某企業 A 產品銷售情況表　　　　　　　單位：件

月份	1	2	3	4	5	6
銷售量	3,300	3,400	3,100	3,500	3,800	3,600

要求：採用算術平均法確定 2018 年 7 月份的銷售量。

解：7 月份的銷售量預測值 =（3,300+3,400+3,100+3,500+3,800+3,600)/6
　　　　　　　　　　　=3,450（件）

算數平均法的優點是計算簡單，但該方法沒有考慮近期銷售量的變化趨勢對預測值的影響，可能造成一定的預測誤差，所以適用於各期銷售量基本穩定的產品預測。

（2）移動平均法

移動平均法是指根據過去期間內的銷售量（額），按時間先後順序計算移動平均數以作為未來期間銷售預測值的一種方法。例如，若以 3 期為一個移動期，則預測 6 月份的銷售量以 3、4、5 月份的歷史資料為依據；若預測 7 月份的銷售量，則以 4、5、6 月份的資料為準。

計算移動平均數時一般採用簡單算術平均法。

【例 4-3】沿用例 4-2 的資料。要求採用移動平均法對銷售量進行預測。

預測結果如表 4-3 所示：

表 4-3　　　　　　　產品銷售量資料及預測計算表　　　　　　　單位：件

月份	產品實際銷售量	產品銷售量預測值	
		移動期為 3	移動期為 5
1	3,300	—	—
2	3,400		

表4-3(續)

月份	產品實際銷售量	產品銷售量預測值	
		移動期為3	移動期為5
3	3,100	—	—
4	3,500	3,267	—
5	3,800	3,333	—
6	3,600	3,467	3,420
—	—	3,633	3,480

在計算移動平均數時，移動期數的長短要視具體情況而定。一般來說，若各期銷售量（額）波動不大，則宜採用較長的移動期進行平均；若各期銷售量波動較大，則宜採用較短的移動期進行平均。

（3）加權平均法

加權平均法是指對過去若干期間內的銷售量（額）按照近大遠小的原則分別確定不同的權數，並計算銷售量（額）加權算術平均數以作為未來期間銷售預測值的一種方法。

$$計劃期銷售預測值 = \frac{\sum 某期銷售量(額) \times 該期權數}{各期權數之和}$$

加權平均法對權數的確定可採用以下兩種方法：

取絕對數權數，即按自然數序列 $1, 2, 3, \cdots, n$ 為時間序列各期銷售量（額）確定的權數，如第一期權數為1，第二期權數為2……第 n 期權數為 n。

取相對數權數，即為時間序列各期銷售量（額）確定遞增的相對權數，但必須使權數之和等於1。

【例4-4】沿用例4-2的資料，要求分別採用兩種絕對數期數和相對數期數預測2018年7月份的銷售量。

解：設絕對數權數分別為：$w=1$，$w=2$，$w=3$，$w=4$，$w=5$，$w=6$。

7月份的銷售量預測值

=（3,300×1+3,400×2+3,100×3+3,500×4+3,800×5+3,600×6）÷（1+2+3+4+5+6）

≈3,524（件）

若設絕對數權數分別為：$w=0.07$，$w=0.1$，$w=0.14$，$w=0.19$，$w=0.23$，$w=0.27$。

7月份的銷售量預測值

=3,300×0.07+3,400×0.1+3,100×0.14+3,500×0.19+3,800×0.23+3,600×0.27

=3,516（件）

第四章　預測分析

加權平均法與算術平均相比，彌補了算術平均法的缺陷，使企業的預測更加接近於實際，加大了預測期與近期的聯繫。但由於確定權數存在主觀性，因而可能出現預測的人為差異。

（4）指數平滑法

指數平滑法就是遵循「重近輕遠」的原則，對全部歷史數據採用逐步衰減的不等加權辦法進行數據處理的一種預測方法。指數平滑法通過對歷史時間序列進行逐層平滑計算，從而消除隨機因素的影響，識別經濟現象基本變化趨勢，並以此預測未來。它是短期預測中最有效的方法。使用指數平滑系數進行預測，對近期的數據觀察值賦予較大的權重，而對以前各個時期的數據觀察值則順序地賦予遞減的權重。

其計算公式為：

計劃期($t+1$)預測銷售值＝a×第 t 期實際值＋$(1-a)$×第 t 期預測值

平滑指數 a 是一個經驗數據，它具有修勻實際數據包含的偶然因素對預測值影響的作用。一般取值為 0.3~0.7，在進行近期預測或者銷售量（額）變動較大的預測時，平滑指數應取得適當大些；在進行遠期預測或者銷售量（額）變動較小的預測時，平滑指數應取得適當小些。

【例 4-5】沿用例 4-2 的資料。某企業 2018 年 6 月實際銷售量為 3,600 件，預測銷售量為 3,750 件，考慮到近期實際銷售量對預測銷售量影響較大，取平滑指數為 0.7。

要求：採用平滑指數法確定 2018 年 7 月份的銷售量。

解：

7 月份的銷售預測量＝3,600×0.7＋(1－0.7)×3,750＝3,645（件）

2. 因果預測分析法

因果預測分析法，是利用事物發展的因果關係來推測事物發展趨勢的方法。它一般是根據過去掌握的歷史資料，找出預測對象的變量與其相關變量之間的依存關係，來建立相應的因果預測的數學模型。然後通過對數學模型的求解來確定對象在計劃期的銷售量或銷售額。

因果預測所採用的具體方法較多，最常用而且最簡單的是迴歸分析法。迴歸分析主要是研究事物變化中的兩個或兩個以上因素之間的因果關係，並找出其變化的規律，應用迴歸數學模型，預測事物未來的發展趨勢。由於在現實的市場條件下，企業產品的銷售量往往與某些變量因素（如國民生產總值、個人可支配的收入、人口、相關工業的銷售量、需要的價格彈性或收入彈性等等）之間存在著一定的函數關係，因此我們可以利用這種關係，選擇最恰當的相關因素建立起預測銷售量或銷售額的數學模型，這往往會比採用趨勢預測分析法獲得更為理想的預測結果。例如輪胎與汽車、面料、輔料與服裝，水泥與建築之間存在著依存關係，而且都是前者的銷售量取決於後者的銷售量。所以，可以利用後者現成的銷售預測的信息，採用迴歸分析的方法來推測前者的預計銷售量（額）。這種方法的優點是簡便易行，成

本低廉。

第三節　成本預測

一、成本預測的定義及意義

成本預測是指依據掌握的經濟信息和歷史成本資料，在認真分析當前各種技術經濟條件、外界環境變化及可能採取的管理措施基礎上，對未來成本水準及其發展趨勢所做的定量描述和邏輯推斷。成本預測是成本管理的重要環節，實際工作中必須予以高度重視。

搞好成本預測的現實意義在於：
（1）成本預測是進行成本決策和編製成本計劃的依據；
（2）成本預測是降低產品成本的重要措施；
（3）成本預測是增強企業競爭力和提高企業經濟效益的主要手段。

二、成本預測的程序

1. 確定預測目標

進行成本預測，首先要有一個明確的目標。成本預測的目標又取決於企業對未來的生產經營活動所欲達成的總目標。成本預測目標確定之後，便可明確成本預測的具體內容。

2. 收集預測資料

成本指標是一項綜合性指標，涉及企業的生產技術、生產組織和經營管理等各個方面。在進行成本預測前，必須盡可能全面地佔有相關的資料，並應注意去粗取精、去偽存真。

3. 提出假設，建立預測模型

在進行預測時，必須對已收集到的有關資料，運用一定的數學方法進行科學的加工處理，建立科學的預測模型，借以揭示有關變量之間的規律性聯繫。

4. 選擇預測方法

這裡應當注意預測方法的選擇與配合問題。不應把某個預測方法當作對某一個預測問題的最終解決，因為每種預測方法可能適用於某幾種預測問題，同時某個預測問題又可能適用幾種預測方法。

5. 分析預測誤差，檢驗假設

每項預測結果有必要與實際結果進行比較，以發現和確定誤差大小。所有預測報告都應當定期地、不斷地用最新的數據資料去復核，檢驗所作假設是否可靠。

6. 修正預測結果

第四章　預測分析

由於假設的存在，數學模型往往舍去了一些影響因素或事件，因此要運用定性預測方法對定量預測結果進行修正，以保證預測目標順利實現。

三、成本預測方法

（一）可比產品成本預測

可比產品是指以往年度正常生產過的產品，其過去的成本資料比較齊全和固定。可比產品成本預測法，是根據有關的歷史資料，按照成本習性的原理，建立總成本模型 $y=a+bx$（其中 a 表示固定成本總額，b 表示單位變動成本），然後利用銷售量的預測值預測出總成本的一種方法。常用的方法有高低點法、加權平均法和迴歸分析法等。

1. 高低點法

高低點法是以成本性態分析為基礎，以過去一定時期內的最高業務量和最低業務量的成本之差除以最高業務量和最低業務量之差，計算出單位變動成本（b），然後據以計算出固定成本（a），並據此推算出在計劃期內一定產量條件下的總成本和單位成本。

高低點法通常按以下步驟進行：

（1）確定最高點和最低點。

（2）根據總成本模型 $y=a+bx$ 列出一個二元一次方程組。

$$y_{高}=a+bx_{高}$$
$$y_{低}=a+bx_{低}$$

（3）根據方程組求得 a 和 b。

$$b = \frac{y_{高}-y_{低}}{x_{高}-x_{低}}$$

$$a = y_{高}-bx_{高} \quad 或 \quad a = y_{低}-bx_{低}$$

【例4-6】某企業 2018 年 1~5 月份甲產品的產量與總成本的資料如表 4-4。預計 2018 年 6 月份的產量為 290 件。

要求：採用高低點法預測 6 月份的成本總額。

表 4-4　　　　　　　　　　產量與總成本表　　　　　　　　　單位：元

月份	生產量（X_i）	總成本（Y_i）
1	200	110,000
2	240	130,000
3	260	140,000
4	280	150,000
5	300	160,000

解：根據以上資料，採用高低點法求 a 和 b 的值。

$b = (160,000-110,000) \div (300-200) = 500$

將 $b = 500$ 代入，$Y = a+bX$，得：$a = 160,000-500 \times 300 = 10,000$（元）

6 月份的產量 $= 10,000+280 \times 500 = 150,000$（元）

高低點法是一種非常簡便的預測方法。但是，由於該方法僅使用個別成本資料，故難以精確反應成本變動的趨勢。

2. 加權平均法

加權平均法是指通過對不同時期的成本資料給予不同的權數，然後直接對各期的成本資料加權平均求得 a、b 值，以期實現對總成本預測的一種方法。其計算公式為：

預測期的總成本為：$y = \dfrac{\sum wa}{\sum w} + \dfrac{\sum wb}{\sum w} x$

加權平均法適用於企業的歷史成本資料具有詳細的固定成本總額和單位變動成本數據的情況。

【例 4-7】某企業近 3 年來乙產品成本資料如表 4-5 所示。

表 4-5　　　　　　　　　成本資料表　　　　　　　　　單位：元

年份	固定成本總額 a	單位變動成本 b
2015	600,000	40
2016	660,000	34
2017	700,000	30

若設 2015 年權數為 1，2016 年權數為 2，2017 年權數為 3。

要求：採用加權平均法預測 2018 年生產 900,000 件的成本總額。

2018 年預測成本總額

$= \dfrac{600,000 \times 1+660,000 \times 2+700,000 \times 3}{1+2+3} + \dfrac{40 \times 1+34 \times 2+30 \times 3}{1+2+3} \times 900,000$

$= 30,370,000$

3. 迴歸分析法

迴歸分析法是根據計算方程式 $y=a+bx$，按照最小平方法的原理來確定一條最能反應自變量 x（即銷售量）與因變量 y（即成本總額）之間的關係的直線，並以此來預測成本總額的一種方法。其 a、b 的計算公式為：

$b = \dfrac{n\sum xy - \sum x \sum y}{n\sum x^2 - (\sum x)^2}$

$a = \dfrac{\sum y - b\sum x}{n}$

第四章 預測分析

當企業的歷史資料中單位產品成本忽高忽低時，適合採用此方法。

【例 4-8】某企業 2017 年生產的丙產品 7~12 月份的產量及成本資料如表 4-6 所示，預計 2018 年 1 月份丙產品產量為 52 件。

表 4-6　　　　　　　　丙產品 7~12 月份產量及成本資料

月份	7	8	9	10	11	12
產量（件）	40	42	45	43	46	50
總成本（元）	8,800	9,100	9,600	9,300	9,800	10,500

要求：採用迴歸分析法預測 2018 年 1 月份丙的成本總額。

解：

表 4-7　　　　　　　　迴歸直線法計算表

月份	x	y	xy	x^2
7	40	8,800	352,000	1,600
8	42	9,100	382,200	1,764
9	45	9,600	432,000	2,025
10	43	9,300	399,900	1,849
11	46	9,800	450,800	2,116
12	50	10,500	525,000	2,500
$n=6$	$\sum x=266$	$\sum y=57,100$	$\sum xy=2,541,900$	$\sum x^2=11,854$

代入公式求得 $b=170.65$　$a=1,951.19$

則總成本性態模型為：$y=1,951.19+170.65x$

2018 年 1 月份成本的預測值 $=1,951.19+170.65\times52\approx10,825$（元）

（二）不可比產品成本預測法

不可比產品是指企業過去沒有正式生產過的產品，其成本無法進行比較，所以不能採用像可比產品一樣的方法來控制成本支出。

常用的方法有技術測定法、目標成本法等。

1. 技術測定法

技術測定法是指在充分挖掘潛力的基礎上，根據產品設計結構、生產技術和工藝方法，對影響人力、物力消耗的各個因素逐個進行技術測試和分析計算，從而確定產品成本的一種方法。

該方法比較科學，預測也比較準確，但由於需要逐項測試，所以工作量比較大，一般適用於品種少、技術資料比較齊全的成本預測。

2. 目標成本法

目標成本法是為實現目標利潤所應達到的成本水準或應控制的成本限額。它是

管理會計

在銷售預測和利潤預測的基礎上，結合量本利分析預測目標成本的一種方法。

目標成本預測的方法很多，主要有倒扣測算法、比率測算法、直接測算法等。

(1) 倒扣測算法

倒扣測算法是在事先確定目標利潤的基礎上，首先預計產品的售價和銷售收入，然後扣除價內稅和目標利潤，餘額即為目標成本的一種預測方法。

此法既可以預測單一產品生產條件下的產品目標成本，又可以預測多產品生產條件下的全部產品的目標成本；當企業生產新產品時，也可以採用這種方法預測，此時新產品目標成本的預測與單一產品目標成本的預測相同。相關的計算公式如下：

單一產品生產條件下產品目標成本 = 預計銷售收入 - 應繳稅金 - 目標利潤

多產品生產條件下全部產品目標成本 = Σ預計銷售收入 - Σ應繳稅金 - 總體目標利潤

公式中的銷售收入必須結合市場銷售預測及客戶的訂單等予以確定；

應繳稅金指應繳流轉稅金，它必須按照國家的有關規定予以繳納，由於增值稅是價外稅，因此這裡的應繳稅金不包括增值稅；

目標利潤通常可採用先進（指同行業或企業歷史較好水準）的銷售利潤率乘以預計的銷售收入、先進的資產利潤率乘以預計的資產平均占用額，或先進的成本利潤率乘以預計的成本總額確定。

這種方法以確保目標利潤的實現為前提條件，堅持以銷定產原則，目標成本的確定與銷售收入的預計緊密結合，在西方，企業常常採用，也應逐漸推廣應用。需要注意的是，以上計算公式是建立在產銷平衡假定的基礎上，實際中，多數企業產銷不平衡，在這種情況下，企業應結合期初、期末產成品存貨的預計成本倒推產品生產目標成本。

【例4-9】某企業生產的某產品，假定該產品產銷平衡，預計明年該產品的銷售量為1,500件，單價為50元。生產該產品需繳納16%的增值稅，銷項稅與進項稅的差額預計為20,000元；另外還應繳納10%的消費稅、7%的城建稅、3%的教育費附加。假設同行業先進的銷售利潤率為20%。

要求：運用倒扣測算法預測該企業該產品的目標成本。

解：

目標利潤 = 1,500×50×20% = 15,000（元）

應繳稅金 = 1,500×50×10% + (20,000 + 1,500×50×10%)×(7% + 3%) = 10,250（元）

目標成本 = 1,500×50 - 10,250 - 15,000 = 49,750（元）

(2) 比率測算法

比率測算法是倒扣測算法的延伸，它是依據成本利潤率或銷售利潤率來測算單位產品目標成本的一種預測方法。這種方法要求事先確定先進的成本利潤率或銷售利潤率，並以此推算目標成本。其計算公式如下：

第四章　預測分析

單位產品目標成本＝產品預計銷售收入×(1−稅率)÷(1+成本利潤率)
目標成本＝預計銷售收入×(1−銷售利潤率)

【例4−10】某企業只生產一種產品，預計單價為2,000元，銷售量為3,000件，稅率為10％，成本利潤率為20％，運用比率測算法測算該企業的目標成本。

解：單位產品目標成本＝2,000×(1−10％)÷(1+20％)＝1,500（元）
企業目標成本＝1,500×3,000＝4,500,000（元）

（3）直接測算法

直接測算法是根據上年預計成本總額和企業規劃確定的成本降低目標來直接推算目標成本的一種預測方法。

通常成本計劃是在上年第四季度進行編製，因此目標成本的測算只能建立在上年預計平均單位成本的基礎上，計劃期預計成本降低率可以根據企業的近期規劃事先確定，另外還需通過市場調查預計計劃期產品的生產量。

這種方法建立在上年預計成本水準的基礎之上，從實際出發，實事求是，充分考慮降低產品成本的內部潛力，僅適用於可比產品目標成本的預測。

第四節　利潤預測

一、利潤預測的含義

利潤預測是按照企業經營目標的要求，通過綜合分析影響利潤變動的價格、成本、產銷量等因素，測算企業在未來一定時期內可能達到的利潤水準和利潤變動趨勢的一種方法。

二、利潤預測的方法

（一）量本利分析法

量本利分析法是在成本性態分析和保本分析的基礎上，根據有關產品成本、價格、業務量等因素與利潤的關係確定預測期目標利潤的一種方法。

其計算公式為：

預測期目標利潤
＝銷售量×單價−銷售量×單位變動成本−固定成本總額
＝邊際貢獻−固定成本總額
＝銷售收入×邊際貢獻率−固定成本總額
＝(預計銷售量−保本點銷售量)×單位邊際貢獻
＝(預計銷售額−保本點銷售額)×邊際貢獻率

【例4−11】某企業2017年銷售量的預測值為8,000件，現知該產品的銷售價格

為每臺 1,000 元，單位變動成本為 700 元，全年固定成本總額為 1,100,000 元。

要求：採用量本利分析法預測 2018 年的目標利潤。

解：

2018 年度目標利潤的預測值 = 8,000×(1,000-700)-1,100,000

= 1,300,000（元）

（二）比率法

1. 銷售增長比率法

銷售增長比率法是以基期實際銷售利潤與預計銷售增長比率為依據計算目標利潤的一種方法。該方法假定利潤與銷售同步增長。

預測期目標利潤 = 基期銷售利潤×(1+預計銷售增長比率)

【例 4-12】某企業 2017 年實際銷售利潤為 140 萬元，實際銷售收入為 1,800 萬元。預計 2018 年銷售額為 2,070 萬元。

要求：採用銷售增長比率法預測 2018 年的目標利潤。

解：

2018 年預計銷售收入增長率 =（2,070-1,800）÷1,800×100% = 15%

2018 年度目標利潤的預測值 = 140×(1+15%) = 161（萬元）

2. 資金利潤率法

資金利潤率法是根據企業預計資金利潤率水準，結合基期實際資金的占用狀況與未來計劃投資額來確定目標利潤的一種方法。

預測期目標利潤 =（基期占用資金+計劃投資額）×預計資金利潤率

【例 4-13】某企業 2017 年實際固定資產占用額為 2,400 萬元，全部流動資金占用額為 800 萬元。2018 年度計劃擴大生產規模，追加固定資產 520 萬元、流動資金 80 萬元，預計 2018 年資金利潤率為 10%。

要求：採用資金利潤率法預測 2018 年的目標利潤。

解：

2017 年度目標利潤的預測值 =（2,400+800+520+80）×10% = 380（萬元）

3. 利潤增長比率法

利潤增長比率法是根據企業基期已經達到的利潤水準，結合近期若干年（通常為 3 年）利潤增長比率的變動趨勢，以及影響利潤的有關因素在未來可能發生的變動等情況，確定一個相應的預計利潤增長比率，來確定目標利潤的一種方法。

預測期目標利潤 = 基期銷售利潤×(1+預計利潤增長比率)

本章小結

預測分析是在企業經營預測過程中，根據過去和現在預計未來，以及根據已知

第四章 預測分析

推測未知的各種科學的專門分析方法。管理會計重點研究的是企業生產經營活動中的經營預測。經營預測,是指根據歷史資料和現在的信息,運用一定的科學預測方法,對未來經濟活動可能產生的經濟效益和發展趨勢做出科學的預計和推測的過程。

銷售預測,也稱為產品需求量預測,是指根據市場調查所得的有關資料,通過對有關因素的分析研究,預計和測算特定產品在未來一定時期內的市場銷售量水準及其變化趨勢,進而預測企業產品未來銷售量的過程。

銷售預測的方法一般包括定性分析和定量分析兩大類。定性預測法是在預測人員具備豐富的實踐經驗和廣泛的專業知識的基礎上,根據其對事物的分析和主觀判斷能力對預測對象的性質和發展趨勢做出推斷的預測方法,如市場調研法和判斷分析法;定量預測法主要是根據有關的歷史資料,運用現代數學方法對歷史資料進行分析加工處理,並通過建立預測模型對產品的市場變動趨勢進行研究並做出推測的預測方法,如趨勢預測分析法和因果預測分析法。

成本預測是指依據掌握的經濟信息和歷史成本資料,在認真分析當前各種技術經濟條件、外界環境變化及可能採取的管理措施基礎上,對未來成本水準及其發展趨勢所做的定量描述和邏輯推斷。成本預測方法包括可比產品成本預測和不可比產品成本預測。

利潤預測是按照企業經營目標的要求,通過綜合分析影響利潤變動的價格、成本、產銷量等因素,測算企業在未來一定時期內可能達到的利潤水準和利潤變動趨勢的一種方法。利潤預測的方法包括量本利分析法和比率法。

綜合練習

一、單項選擇題

1. 預測方法分為兩大類,是指定量分析法和(   )。
   A. 平均法   B. 定性分析法   C. 迴歸分析法   D. 指數平滑法
2. 假設平滑指數=0.6,9月份實際銷售量為600千克,原來預測9月份銷售量為630千克,則預測10月份的銷售量為(   )千克。
   A. 618   B. 600   C. 612   D. 630
3. 預測分析的內容不包括(   )。
   A. 銷售預測   B. 利潤預測   C. 資金預測   D. 所得稅預測
4. 下列適用於銷售業務略有波動的產品的預測方法是(   )。
   A. 加權平均法   B. 移動平均法   C. 趨勢平均法   D. 平滑指數法
5. 通過函詢方式,在互不通氣的情況下向若干專家分別徵求意見的方法是(   )。
   A. 專家函詢法   B. 專家小組法

C. 專家個人意見法　　　　　　D. 德爾菲法

6. 下列各種銷售預測方法中，屬於沒有考慮遠近期銷售業務量對未來銷售狀況會產生影響的方法是（　　）。

　　A. 加權平均法　B. 移動平均法　C. 算術平均法　D. 平滑指數法

7. 不可比產品是指企業以往年度（　　）生產過、其成本水準無法與過去進行比較的產品。

　　A. 從來沒有　　B. 沒有正式　　C. 沒有一定規模　D. 沒有計劃

8. 比較科學，預測也比較準確，但由於需要逐項測試，所以工作量比較大的成本預測方法是（　　）。

　　A. 專家意見法　　　　　　B. 移動加權平均法
　　C. 技術測定法　　　　　　D. 目標成本法

9. 某企業2017年銷售利潤為140萬元，銷售收入為1,200萬元。如果2018年銷售額為1,560萬元，則採用銷售增長比率法預測2018年的目標利潤為（　　）。

　　A. 160萬元　　B. 182萬元　　C. 150萬元　　D. 172萬元

10. 下列各項中，常用於預測追加資金需要量的方法是（　　）。

　　A. 平均法　　B. 指數平滑法　C. 銷售百分比法　D. 迴歸分析法

二、多項選擇題

1. 預測的特徵包括（　　）。

　　A. 科學性　　B. 精確性　　C. 誤差性　　D. 局限性

2. 定量分析法包括（　　）。

　　A. 判斷分析法　　　　　　B. 集合意見法
　　C. 非數量分析法　　　　　D. 直線迴歸分析法

3. 進行銷售預測時應考慮的外部因素有（　　）。

　　A. 需求動向　　　　　　　B. 政府、消費者團體的動向
　　C. 同業競爭動向　　　　　D. 經濟變動

4. 下列關於移動平均法表述正確的是（　　）。

　　A. 若各期銷售量（額）波動不大，則宜採用較長的移動期進行平均
　　B. 若各期銷售量波動較大，則宜採用較短的移動期進行平均
　　C. 若各期銷售量（額）波動不大，則宜採用較短的移動期進行平均
　　D. 若各期銷售量波動較大，則宜採用較長的移動期進行平均

5. 較大的平滑指數可用於（　　）情況的銷量預測。

　　A. 近期　　　B. 遠期　　　C. 波動較大　　D. 波動較小

6. 平滑指數法實質上屬於（　　）。

　　A. 加權平均法　B. 算術平均法　C. 定量預測法　D. 定性預測法

7. 不可比產品成本預測法中的目標成本法主要包括（　　）。

　　A. 倒扣測算法　　　　　　B. 比率測算法

C. 直接測算法　　　　　　　D. 技術測定法
8. 利潤預測的比率法一般包括（　　）。
   A. 銷售增長比率法　　　　B. 資金利潤率法
   C. 利潤增長比率法　　　　D. 資產增長比率法

三、判斷題

1. 因為預測具有一定的科學性，所以預測的結果都比較準確。（　）
2. 平滑系數越大，則近期實際對預測結果的影響越小。（　）
3. 成本預測的高低點法是一種非常簡便的預測方法。但由於該方法僅使用個別成本資料，故難以精確反應成本變動的趨勢。（　）
4. 常用的利潤預測方法一般包括量本法和比率法。（　）
5. 在採用銷售百分比法預測資金需要量時，一定隨銷售變動的資產項有貨幣資金、應收帳款、存貨和固定資產。（　）

四、實踐練習題

實踐練習 1

已知：某企業生產一種產品，2017 年 1~12 月份的銷售量資料如表 4-8 所示：

表 4-8

月份	1	2	3	4	5	6	7	8	9	10	11	12
銷量（噸）	10	12	13	11	14	16	17	15	12	16	18	19

要求：採用平滑指數法（假設 2017 年 12 月份銷售量預測數為 16 噸，平滑指數為 0.3）預測 2018 年 1 月份的銷售量。

實踐練習 2

已知：某企業生產一種產品，最近半年的平均總成本資料如表 4-9 所示：

表 4-9

月份	固定成本	單位變動成本
1	12,000	14
2	12,500	13
3	13,000	12
4	14,000	12
5	14,500	10
6	15,000	9

要求：當 7 月份產量為 500 件時，採用加權平均法（採用自然權重）預測 7 月份產品的總成本和單位成本。

實踐練習 3

某企業只生產一種產品，單價為 200 元，單位變動成本為 160 元，固定成本為 400,000 元，2017 年銷售量為 10,000 件。企業按同行業先進的資金利潤率預測 2018 年企業目標利潤基數。已知：資金利潤率為 20%，預計企業資金占用額為 600,000 元。要求：

（1）測算企業的目標利潤基數；

（2）測算企業為實現目標利潤應該採取哪些單項措施。

實踐練習 4

已知：某企業只生產一種產品，已知本企業銷售量為 20,000 件，固定成本為 25,000 元，利潤為 10,000 元，預計下一年銷售量為 25,000 件。

要求：預計下期利潤額。

第五章　短期經營決策

學習目標

掌握：短期經營決策分析方法、產品生產、定價方面的各種具體決策
熟悉：短期經營決策分析的相關概念、假設和評價標準
瞭解：決策的概念、種類、程序及決策中的有關成本概念

關鍵術語

確定型決策；定量決策；不相關成本；相關成本；機會成本；差量成本；邊際貢獻；差量收入；完全成本定價法；變動成本定價法；邊際收入；邊際成本；邊際利潤

第一節　決策分析概述

一、決策的概念及意義

所謂決策，就是為了達到既定的目標，是否要採取某種行動，或者在兩個或兩個以上的可行性方案中選擇最優方案的評價和判斷過程。決策是企業生產經營管理的一項重要內容，是企業實現管理科學化和經營活動最優化的關鍵。

決策貫穿管理的各個方面和管理的全過程，沒有決策，管理的其他職能也就無法實現。從企業的各項經營管理活動來說，制訂各種計劃的過程是決策，在多種方

管理會計

案中選擇一種也是決策。正確的決策是企業正確經營活動的前提和基礎。決策是否正確，不僅關係到企業的經濟效益，甚至還關係到企業的盛衰成敗。決策的失誤，往往會造成企業人、財、物的浪費和損失。如果決策在國民經濟宏觀層面上出現失誤，其後果更是不堪設想。

當前，中國處於科學技術高速發展時期，加上市場競爭日趨激烈，影響決策的因素也就更多，企業的生存和發展取決於經營管理的合理性和有效性，制訂出正確的決策方案，顯得更為重要和迫切；同時，決策作為現代管理科學的內容，企業的經營管理應通過定量管理進行，即通過科學的計算和分析，事先做出最優抉擇，有助於企業決策者克服主觀片面性，促進企業改善經營管理、提高經濟效益。決策是企業管理現代化的核心，是企業經營活動最優化的關鍵。

二、決策的種類

決策可以按照以下不同的標準進行分類。

1. 按決策時間的長短可分為短期決策和長期決策

（1）短期決策是指決策方案對企業經濟效益的影響在一年以內的決策，也稱經營決策，又稱戰術性決策。如採購過程中的決策、生產過程中的決策、銷售過程中的決策等。

（2）長期決策是指決策方案對企業投資效益的影響超過一年，並在較長時期內對企業的收支盈虧產生影響的決策，也稱投資決策。如新建企業的決策、追加投資的決策以及對原固定資產進行更新或改造的決策等等。

2. 按決策的基本職能可分為計劃決策和控制決策

（1）計劃決策是指為確定計劃、規劃未來的經濟活動而做出的決策。這類決策主要從企業未來的帶有戰略性的問題進行評價、比較，從中選擇最合理的方案。

（2）控制決策是指為控制日常經濟活動而做出的決策。這類決策主要為了保證日常經營活動的正常進行，並為實現原定的計劃目標而採取日常性調整的決策。

3. 按決策條件的肯定程度可分為確定型決策、風險型決策和不確定型決策

（1）確定型決策

確定型決策的特點是只有一種選擇，決策沒有風險，只要滿足數學模型的前提條件，數學模型就會給出特定的結果。屬於確定型決策方法的主要有盈虧平衡分析模型和經濟批量模型。

（2）風險型決策

有時會遇到這樣的情況：一個決策方案對應幾個相互排斥的可能狀態，每一種狀態都以一定的可能性（概率 0–1）出現，並對應特定結果，這時的決策就稱為風險型決策。風險型決策的目的是使收益期望值最大，或者損失期望值最小。期望值是一種方案的損益值與相應概率的乘積之和。如決策樹分析法就是一種風險型決策。

第五章　短期經營決策

決策樹分析就是用數枝分叉形態表示各種方案的期望值，剪掉期望值小的方案枝，剩下的方案即是最佳方案。決策樹由決策結點、方案枝、狀態結點、概率枝四個要素組成。

（3）不確定型決策

在風險型決策中，計算期望值的前提是能夠判斷各種狀況出現的概率。如果出現的概率不清楚，就需要用不確定型方法。這主要有三種，即冒險法、保守法和折中法。採用何種方法取決於決策者對待風險的態度。

4. 按決策範圍大小可分為微觀決策和宏觀決策

（1）微觀決策是指在一個企業單位範圍內所做的決策。

（2）宏觀決策是指在經濟部門、經濟區域或整個國民經濟範圍內所做的決策。

三、決策的基本程序

決策一般要經過以下幾個步驟：

1. 確定決策目標

決策目標是決策的出發點和歸宿。確定目標必須建立在需要與可能的基礎之上，並且要分清必須達到的目標和希望達到的目標，分清主要目標和次要目標。確定目標要明確、具體和量化。

2. 資料的收集、分類、分析、計算和評價

某一個決策項目，在開始時必須收集相應的情報和資料，這是決策的基礎工作，只有掌握了豐富的情報和資料，並進行去偽存真、去粗取精、由表及裡的分類整理及分析研究，才能做出正確的決策。

3. 制訂可行方案

在進行決策時，要提出各種可供選擇的方案，以便進行比較，從中選擇最優方案。各種備選方案必須是可行的，即技術上必須是先進的、經濟上是合理的。沒有備選方案就談不上選擇。

4. 確定最優方案

在對各個可供選擇的方案充分論證、全面詳細地計算分析和評價的基礎上，進行篩選，從而確定最優方案。所謂最優方案是指在各個備選方案中優點最多、缺點最少的方案。

5. 決策的執行和反饋

在執行決策過程中進行信息反饋，及時修正決策方案。由於在實際工作中存在大量不確定的因素，在預測時難以預料，因而在決策執行過程中，往往出現客觀情況發生變化，或主觀判斷失誤，從而影響決策的預期效果的情況。為此，在執行決策過程中要及時進行信息反饋，不斷對原定方案進行修正或提出新的決策目標。

四、決策中的有關成本概念

短期的生產經營決策都要考慮各備選方案的獲利性，以及各備選方案之間的獲利差異，因此，也就不可避免地會考慮成本。決策分析時所涉及的成本概念並非只是一般意義的成本概念，而是一些特殊的成本概念。

按其與決策分析的關係，成本可劃分為相關成本與無關成本。相關成本與無關成本的準確劃分對決策分析至關重要。決策分析時，總是將決策備選方案的相關收入與其相關成本進行對比，來確定其獲利性。若將無關成本誤作相關成本考慮，或者將相關成本忽略都會影響決策的準確性，甚至會得出與正確結論完全相反的抉擇。

（一）相關成本

相關成本是指與決策相關聯、決策分析時必須認真加以考慮的未來成本。相關成本通常隨決策產生而產生，隨決策改變而改變，並且這類成本都是目前尚未發生或支付的成本，但從根本上影響著決策方案的取捨。屬於相關成本的主要有以下七種：

1. 差量成本

廣義的差量成本是指決策各備選方案兩者之間預測成本的差異數。兩個備選方案的成本、費用支出之間不一致，就形成了備選方案之間的成本差異。備選方案兩者之間的成本差異額就是差量成本。狹義的差量成本（也稱增量成本）是指不同產量水準所形成的成本差異。這種差異是由生產能力利用程度的不同形成的。不同產量水準下的差量成本既包括變動成本的差異數，也包括固定成本的差異數。

2. 邊際成本

邊際成本是指產品成本對業務量（產量或銷售量等）無限小變化的變動部分。變動成本、狹義的差量成本均是邊際成本的表現形式，而且，在相關範圍內，三者取得一致。在經營決策中經常運用到邊際成本、邊際收入和邊際利潤等概念。邊際收入是指產品銷售收入對業務量無限小變化的變動部分。邊際利潤是指產品銷售利潤對業務量無限小變化的變動部分。

3. 付現成本

付現成本也稱現金支出成本，是指由某項決策引起的需要在當時或最近期間用現金支付的成本。這是一個短期的概念，在使用中必須把它同過去支付的現金或已經據其支出額入帳的成本區分開來。另外，付現成本還包括能用其他流動資產支付的成本。在短期決策中，付現成本主要是指直接材料、直接人工和變動性製造費用，特別是訂貨支付的現金。在企業資金比較緊張而籌措資金又比較困難或資金成本較高時，付現成本往往作為決策時重點考慮的對象。管理當局會選擇付現成本較小的方案來代替總成本較低的方案。

第五章　短期經營決策

4. 重置成本

重置成本是指當前從市場上取得同一資產時所需支付的成本。由於通貨膨脹、技術進步等因素，某項資產的重置成本與歷史成本差異較大，重置成本既可能高於也可能低於歷史成本。在決策分析時必須考慮到重置成本。

5. 機會成本

機會成本是指決策時由於選擇某一方案而放棄的另一方案的潛在利益，是喪失的一種潛在收益。例如：某企業生產甲產品需要 A 部件，A 部件可利用企業剩餘生產能力製造，也可外購。如果外購 A 部件，剩餘生產能力可以出租，每年可取得租金 1 萬元，這 1 萬元的租金收入就是企業如果自制 A 部件方案的機會成本。

6. 可避免成本

可避免成本是指決策者的決策行為可以改變其發生額的成本。它是同決策某一備選方案直接關聯的成本。

7. 專屬成本

專屬成本是指可以明確歸屬某種（某類或某批）或某個部門的成本。例如：某種設備專門用於生產某一種產品，那麼，這種設備的折舊就是該種產品的專屬成本。

（二）無關成本

無關成本是指已經發生或雖未發生但與決策不相關聯，決策分析時也無須考慮的成本。這類成本不隨決策的產生而產生，也不隨決策的改變而改變，對決策方案不具有影響力。屬於無關成本的主要有以下四種：

1. 沉沒成本

沉沒成本是指由過去的決策行為決定的並已經支付款項、不能為現在決策所改變的成本。由於此類成本已經支付完畢，不能由現在或將來的決策所改變，因而在分析未來經濟活動並做出決策時無須考慮。

2. 歷史成本

歷史成本是指根據實際已經發生的支出而計算的成本。由於這一成本已經發生或支出，它對未來的決策不存在影響。歷史成本是財務會計中的一個重要概念。

3. 共同成本

共同成本是指應由幾種（某類或某批）或幾個部門共同分攤的成本。例如：某種設備用於生產三種產品，那麼，該設備的折舊是這三種產品的共同成本。

4. 不可避免成本

不可避免成本是指決策者的決策行為不可改變其發生額，與特定決策方案沒有直接聯繫的成本。

第二節　短期經營決策分析方法

短期經營決策一般是指在一個經營年度或經營週期內能夠實現其目標的經營決策。短期經營決策分析是指決策結果只影響或決定企業一年或一個經營週期的經營實踐的方向、方法和策略，側重於從資金、成本、利潤等方面對如何充分利用企業現有資源和經營環境，以取得盡可能多的經濟效益的分析方法。它的主要特點是充分利用現有資源進行戰術決策，一般不涉及大量資金的投入，且見效快。從短期經營決策分析的定義中可以看出，在其他條件不變的情況下，判定某決策方案優劣的主要標準是看該方案能否使企業在一年內獲得更多的利潤。

一、短期經營決策分析相關概念

（1）生產經營能力：在生產經營決策分析中，生產經營能力是決定相關業務量和確認機會成本的重要參數。其具體表現為最大經營能力、正常經營能力、剩餘經營能力和追加經營能力等。

（2）相關業務量：與特定決策方案相聯繫的產量、銷量或工作量等。

（3）相關收入：與特定方案相聯繫的、能對決策產生重大影響的、在短期經營決策中必須予以充分考慮的收入。

（4）相關成本：與特定方案相聯繫的、能對決策產生重大影響的、在短期經營決策中必須予以充分考慮的成本。在生產經營決策分析中較常見的相關成本有差量成本、機會成本、專屬成本、重置成本、可避免成本和可延緩成本等，在定價決策分析中還需考慮邊際成本。

二、短期經營決策分析的假設條件

為了簡化短期經營決策分析，在設計相關的決策方案時，假定以下條件已經存在：

第一，決策方案不涉及追加長期項目的投資；

第二，所需的各種預測資料齊備；

第三，各種備選方案均具有技術可行性；

第四，凡涉及市場購銷的決策，均以市場上具備提供有關材料或吸收有關產品的能力為前提；

第五，銷量、價格、成本等變量均在相關範圍內波動；

第六，各期產銷平衡，同時只有單一方案和互斥方案兩種決策形式。

第五章　短期經營決策

三、短期經營決策分析的評價標準

短期經營決策通常不改變企業現有生產能力，涉及的時間比較短，因此，在分析時不考慮貨幣的時間價值和投資的風險價值。評價的標準主要有以下三種：

（1）收益最大（或利潤最大）：在多個互斥可行的備選方案中，將收益最大的方案作為最優方案。其中，收益＝相關收入－相關成本。

（2）成本最低：當多個互斥可行方案均不存在相關收入或相關收入相同時，以成本最低的方案為最優方案。

（3）邊際貢獻最大：在多個互斥可行方案均不改變現有生產能力、固定成本不變時，以邊際貢獻最大的方案為最優方案。

上述三個評價標準中，本質是收益（或利潤）最大，成本最低和邊際貢獻最大是收益（或利潤）最大的特殊情況，因為在不存在相關收入或相關收入相同的情況下，成本最低的方案，收益必然最大，在固定成本不變的情況下，可將其視為無關成本。在這種情況下邊際貢獻大的方案，收益（或利潤）必然大。因此，成本最低和邊際貢獻最大是收益最大的替代價值標準。

四、短期經營決策分析方法

企業常用的短期經營決策分析方法有兩大類：定性決策分析法和定量決策分析法。

（1）定性決策分析法是建立在人們的經驗基礎上對經營決策方案進行評價和判斷的決策分析法。企業高層管理人員所面臨的大多是非程序化的決策問題，無法找到適合做出決策的明確程序，這就往往需要依靠高層管理人員本身的經驗、專業判斷能力等。具體方法主要有頭腦風暴法、德爾菲法、方案前提分析法等。

（2）定量決策分析法是建立一定的數學模型，通過運算得出分析結果並加以判斷的決策分析法。具體方法主要有確定型決策方法（量本利分析法、差量分析法等）、風險型決策方法（決策樹法、決策表法等）、不確定型決策方法（冒險法、保守法、折中法等）。

以下著重介紹定量分析法中確定型條件下的短期經營決策分析法。

1. 量本利分析法

量本利分析法是指通過量本利模型計算出方案的利潤，比較方案利潤大小從而選擇最佳方案的分析方法。如企業新設備的購置與利用、醫院開展新醫療業務項目等，均可借助量本利模型進行決策分析。量本利法對決策中相關成本資料要求較為詳盡、苛刻，不僅要求提供變動成本資料還需要提供固定成本資料。

【例5-1】某企業用同一臺機器可生產甲產品，也可以生產乙產品，預計銷售單價、銷售數量、單位變動成本及固定成本如表5-1所示。

表 5-1

產品名稱	甲產品	乙產品
預計銷量（件）	100	50
預計銷售單價（元）	11.5	26.8
單位變動成本（元）	8.2	22.6
固定成本（元）	100	100

要求：採用量本利法做出該公司生產哪一種產品較為有利的決策。
甲產品利潤=100×(11.5-8.2)-100=230（元）
乙產品利潤=50×(26.8-22.6)-100=110（元）
因為甲產品利潤大於乙產品利潤，故該公司生產甲產品較為有利。

2. 差量分析法

當兩個備選方案具有不同的預期收入和預期成本時，根據這兩個備選方案間的差量收入、差量成本計算的差量損益進行最優方案選擇的方法，就是差量分析法。這種方法可應用於業務量增減決策、生產決策、價格決策等各項經營決策。

差量分析法對成本資料的要求沒有量本利法苛刻，計算較為簡單。

幾個相關概念如下：

（1）差量，是指兩個備選方案同類指標之間的數量差異。
（2）差量收入，是指兩個備選方案預期收入之間的數量差異。
（3）差量成本，是指兩個備選方案預期成本之間的數量差異。
（4）差量損益，是指差量收入與差量成本之間的數量差異。

【例 5-2】資料同例 5-1。

要求：採用差量分析法做出該公司生產哪一種產品較為有利的決策。
甲、乙產品的差量收入=11.5×100-26.8×50=-190（元）
甲、乙產品的差量成本=8.2×100-22.6×50=-310（元）
因為差量收入大於差量成本，故該公司生產甲產品較為有利。

應注意的是，差量分析法僅適用於兩個方案之間的比較，如果有多個方案可供選擇，在採用差量分析法時，只能分別兩個兩個地進行比較、分析，逐步篩選，選擇最優方案。

3. 邊際貢獻法

邊際貢獻法是在成本性態分類的基礎上，通過比較各備選方案邊際貢獻的大小來確定最優方案的分析方法，該法適用於收入成本型（收益型）方案的擇優決策，尤其適用於多個方案的擇優決策。

邊際貢獻法通過比較邊際貢獻大小決定方案取捨。分析固定成本不變情況下的效益，可以將各備選方案的固定成本視為無關成本，不做比較分析，僅比較變動成

第五章　短期經營決策

本，使決策分析更為簡便易行。

邊際貢獻是指企業的產品或勞務對企業利潤目標的實現所做的貢獻。管理會計認為只要收入大於變動成本就會形成貢獻，因為固定成本總額在相關範圍內並不隨業務量的增減變動而變動，因此收入扣減變動成本後的差額即邊際貢獻，邊際貢獻越大則減去不變的固定成本後的餘額即利潤就越大。

【例 5-3】資料同例 5-1。

要求：採用邊際貢獻法做出該公司生產哪一種產品較為有利的決策。

甲產品邊際貢獻 = 100×(11.5-8.2) = 330（元）

乙產品邊際貢獻 = 50×(26.8-22.6) = 210（元）

因為甲產品邊際貢獻大於乙產品邊際貢獻，故該公司生產甲產品較為有利。

運用邊際貢獻法進行備選方案的擇優決策時，應注意以下幾點：

(1) 在不存在專屬成本的情況下，通過比較不同備選方案的邊際貢獻總額，就能夠正確地進行擇優決策；存在專屬成本的情況下，首先應計算備選方案的剩餘邊際貢獻（邊際貢獻總額減專屬固定成本後的餘額），然後比較不同備選方案的剩餘邊際貢獻總額，才能夠正確地進行擇優決策。

(2) 在企業的某項資源（如原材料、人工工時、機器工時等）受到限制的情況下，應通過計算、比較各備選方案的單位資源邊際貢獻進行擇優決策。

(3) 由於邊際貢獻總額的大小，既取決於單位產品邊際貢獻的大小，也取決於該產品的產銷量，因此，單位邊際貢獻額大的產品，提供的邊際貢獻總額未必就大。

4. 成本無差別點法

在企業的生產經營中，面臨許多只涉及成本而不涉及收入的方案的選擇，如零部件自製或者外購的決策、不同工藝進行加工的決策等。這時可以考慮採用成本無差別點法進行方案的擇優選擇。

成本無差別點是指在某一業務量水準上，兩個不同方案的總成本相等，但當高於或低於該業務量水準時，不同方案就有了不同的業務量優勢區域。利用不同方案的不同業務量優勢區域進行最優化方案的選擇的方法，稱為成本無差別點法。

成本無差別點法是通過比較不同方案成本大小決定方案取捨的。該法使用的前提條件是各備選方案的收入相等。收入相等情況下，成本越低則利潤越高，方案越優。

【例 5-4】某廠生產 A 種產品，有兩種工藝方案可供選擇。

新方案：固定成本總額 450,000 元，單位變動成本 300 元

舊方案：固定成本總額 300,000 元，單位變動成本 400 元

請問選擇新方案還是舊方案更為有利？

解：

(1) 列出兩個備選方案的總成本公式（x 代表產量）：

新方案總成本 = 450,000+300x

舊方案總成本 = 300,000+400x

（2）求成本無差別點：x = 1,500（件）

（3）結論：

①當產量 = 1,500 件時，新、舊兩個方案均可取。

②當產量 > 1,500 件時，假定為 1,600 件，則新、舊兩個方案的總成本如下：

（新）450,000+300×1,600 = 930,000（元）

（舊）300,000+400×1,600 = 940,000（元）

即新方案優於舊方案。

③當產量 < 1,500 件時，假定為 800 件，則新、舊兩個方案的總成本如下：

（新）450,000+300×800 = 690,000（元）

（舊）300,000+400×800 = 620,000（元）

即舊方案優於新方案。

可見，無論是使用邊際貢獻法還是成本無差別點法，都有較強的使用前提條件，如果實際決策問題滿足要求，使用這些方法不僅計算簡單，而且在概念上變得更為清晰。

第三節 生產決策

企業作為一個獨立經營的商品生產者，擁有較大的自主權和經營決策權，在生產經營過程中，經常會遇到很多生產方面需要進行決策的問題。比如，企業應該安排生產什麼產品？產量多少？當企業還有剩餘生產能力的情況下，要不要接受附有特定條件的追加訂貨？企業生產中所需的零部件應自製還是外購？新產品開發決策、虧損產品應否停產或轉產？這一系列問題都是屬於生產過程中的生產經營決策問題，都要求企業通過科學的計算與分析，權衡利害得失，以便做出最佳的生產經營決策。

一、生產何種產品的決策

如果企業有剩餘的生產能力可供使用，或者利用過時老產品騰移出來的生產能力，在有幾種新產品可供選擇而每種新產品都不需要增加專屬固定成本時，應選擇能提供邊際貢獻總額最多的產品。

【例 5-5】A 公司原本僅生產甲產品，年固定成本為 15,000 元，現利用剩餘生產能力開發丙或丁產品。有關資料如表 5-2 所示。

第五章 短期經營決策

表 5-2

項目	甲	丙	丁
產量（件）	3,000	1,000	1,400
單價（元/件）	50	90	70
單位變動成本（元/件）	30	65	50

要求：進行生產何種產品的決策。

解：固定成本 15,000 元在本次決策中屬於無關成本，不予考慮；相關成本僅為丙產品和丁產品的變動成本。

丙產品邊際貢獻總額 = 1,000 ×（90-65）= 25,000（元）

丁產品邊際貢獻總額 = 1,400×（70-50）= 28,000（元）

因為丁產品邊際貢獻總額大於丙產品邊際貢獻總額，所以，生產丁產品對 A 公司更有利。

如果新產品投產將發生不同的專屬固定成本的話，在決策時就應以各種產品的剩餘邊際貢獻總額作為判斷方案優劣的標準。

【例 5-6】仍按例 5-5 資料，假設開發丙產品需要追加 12,000 元的專屬成本，而開發丁產品需要追加 14,000 元的專屬成本，要求進行開發何種產品的決策。

解：本例需要考慮專屬成本的影響。

丙產品剩餘邊際貢獻總額 = 1,000×（90-65）-12,000 = 13,000（元）

丁產品剩餘邊際貢獻總額 = 1,400×（70-50）-14,000 = 14,000（元）

因為開發丁產品的剩餘邊際貢獻總額高於開發丙產品的，所以開發丁產品更有利。

二、虧損產品是否停產的決策分析

對於虧損產品，不能簡單地予以停產，而必須綜合考慮企業各種產品的經營狀況、生產能力的利用及有關因素的影響，採用變動成本法進行分析後，做出停產、繼續生產、轉產或出租等最優選擇。

【例 5-7】美達公司產銷 A、B、C 三種產品，其中 A、B 兩種產品盈利，C 產品虧損。有關資料如表 5-3 所示，要求做出 C 產品應否停產的決策（假設停產後的生產能力無法轉移）。

表 5-3　　　　　　　　　　　　　　　　　　　　　　　　　　　　　單位：元

項目	A 產品	B 產品	C 產品	合計
銷售收入	6,000	8,000	4,000	18,000
生產成本				
直接材料	800	1,400	900	3,100

表5-3(續)

項目	A產品	B產品	C產品	合計
直接人工	700	800	800	2,300
變動製造費用	600	600	700	1,900
固定製造費用	1,000	1,600	1,100	3,700
非生產成本				
變動銷售及管理費用	900	1,200	600	2,700
固定銷售及管理費用	600	1,000	200	1,800
總成本	4,600	6,600	4,300	15,500
淨利潤	1,400	1,400	-300	2,500

解：C產品邊際貢獻＝4,000-(900+800+700+600)＝1,000（元）

由於C產品能夠提供1,000元的邊際貢獻，可以彌補一部分固定成本，因此，在不存在更加有利可圖的機會的情況下，C產品不應該停產。

結論：如果虧損產品能夠提供邊際貢獻即為虛虧產品，並且不存在更加有利可圖的機會時，虛虧產品一般不應停產；無法提供邊際貢獻的實虧產品則應停產。在生產、銷售條件允許的情況下，大力發展能夠提供邊際貢獻的虧損產品，也可以實現扭虧為盈，或使企業的利潤得到增加。

三、虧損產品轉產的決策分析

虧損產品能夠提供邊際貢獻，並不意味該虧損產品一定要繼續生產。如果存在更加有利可圖的機會（如轉產其他產品或將停止虧損產品生產而騰出的固定資產出租），使企業獲得更多的邊際貢獻，那麼該虧損產品應停產，並轉產。

【例5-8】按例5-7資料，假定C產品停產後，其生產設備可以出租給別的單位，每年可獲租金1,800元，問是否要轉產？

解：由於出租設備可獲得的租金1,800元大於繼續生產C產品所獲得的邊際貢獻1,000元，所以，應當停產C產品，並將設備出租（進行轉產），企業可以多獲得利潤800元。

四、接受追加訂貨的決策分析

接受追加訂貨的決策，是指根據目前的生產狀況，企業還有一定的剩餘生產能力，現有客戶要求追加訂貨，可是其所出價格低於一般的市場價格，甚至低於該種產品的實際成本。在這種情況下，要求管理人員對這批訂貨該不該接受做出正確的決策，此時應區分情況加以分析，並且由於是利用剩餘生產能力進行的追加生產，原有的固定成本因與追加訂貨決策無關，為決策的不相關成本，決策中可不予考慮。

第五章　短期經營決策

（1）若追加的訂貨不衝擊正常業務，不需追加專屬固定成本，剩餘生產能力無法轉移，只要追加訂貨的單位產品邊際貢獻>0，就可以接受。

（2）若剩餘生產能力無法轉移，追加的訂貨會衝擊正常的業務，但是無須追加專屬固定成本，只要追加訂貨的邊際貢獻>減少正常業務的邊際貢獻，就可以接受。

（3）若剩餘生產能力無法轉移，追加的訂貨不會衝擊正常業務，但是需增加專屬固定成本，只要追加訂貨的邊際貢獻>追加的專屬固定成本，即追加訂貨的剩餘邊際貢獻>0，就可以接受。

（4）若剩餘生產能力可以轉移，追加的訂貨不會衝擊正常業務，並且不需要追加專屬固定成本，只要追加訂貨的邊際貢獻>生產能力轉移帶來的收益，就可以接受。

【例5-9】某企業年生產能力為生產甲產品1,200件，本年計劃生產1,000件，正常價格為100元/件。產品的計劃單位成本為55元，其中直接材料24元，直接人工15元，變動製造費用6元，固定製造費用10元。現有一客戶向該企業提出追加訂貨300件，報價為70元/件，追加訂貨要求追加1,200元的專屬固定成本。若不接受追加訂貨，閒置的機器設備可對外出租，可獲租金收入400元。問是否應接受該追加訂貨？

解：（1）甲產品單位變動生產成本=24+15+6=45（元）
（2）接受追加訂貨的邊際貢獻=(70-45)×300=7,500（元）
減：衝擊正常銷售的邊際貢獻=(100-45)×100=5,500（元）
　　專屬固定成本　　　　　　　　　　　1,200（元）
　　放棄的租金收入　　　　　　　　　　 400（元）
（3）差額=7,500-(5,500+1,200+400)= 400>0，該追加訂貨可以接受。

五、零（部）件自制或外購的決策分析

由於所需零部件的數量對自制方案或外購方案都是一樣的，因而通常只需考慮自制方案和外購方案的成本高低，在相同質量並保證及時供貨的情況下，就低不就高。影響自制或外購的因素很多，因而所採用的決策分析方法也不盡相同，一般採用差量分析法。

1. 用於自制的生產能力無法轉移，自制不增加固定成本

【例5-10】昌陵汽車公司每年需要甲零件5,000件，如果外購，其外購單價為27元/件，外購一次的差旅費為5,000元，每次運費500元，每年採購2次。該公司有自制該零件的能力，並且生產能力無法轉移；如果自制，單位零件直接材料15元，直接人工8元，變動製造費用5元，固定製造費用10元。

要求：做出甲零件自制還是外購的決策。

解法一：比較單位差量成本

將外購的單位增量成本，即購買零配件的價格（包括買價、單位零配件應負擔

的訂購、運輸、裝卸、檢驗等費用），與自製時的單位增量成本（單位變動成本）對比，單位增量成本低的即為最優方案。

外購：27+5,000×2÷5,000+500×2÷5,000=29.2（元）

自製：15+8+5=28（元）

所以自製比較有利。

解法二：比較總的差量成本

比較外購的相關總成本與自製的相關總成本，從中選擇成本低的方案。

外購相關總成本：27×5,000+5,000×2+500×2=146,000（元）

自製相關總成本：(15+8+5)×5,000=140,000（元）

所以自製比較有利。

2. 用於自製的生產能力可以轉移，自製不增加固定成本

分析方法是：將自製方案的變動成本與機會成本（租金收入或轉產產品的邊際貢獻總額）之和，與外購相關成本相比，擇其低者。

【例5-11】接例5-10資料：如果外購，閒置的生產能力也可以用於生產B產品800件，每件可以提供10元的邊際貢獻。

要求：做出自製還是外購的決策。

外購相關總成本：27×5,000+5,000×2+500×2=146,000（元）

自製相關總成本：(15+8+5)×5,000+800×10=148,000（元）

所以外購比較有利。

3. 自製會增加固定成本的決策

一般而言，外購的單位變動成本較高，固定成本較低或者沒有；自製的單位變動成本會較低，但是往往需要有比較高的固定成本的投入。

由於單位專屬固定成本隨產量的增加而減少，因此自製方案單位增量成本與外購方案單位增量成本的對比將在某個產量點產生優劣互換的現象，即產量超過某一限度時自製有利，產量低於該限度時外購有利。

這時，就必須首先確定該產量限度點，並將產量劃分為不同的區域，然後確定在何種區域內哪個方案最優。

【例5-12】昌陵汽車公司需要使用A零件，如果外購，每件單位成本為30元；如果自製，需購置專用設備一臺，採購成本為60,000元，預計可用6年，預計無殘值，使用直線法計提折舊，單位零件直接材料15元，直接人工8元，變動製造費用5元。

問：A零件自製還是外購比較划算？

解：由於自製需要增加固定成本，並且A零件的年需求量未知，因此，首先需要確定成本無差別點的需求量。設成本無差別點需求量為X。

$30X = 60,000 \div 6 + (15+8+5)X$

$X = 5,000$（件）

第五章　短期經營決策

當年需求量小於 5,000 件時，外購比較劃算；反之，自制比較有利。

六、半成品、聯產品立即出售或進一步加工的決策分析

對這類問題，決策時只需考慮進一步加工後增加的收入是否超過增加的成本。如果增加的收入大於增加的成本，則應進一步加工為產成品出售；反之，則應作為半成品銷售。在此，進一步加工前的收入和成本都與決策無關，不必予以考慮。

決策依據：

若增量收入 > 增量成本，應進一步加工後再出售。

若增量收入 < 增量成本，應直接出售。

增量收入 = 繼續加工後的銷售收入 − 直接出售的銷售收入

增量成本 = 繼續加工追加的成本

【例5-13】設某廠生產某種產品 10,000 件，初步加工單位產品直接材料費用 4 元，直接人工費用 2 元，變動性製造費用 1.5 元，固定性製造費用 1 元。完成初步加工後若直接對外銷售，單位售價 12 元。如對該產品進行繼續加工，單位產品需追加直接材料費用 1.3 元，直接人工費用 0.8 元，變動性製造費用 0.6 元，專屬固定成本 10,000 元，單位售價可提高到 15 元。

問：是否應進一步加工？

解：增量收入 = (15−12)×10,000 = 30,000（元）

增量成本 = (1.3+0.8+0.6)×10,000+10,000 = 37,000（元）

由於增量收入小於增量成本，所以，應直接對外銷售。

第四節　定價決策

眾所周知，一個企業的經營活動能否順利持續進行，取決於所生產的產品能否在市場上順利實現銷售。而產品能否順利實現銷售，除了受企業外部環境錯綜複雜的因素影響外，更主要受企業內部自身所生產的產品品種、規格型號、性能等質量和產品銷售價格的影響。在企業外部市場和產品質量標準不存在任何問題的前提下，產品的銷售價格的高低決定產品能否順利實現銷售，所以，銷售過程中的經營決策應該是產品的定價策略、產品的定價方法和產品的最優售價的決策分析等。

一、產品定價策略

（一）產品成本與價格合理對接策略

成本是產品定價的重要依據之一。一般來說，價格應盡量反應成本因素，成本高，產品價格也相應高，否則企業的利潤會大受影響。但在激烈的市場競爭中，在

管理會計

買方市場氛圍下，則不應使產品成本過分地影響定價。例如，由於各種原因以致產品成本較高，就將產品定位在較高的價格上，這樣做往往會適得其反，導致利潤嚴重縮水。道理很簡單，產品定價高了，銷售量會減少。所以，降低產品成本永遠是企業管理者必須重視的問題。只有想法將成本降下來，使產品的成本與價格合理對接，才能獲得滿意的利潤。

（二）價值和質量與價格合理對接策略

產品的價值和質量是產品定價最重要的因素。產品的價值和質量是顧客（消費者）最關心、最敏感、影響最廣、最實質性的方面。所謂「物有所值」，就是說，好貨可以賣出好價錢。即使在買方市場的條件下，好貨都應處於一個合理的價格範圍內，「是金子總會發光」。要知道，客觀上確有這麼一個顧客群，他們堅信，「人不識貨，錢識貨」。對於廉價貨，他們投以懷疑的目光，而情願購買「物有所值」的好產品，即使價格高一些也無妨。這必然會促使廠商不斷提高其產品的含金量和質量，這樣不僅可以使產品在定價上與其價值和質量有更為理想的對接，而且可以提高企業的信譽和整體形象。

（三）逆向思維定價策略

如果市場發生變化，應採取靈活的應變定價策略。例如，當市場大刮降價風時，可以順勢而為，做出降價的決策，但也可以泰然處之，打顧客心理戰——不降價。當市場刮起漲價風時，也可以不順勢而為，反而採用逆向思維——不提價。同時，爭取量的增加，並能給顧客一種好的感覺——「貨真價實」，薄利多銷，讓利給顧客。

（四）1%的提價策略

這種定價法是許多人都知道和廣泛採用的，個體經營者對其尤為重視。浙江溫州的一些民營、個體廠商，他們稱此法為「一分錢利潤法」。就是說，只要有1%的單價利潤，就應感到滿意，切忌「貪婪」。事實上，此法充分體現了「價增量減，價跌量增」的道理。一分錢的利潤看起來微不足道，但是價跌（價廉）會促使銷量大增，從而導致總利潤的大大增加。所以有人提出，企業經營管理者應樹立「1%」的提價意識。就是說，採用小幅漲價的策略，因為小幅漲價具有極好的「隱蔽性」。例如，將產品價格上浮1%，許多顧客不會在意，特別對於低價位（單位在幾元以內）的產品。當調高1%時，一般顧客不會有承受不了的感覺，而總利潤卻大大增加了。只要總利潤有1%~5%就應感到滿意，過分「貪婪」會適得其反。

（五）「物以稀為貴」的定價策略

對於某些稀缺類產品，即使成本並不太高，價值和質量也屬於一般，但由於市場難覓此品，你就可以順水推舟，將其價位高高掛起，等候需要者購買。這類產品，有些顧客願意出高價購買，所謂「需者不貴」。從中可以獲取高額利潤。

（六）超值服務思維定價策略

把顧客視為「上帝」，無非是想贏得更多的顧客群。要做到這一點，除了產品

第五章　短期經營決策

的價值和質量等因素外，提供超值服務也很重要。提供超值服務的方法有多種，如產品實行三包、送貨上門、終身保修等。由於堅持提供超值服務，就可以將產品的價格定得稍為高一些（實際上，可認為是超值服務的附加費）。

（七）品牌戰略定價策略

品牌產品是市場公認的好貨。既然是好貨，「物有所值」，其定價都比較高，這無疑會給企業帶來巨大的利潤。因此，必須想辦法打造自主品牌。如果暫時還沒有自主品牌，則可以考慮先引進品牌（特許經銷權），借這些品牌來促銷非品牌產品。例如，甲、乙兩家商店都經營同一產品，定價也相同，但甲店引進了品牌（獲特許經銷權）產品，結果，甲店非品牌貨的銷售量要比乙店大得多。這是品牌貨帶動促銷的結果，可以說也是一種間接的品牌效應。因為擁有品牌，顧客往往覺得產品質量更有保障，更樂意購買。

（八）「歧視定價」法策略

所謂「歧視定價」，是指公司可以針對不同的顧客，採用不同的價格以獲得最大的利潤。例如，某公司生產各種款式的絲綢圍巾而貼上不同的商標，雖然它們的成本和質量幾乎相同，但由於商標（牌子）不同，即使在同一個經銷商手裡，也可以賣出完全不同的價錢。這就是「歧視定價」。採用「歧視定價」的廠商可以對那些非常願意購買某一牌子的顧客索取比任何「單一價格」都高的價格。採取「歧視定價」策略，廠商還可以獲得另一部分只願意出低價的顧客。

最後應指出的是，產品定價是一個動態過程，應根據不同情況採取不同的定價策略（或將若干策略綜合應用）。產品的價和量（銷量）是一對矛盾，在一定的條件下，通常會「價增量減，價跌量增」，而量和價對總利潤的貢獻同樣重要。

二、產品定價方法

在中國，隨著經濟體制改革的深化，那些關係到國計民生的一部分重要產品的價格是由國家物價部門統一制定的。而對其他工業產品的價格，國家允許企業在規定的價格浮動幅度範圍內自行確定浮動價格；也還有一些其他小商品，國家允許企業按照市場需求組織生產，自行定價。可見，隨著經濟管理體制改革的深化，企業自主權與決策權不斷擴大，產品定價已成為企業的一項重要的經營管理決策。企業有必要根據市場情況和有關的資料對產品制定一個較合理的價格。產品定價決策可以通過許多方法進行，在實際工作中，通常採用的定價方法有以下三種：

（一）完全成本定價法

完全成本定價法是指按照產品的完全成本，加上一定百分比的銷售利潤，作為定價產品銷售價格的依據，所以又稱成本加成定價法。其計算公式是：

產品單位銷售價格＝產品預計單位完全成本×（1＋利潤加成率）

【例5-14】某廠計劃生產並銷售某產品1,000件，該產品預計單位變動成本為：

管理會計

直接材料 10 元，直接人工 8 元，變動性製造費用 7 元，固定成本總額為 7,500 元。預計利潤總額按完全成本總額的 20% 予以加成，計算該產品的單位銷售價格。

產品單位銷售價格＝(10+8+7+7,500÷1,000)×(1+20%)

＝32.5×(1+20%)＝39（元）

完全成本定價法不僅簡便易行，而且可以使全部成本獲得補償，並為企業提供一定的利潤。

（二）變動成本定價法

變動成本定價法是指按照產品的變動成本加上一定數額的邊際貢獻，作為制定產品銷售價格的依據。也就是說，只要產品的銷售價格能夠補償其變動成本，並可提供一定數額的邊際貢獻，這一價格就可以接受。這種方法一般在企業利用剩餘生產能力接受追加訂貨時採用。其計算公式是：

產品單位銷售價格＝產品單位變動成本/(1－邊際貢獻率)

或　　　　　　　＝產品單位變動成本/變動成本率

【例 5-15】某廠生產甲種產品，其單位成本為：直接材料 18 元，直接人工 14 元，變動性製造費用 12 元，固定性製造費用 16 元。甲產品預定的邊際貢獻率為 20%，該產品的單位售價應為多少？

解：甲產品單位銷售價格＝(18+14+12)/(1－20%)＝55（元/件）

上述計算表明，甲產品定價應為 55 元/件。

（三）利潤最大化定價法

預測各種加工條件下可能的銷售量，計算各方案的利潤，選取利潤最大的方案為最優方案的定價方法。

邊際收入指增加或減少一個單位的銷售量所引起的銷售收入總額的變動數。所以邊際成本就是多生產一單位產品所增加的成本，邊際收入就是多銷售一單位產品所增加的收入。

在供應規律作用下，企業要增加銷售量就只能降低價格，這時，銷售收入在降低初期增長較快，繼而逐漸轉慢，邊際收入呈下降趨勢；相應地，隨著產銷量的增加，一些半變動成本乃至固定成本都會逐漸增加，邊際成本呈上升趨勢，最終，邊際成本將超過邊際收入，使降低價格提高銷售量得不償失。以利潤最大化為目標，企業要選擇使利潤達到最大的價格與銷售量的組合，定價原則即是選擇邊際收入等於邊際成本、邊際利潤等於零的價格。

在成本性態分析的相關範圍內，定價決策只需要將價格降低、銷售增加所引起的收入（邊際收入）和增加的變動成本（邊際成本）相比，選擇使邊際收入等於邊際成本的價格作為產品的銷售價格就可以確保利潤的最大化。

三、產品最優售價決策

一般來說，基於一定的銷售量，產品的單位售價越高，能實現的銷售收入越多；

第五章　短期經營決策

但產品銷售價格的提高，往往會使它的總銷售量趨於減少，而銷售產品的單位成本也會隨著銷售量的減少而提高。如何確定產品銷售價格，既能使產品順利實現銷售，又能使企業實現最多的利潤，這是產品最優售價的決策分析所要解決的問題。下邊舉例做具體說明。

【例5-16】某廠生產的甲產品售價為20元，每月銷售500件，單位變動成本為10元，固定成本總額為2,000元。如果銷售單價逐步下降，預計其銷售量也將發生如下的變化：銷售單價逐步降為19元、18元、17元、16元、15元時，預計的銷售量分別增加為600件、700件、800件、900件、1,000件。要求確定該產品銷售價格應定為多少元，才能使企業獲得最高的利潤。

根據上述資料，可編製分析計算表，見表5-4。

表5-4　　　　　　　　甲產品不同價格下分析計算表　　　　　　　單位：元

銷售單價	預計銷售量	銷售收入	變動成本	固定成本	銷售成本合計
20	500	10,000	5,000	2,000	7,000
19	600	11,400	6,000	2,000	8,000
18	700	12,600	7,000	2,000	9,000
17	800	13,600	8,000	2,000	10,000
16	900	14,400	9,000	2,000	11,000
15	1,000	15,000	10,000	2,000	12,000

根據上表再計算分析甲產品在不同售價的預計銷售量水準的邊際收入、邊際成本（在相關範圍內，邊際成本與單位變動成本相等）和邊際利潤，如表5-5所示。

表5-5　　　甲產品在不同售價的邊際收入、邊際成本和邊際利潤計算表　　　單位：元

銷售單價	銷量變動額	邊際收入	邊際成本	邊際利潤	利潤
20	0	0	0	0	3,000
19	100	14	10	4	3,400
18	100	12	10	2	3,600
17	100	10	10	0	3,600
16	100	8	10	-2	3,400
15	100	6	10	-4	3,000

上面計算表中的邊際收入是指價格下降後增加的銷售量所增加的收入；邊際成本是指價格下降後增加銷售量所增加的成本；邊際利潤是指邊際收入減去邊際成本後的差額。此差額若為正數，表示價格變動後增加銷售量以後淨增加的利潤數；差額若為負數，表示增加銷售量之後，淨減少的利潤數。

上表的計算結果表明：當銷售價格下降時，若邊際收入大於邊際成本，邊際利潤是正數，即說明降價是有利的。比如當單價從20元下降到19元，從19元下降到

101

管理會計

18元都屬於這種情況。如邊際收入等於邊際成本，邊際利潤為零，說明降價沒有意義。如上例中，當單價從18元下降到17元，利潤沒有發生變化。如果邊際收入小於邊際成本，利潤淨增加額等於負數，即表示降價對企業不利。如上例當單價從17元下降到16元，從16元下降到15元，均屬於這種情況。由此可見，產品單位售價下降的最大限度就是邊際收入等於邊際成本的地方。也就是說，產品的最優價格應該是邊際利潤最接近於零的地方。本例中定價在18元與17元之間為最優，它能使企業獲得最大的利潤。

上述最優售價的決策是在預計銷售量所能獲得的利潤大小來確定最優售價的，如果銷售量不能達到預計的數據，利潤也就無法實現，也就難以做出最優售價的決策；而且在售價決策中，也存在著許多不確定的因素，銷售量能否實現還有一個概率問題。下邊舉例做具體說明。

【例5-17】續例5-16資料，假如甲產品降價以後，預計銷售量不增加的概率為0.2，銷售量只達到預計增加的一半的概率為0.3，達到預計銷售量的概率為0.4，超過預計銷售量10%的概率為0.1。

將上例預計的銷售量按上述概率做調整，通過計算預計銷售量的均值（期望值）分別為：

（1）降為19元時，預計銷售量為600件：
500×0.2+550×0.3+600×0.4+660×0.1=571（件）

（2）降為18元時，預計的銷售量為700件：
500×0.2+600×0.3+700×0.4+770×0.1=637（件）

（3）降為17元時，預計的銷售量為800件：
500×0.2+650×0.3+800×0.4+880×0.1=703（件）

（4）降為16元時，預計的銷售量為900件：
500×0.2+700×0.3+900×0.4+990×0.1=769（件）

（5）降為15元時，預計的銷售量為1,000件：
500×0.2+750×0.3+1,000×0.4+1,100×0.1=835（件）

根據以上按概率調整計算的預計銷售量均值，重新編製的邊際收入、邊際成本和邊際利潤比較表如表5-6、表5-7所示。

表5-6　　　　　　　　　　甲產品不同價格下分析計算表　　　　　　　　單位：元

銷售單價	預計銷售量	銷售收入	變動成本	固定成本	銷售成本合計
20	500	10,000	5,000	2,000	7,000
19	571	10,849	5,710	2,000	7,710
18	637	11,466	6,370	2,000	8,370
17	703	11,951	7,030	2,000	9,030
16	769	12,304	7,690	2,000	9,690
15	835	12,525	8,350	2,000	10,350

第五章 短期經營決策

表 5-7　　　　　邊際收入、邊際成本和邊際利潤比較表　　　　單位：元

銷售單價	銷量變動額	邊際收入	邊際成本	邊際利潤	利潤
20	0	0	0	0	3,000
19	71	11.96	10	1.96	3,139
18	66	9.35	10	−0.65	3,096
17	66	7.35	10	−2.65	2,921
16	66	5.35	10	−4.65	2,614
15	66	3.35	10	−6.65	2,175

　　以上計算結果表明，在銷售量按概率調整後，銷售價格在 19 元（或在 18 和 19 元之間某個價格）時為最優售價。

　　通過以上實例可知，按照各種可能的概率來重新調整預計銷售量，預測結果將是比較切合實際的，但是，概率的估計和確定往往比較困難，而且人為因素較多，容易受人的心理因素的影響。對於主要產品，利潤占全部產品的利潤比重大的，降價時所估計的概率偏於保守；而對於非主要產品，會偏於樂觀。同時，在做降價或最優售價的決策時，還應考慮生產能力的可能性，生產能力是一個重要的約束條件。

本章小結

　　本章介紹了決策的概念、種類、程序及決策中的相關成本概念；分析短期經營決策分析的概念、假設條件及決策評價標準，著重介紹短期經營決策分析的常用方法——量本利法、邊際貢獻法、差量分析法及成本無差別點法；在此基礎上，分析這些方法在產品生產和定價決策中的具體運用。

綜合練習

一、單項選擇題

1. 以下屬於風險型決策方法的是（　　）。
　　A. 決策樹分析法　　　　　　　　B. 量本利分析法
　　C. 成本無差別點法　　　　　　　D. 冒險法
2. 決策時由於選擇最優方案而放棄的次優方案的潛在利益是（　　）。
　　A. 機會成本　　B. 歷史成本　　C. 邊際成本　　D. 共同成本
3. 以下屬於決策相關成本的是（　　）。
　　A. 不可避免成本　B. 可避免成本　C. 沉沒成本　D. 歷史成本

103

4. 虧損產品是否轉產的決策分析，關鍵是確定虧損產品所創造的邊際貢獻與轉產產品所創造的邊際貢獻，若前者（　　）後者，則轉產方案可行。

  A. 大於   B. 等於   C. 小於   D. 不確定

5. 在短期成本決策中，企業不接受特殊價格追加訂貨的原因是買方出價低於（　　）。

  A. 正常價格   B. 單位產品成本

  C. 單位固定成本   D. 單位變動成本

6. 採用差量分析法決策時，判斷方案是否可行的標準是（　　）。

  A. 利潤>0 B. 邊際貢獻>0 C. 差量收益>0 D. 差量收益<0

7. 關於生產邊際貢獻的計算，以下正確的是（　　）。

  A. 收入－生產變動成本   B. 收入－固定成本

  C. 收入－生產成本   D. 收入－變動成本

8. 下列各種混合成本可以用模型 $y=a+bx$ 表示的是（　　）。

  A. 半固定成本   B. 延伸變動成本

  C. 半變動成本   D. 階梯式變動成本

9. 假設每個質檢員最多檢驗1,000件產品，也就是說產量每增加1,000件就必須增加一名質檢員，且在產量一旦突破1,000件的倍數時就必須增加。那麼，質檢員的工資成本屬於（　　）。

  A. 半變動成本   B. 階梯式固定成本

  C. 延伸變動成本   D. 變動成本

10. 造成「某期按變動成本法與按完全成本法確定的營業利潤不相等」的根本原因是（　　）。

  A. 兩種方法對固定性製造費用的處理方式不同

  B. 兩種方法計入當期損益表的固定生產成本的水準不同

  C. 兩種方法計算銷售收入的方法不同

  D. 兩種方法將營業費用計入當期損益表的方式不同

二、多項選擇題

1. 以下屬於確定型決策方法的有（　　）。

  A. 差量分析法 B. 邊際貢獻法 C. 決策樹法 D. 折中法

2. 以下屬於短期經營決策分析評價標準的有（　　）。

  A. 利潤最大 B. 邊際貢獻最大 C. 淨現值最大 D. 成本最低

3. 下列各項中屬於決策相關成本的有（　　）。

  A. 可避免成本 B. 機會成本 C. 專屬成本 D. 沉沒成本

4. 採用邊際貢獻法進行決策判斷的條件是（　　）。

  A. 各備選方案的收入相等   B. 各備選方案的固定成本相等

  C. 各備選方案的成本相等   D. 各備選方案的變動成本相等

第五章　短期經營決策

5. 如果企業有剩餘生產能力，且無法轉移，則以下關於零部件自制或外購的決策中說法正確的有（　　　　）。
   A. 當外購單價大於自制的變動成本時應自制
   B. 當外購單價小於自制的單位成本時應自制
   C. 當外購單價大於自制的變動成本時應外購
   D. 當外購單價小於自制的變動成本時應外購
6. 關於短期經營決策分析方法的特點，以下正確的有（　　　　）。
   A. 不考慮貨幣時間價值　　　　B. 考慮風險價值
   C. 戰術型決策　　　　　　　　D. 生產經營決策

三、判斷題

1. 虧損產品應立即停產或轉產，否則生產越多，虧損越大。（　　）
2. 沉沒成本是無關成本，在決策時可以不予考慮。（　　）
3. 成本決策時應分清相關成本和無關成本，否則會影響決策的準確性。（　　）
4. 產品是否深加工的決策，取決於進一步加工時增加的收入是否大於追加的成本。（　　）
5. 由於購買生產設備馬上可以使用，涉及的時間短，所以該決策屬於短期經營決策。（　　）
6. 採用成本無差別點法對備選方案進行優選的前提條件是各備選方案的收入相等。（　　）
7. 變動成本法不利於進行各部門的業績評價。（　　）
8. 量本利法對成本資料的要求比差量分析法更全面、苛刻。（　　）
9. 變動成本定價法是按照產品的變動成本加上一定數額的邊際貢獻，作為制定產品銷售價格的依據。（　　）
10. 產品的最優價格是產品邊際利潤最接近於零的價格。（　　）

四、實踐練習題

實踐練習1

某企業只生產一種產品，全年最大生產能力為1,200件。年初已按100元/件的價格接受正常訂貨1,000件，該產品的單位完全生產成本為80元/件（其中，單位固定生產成本為25元）。現有一客戶要求以70元/件的價格追加訂貨300件，因有特殊工藝要求，企業需追加2,000元專屬成本。剩餘能力可用於對外出租，可獲租金收入3,000元。

要求：為企業做出是否接受低價追加訂貨的決策。

實踐練習2

已知：某企業每年需用A零件2,000件，原由金工車間組織生產，年總成本為19,000元，其中，固定生產成本為7,000元。如果改從市場上採購，單價為8元，同時將剩餘生產能力用於加工B零件，可節約外購成本2,000元。

要求：為企業做出自制或外購 A 零件的決策，並說明理由。

實踐練習 3

企業已具備自制能力，自制甲零件的完全成本為 30 元，其中：直接材料 20 元，直接人工 4 元，變動性製造費用 1 元，固定性製造費用 5 元。假定甲零件的外購單價為 26 元，且自制生產能力無法轉移。要求：

（1）計算自制甲零件的單位變動成本；

（2）做出自制或外購甲零件的決策；

（3）計算節約的成本。

實踐練習 4

某企業可生產半成品 5,000 件，如果直接出售，單價為 20 元。其單位成本資料如下：單位材料為 8 元，單位工資為 4 元，單位變動性製造費用為 3 元，單位固定性製造費用為 2 元，合計 17 元。現該企業還可以利用剩餘生產能力對半成品繼續加工後再出售，這樣單價可以提高到 27 元，但生產一件產成品，每件需追加人工費 3 元、變動性製造費用 1 元、分配固定性製造費用 1.5 元。要求就以下不相關情況，利用差量分析法進行決策：

（1）若該企業的剩餘生產能力足以將半成品全部加工為產成品；如果半成品直接出售，剩餘生產能力可以承攬零星加工業務，預計獲得貢獻邊際 1,000 元；

（2）若該企業要將半成品全部加工為產成品，需租入一臺設備，年租金為 25,000 元；

（3）若半成品與產成品的投入產出比為 2：1。

第六章　企業全面預算管理

學習目標

掌握：企業核心業務預算的編製原理；企業銷售、生產、存貨等核心業務預算編製實務

熟悉：企業全面預算的編製模式；熟悉企業全面預算控制與考評程序

瞭解：企業全面預算的定義、特徵、作用和意義

關鍵術語

全面預算；固定預算；彈性預算；零基預算；滾動預算；概率預算；增量預算；財務預算；資本預算；現金流預算；籌資預算；預算執行；預算控制；預算調整；預算考評

第一節　全面預算管理概述

一、全面預算管理的概念和特徵

（一）全面預算管理的概念

所謂全面預算管理是指將企業制定的發展戰略目標層層分解、下達於企業內部各個經濟單位，通過一系列的預算、控制、協調、考核建立的一套完整的、科學的數據處理系統。全面預算管理自始至終地將各個經濟單位的經營目標同企業的發展

管理會計

戰略目標聯繫起來，對其分工負責的經營活動全過程進行控制和管理，並對其實現的業績進行考核與評價。

（二）全面預算管理的特徵

全面預算管理核心在於「全面」上，所以，它具有全員、全額、全程的特徵。

1. 全員性

「全員」是指預算過程的全員發動，包括兩層含義：一是指「預算目標」的層層分解；二是指企業資源在企業各部門之間的一個協調和科學配置的過程。

2. 全額性

「全額」是指預算金額的總體性，不僅包括財務預算，更重要的是還包括業務預算和資本預算。

3. 全程性

「全程」是指預算管理流程的全程化，即預算管理不能僅停留在預算指標的下達、預算的編製和匯總上，更重要的是要通過預算的執行和監控、預算的分析和調整、預算的考核與評價，真正發揮預算管理的權威性和對經營活動的指導作用。

二、全面預算管理的基本功能與作用

（一）全面預算管理的基本功能

全面預算管理的基本功能歸納起來大致有以下四個方面：

1. 確立目標

編製預算實質上是根據企業的經營目標與發展規劃制定近期（預算期）各項活動的具體目標。通過目標的建立，引導企業的各項活動按預定的軌道運行。

2. 整合資源

編製預算可以使企業圍繞既定目標有效地整合資金、技術、物資、市場渠道等各種資源，從而取得最大的經濟效益。

3. 溝通信息

預算管理過程是企業各層次、各部門信息互相傳達的過程。全面預算管理為企業內部各種管理信息的溝通提供了正式和有效的途徑，有助於上下互動、左右協調，提高企業的運作效率。

4. 評價業績

各項預算數據提供了評價部門和員工實績的客觀標準。進行預算與實績的差異分析，還有助於發現經營和管理的薄弱環節，改進未來的工作。

（二）全面預算管理的作用

全面預算管理在履行以上四方面的基本功能的基礎上，還能發揮以下五個方面的作用：

1. 有助於現代企業制度的建立

在市場經濟條件下，企業出資者、經營者和其他員工之間構成了複雜的經濟關

第六章　企業全面預算管理

係。通過預算制約來有效地規範這三方面的關係，正是體現了現代企業制度的內在要求。這一管理體系體現了公司的決策、執行與監督權的適度分離。股東大會和董事會批准預算實際上是對決策權的行使，管理層實施預算方案是對公司決策的執行，內審機構、審計委員會、監事會等則行使監督權對預算實施進行事中監督和事後分析，這就理順了決策制定與決策控制的關係。

2. 有助於企業戰略管理的實施

通過預算管理，可以統一經營理念，明確奮鬥目標，激發管理的動力，增強管理的適應能力，確保企業核心競爭能力的提升。

3. 有助於現代財務管理方式的實現

全面預算把現金流量、利潤、投資收益率等指標作為管理的出發點與歸宿，強調價值管理和動態控制，為財務管理目標的實現奠定了堅實的基礎。同時，實行全面預算管理，將成本控制和財務預算有機地結合起來，由孤立、單項地從企業內部降低費用支出，轉向通過市場化的方式和資源共享的方式降低費用支出，樹立了成本控制的新理念。此外，健全的預算制度增強了財務管理的透明度，更好地樹立了現代財務管理的形象。

4. 有助於強化內部控制和提高管理效率

在企業實施分權管理的條件下，全面預算管理既保證了企業內部目標的一致性，又有助於完善權力規制管理，強化內部控制。全面預算已成為內部控制的重要手段和依據。

5. 有助於企業集團資源的整合

集團公司管理的核心問題是將各二級經營單位及其內部各個層級、各個單位和各位員工聯結起來，圍繞集團公司的總體目標運作。實行全面預算管理對解決這個難題具有積極意義，可以有效地消除集團公司內部組織機構鬆散，實現各層級各單位各成員的有機整合。

三、全面預算管理的分類

企業預算可以根據多種標誌進行不同的分類：

（一）按預算涉及的內容分類

按預算涉及的內容分類，企業預算包括損益預算、現金流量預算、資本預算和其他預算四個類別。

1. 損益預算

損益預算以公司經營成果為核心，由銷售量、銷售收入、損益、成本、費用、稅項等指標組成，包括銷售量預算、產品預算、產品銷售收入預算、其他業務預算、投資收益預算、營業外收支預算、利潤分配預算、稅項預算等。

2. 現金流量預算

現金流量預算以現金收支為基礎，包括現金流入量預算、現金流出預算和債權

109

債務預算等。現金流入量預算由主營業務收入、向金融機構貸款、利息收入、投資返利收入、營業外收入、其他收入等組成。現金流出預算由採購支出、直接人工支出、管理費用支出、稅金支出、基建工程支出、更新改造支出、科技開發支出、長期投資支出、營業外支出、其他支出等組成。債權債務預算由債權預算（應收帳款、應收票據、預付貨款）、債務預算（應付帳款、預收帳款）、融資預算等組成。

3. 資本預算

資本預算反應公司在工程建設、對外投資、福利設施等建設方面的投資性活動。內容包括工程建設、長期投資、更新改造等。

4. 其他預算

其他預算是指在總預算、分預算中未列出的預算項目，主要是指根據公司生產經營活動的需要，必須單獨編製預算的某些重要項目。此類項目的預算在年度預算中單獨列出，或由公司指定或委派責任單位會同管理機構對其進行專門的預算管理。

（二）按預算管理的功能分類

因為企業管理可以分為經營和管理兩個層次，所以預算可以分為經營預算和管理預算兩個層次：經營預算是企業高層次的全面的預算，往往以較為綜合的財務指標為主；管理預算是企業較低層次的、具體執行性的預算，往往結合運用財務指標和非財務指標，並且越低層次非財務指標運用越多。從功能的階層性來說，管理預算又可分為兩種：一種是各部門按要素展開的部門管理預算，部門管理預算由各部門承擔公司管理職能部分的成本、費用、現金流量組成；另一種是由標準、進度等構成的現場管理預算，如關於產品質量、施工進度的管理。具體選擇哪一層次的預算和採用什麼樣的預算指標，應根據預算執行單位的特點來具體確定。

（三）按預算是否有期間限制分類

企業預算可以分為期間預算和項目預算：

1. 期間預算

期間預算是以一定時期內的生產經營活動為規劃對象的預算，以涉及的時期長短為標準，又可以分為長期預算、中期預算和短期預算。一般來說，涉及較長時期的預算往往是具有戰略意義的遠景規劃，帶有方向性，但在數據上較為粗略，正常業務預算和財務預算大多是以 1 年為期，年內再按季、月細分的短期預算，指標較為具體和確定。

2. 項目預算

項目預算是針對特定問題的將來活動預算，它是不受階層、不受時期制約的預算。例如，可否實行合併的預算、新產品開發預算、設備投資預算、研究預算、追加投資預算等，是對個別問題或項目制定的。企業管理的最上層所決定的預算，差不多都是項目預算。項目預算中，也有很長時期才能實現的，也有短期內就可以完成的。不過，還要在管理以下階層具體執行過程中與期間預算（例如年度預算）結合起來。

第六章 企業全面預算管理

(四) 按預算管理的中心分類

企業預算體系從預算管理的中心不同可分為以銷售量為中心、以目標成本為中心、以現金流量為中心和以目標利潤為中心構建的具有不同側重的預算管理體系。

1. 以銷售量為中心的預算體系

以銷售量為中心構建預算體系能使企業內部的各項生產經營活動圍繞市場需求這一中心來組織，使預算較為客觀，能較好地發揮計劃的作用，但如果過分強調市場需求的客觀性，就可能忽略內部潛力的挖掘，加大所有者和管理者之間的利益矛盾。這種模式特別適用於處於發展中的市場、生產能力基本能飽和利用的企業，或者市場變動較為劇烈、產品時效性較強的企業。

該模式可以用流程圖6-1表示：

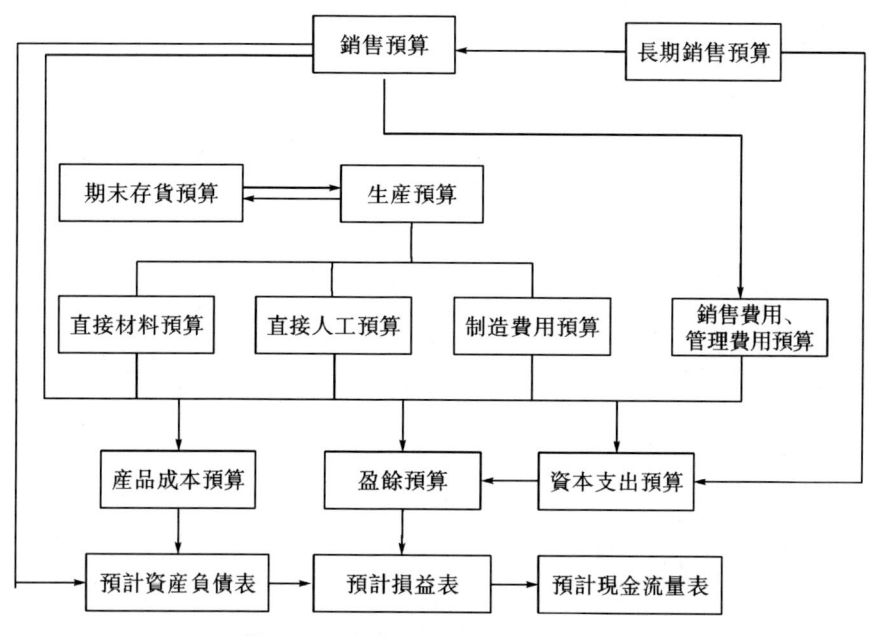

圖6-1 以銷售為核心的預算管理模式圖

該模式的適用範圍及其優缺點如下：

(1) 適用範圍：①以快速成長為目標的企業。這類企業的目標不是追求一時一刻利潤的高低，而是追求市場佔有率的提高。②處於市場增長期的企業。這種類型的企業產品逐漸被市場接受，市場佔有份額直線上升，產品的生產技術較為成熟，這一時期企業的主要管理工作就是不斷開拓新的市場以提高自己的市場佔有率，增加企業銷售收入，以銷售為核心的預算模式能夠較好地適應企業管理和市場行銷戰略的需要。③季節性經營的企業。以銷售為核心的預算管理模式還適用於產品生產季節性較強或市場波動較大的企業。由於從特定的會計年度來看，這種企業所面臨的市場不確定性較大，其生產經營活動必須根據市場變化靈活調整，所以按特定銷

售活動所涉及的時期和範圍進行預算管理，就能夠適應這種管理上的靈活性需求。

（2）優點：①符合市場需求，實現以銷定產；②有利於減少資金沉澱，提高資金使用效率；③有利於不斷提高市場佔有率，使企業快速成長。

（3）缺點：①可能會造成產品過度開發，不利於企業長遠發展；②可能會忽略成本降低，不利於提高企業利潤；③可能會出現過度賒銷，增加企業壞帳損失。

2. 以目標成本為中心的預算體系

以目標成本為中心的預算體系往往適用於產品生命週期較長，並且產品發展已處於成熟期，市場需求較為穩定的企業。這種企業的競爭優勢主要來源於較低的成本，因此成本控制是管理的重心。如邯鋼的管理模式正是適應於這種市場特點。

該模式的適用範圍及優缺點如下：

（1）適用範圍：①產品處於市場成熟期的企業；②大型企業集團的成本中心。

（2）優點：①有利於促使企業採取降低成本的各種辦法，不斷降低成本，提高盈利水準；②有利於企業採取低成本擴張戰略，擴大市場佔有率，提高企業成長速度。

（3）缺點：①可能會只顧降低成本，而忽略新產品開發；②可能會只顧降低成本，而忽略產品質量。

3. 以現金流量為中心的預算體系

以現金流量為中心的預算體系抓住了財務決策、控制和協調的核心問題，通過對現金流量的規劃和控制來達到對企業內部各項生產經營活動的控制。中國寶鋼集團以前採用的就是這一模式。這一模式較為適用於業務迅速發展、企業組織處於擴張階段的企業管理或者大型企業集團的內部控制。

該流程可以用圖 6-2 表示：

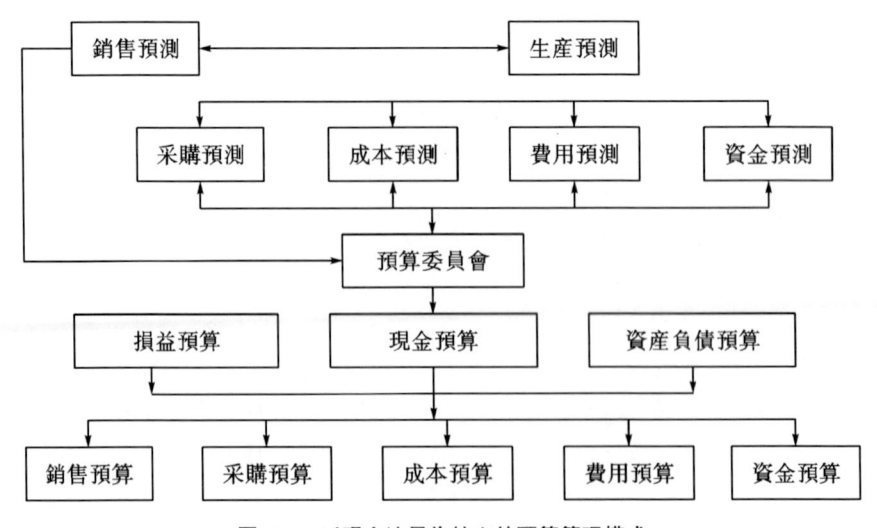

圖 6-2 以現金流量為核心的預算管理模式

第六章 企業全面預算管理

該模式的適用範圍及優缺點如下：

（1）適用範圍：①產品處於衰退期的企業。重視現金回流，尋找新投資機會，維持企業長遠生存。②財務困難的企業。財務困難，現金短缺，為擺脫財務危機。③重視現金回收的企業。理財穩健，重視現金流量的增加。

（2）優點：①有利於增加現金流入；②有利於控制現金流出；③有利於實現現金收支平衡；④有利於盡快擺脫財務危機。

（3）缺點：①預算中安排的資金投入較少，不利於企業高速發展；②預算思想保守，可能錯過企業發展的有利時機。

4. 以目標利潤為中心的預算體系

以目標利潤為中心的預算體系較為強調所有者對經營者的利益要求，一般用於企業較高層次的經營預算。

該模式可以用圖6-3表示：

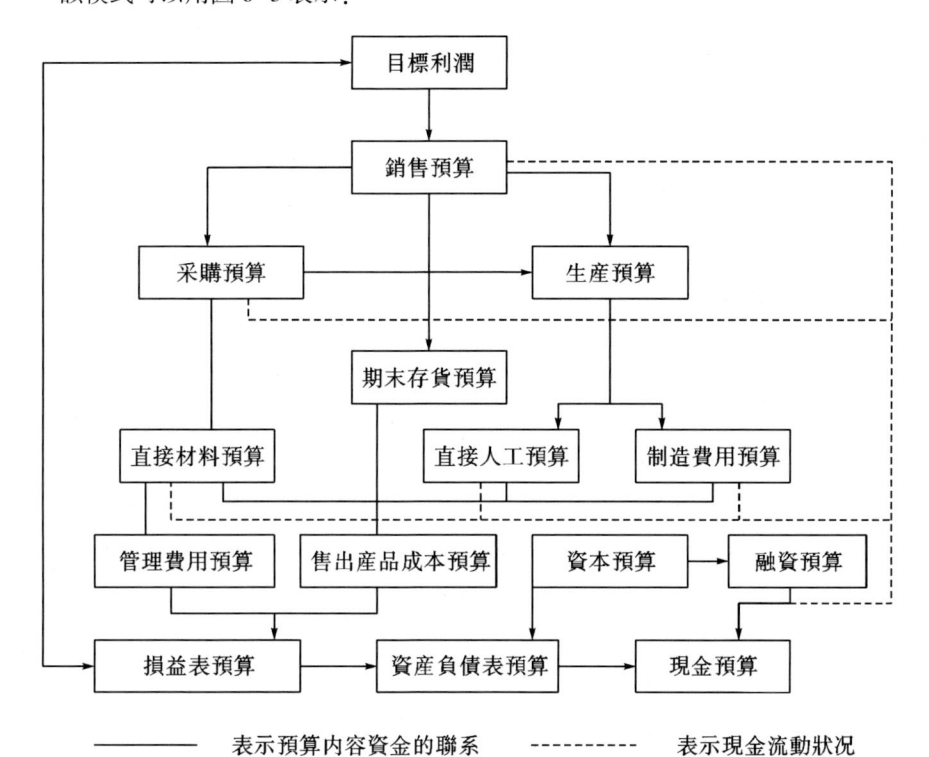

―――― 表示預算內容資金的聯系　　---------- 表示現金流動狀況

圖6-3 以目標利潤為核心的預算管理模式

該模式的適用範圍及優缺點如下：

（1）適用範圍：①以利潤最大化為目標的企業；②大型企業集團的利潤中心。

（2）優點：①有助於使企業管理方式由直接管理轉向間接管理；②明確工作目標，激發員工的積極性；③有利於增強企業集團的綜合盈利能力。

(3) 缺點：①可能引發短期行為，只顧預算年度利潤，忽略企業長遠發展；②可能引發冒險行為，使企業只顧追求高額利潤，增加企業的財務和經營風險；③可能引發虛假行為，使企業通過一系列手段虛降成本，虛增利潤。

對上述不同預算模式的分析可以豐富對預算體系的認識，並且各種預算模式並不是相互排斥的，大型企業集團可以以一種模式為主，其他為輔，針對不同層次的企業組織特點選擇多種模式，形成綜合的、全面的、系統的預算管理體系。

四、全面預算管理系統運行的組織機構

（一）設置預算管理委員會

1. 設置預算管理委員會的必要性

（1）預算管理委員會協調、平衡各部門的工作計劃，使各部門相互配合。在預算管理模式下，通過設置專門的預算管理機構——預算管理委員會來協調企業內部各部門的關係，能夠有效地平衡各部門的工作計劃，使各部門相互配合，使目標利潤的實現成為可能。

（2）在預算的編製與執行過程中起樞紐中心的作用。各種預算編製與執行過程中的責任歸屬、權力劃分、利益分配，必須有一個樞紐中心——預算管理委員會進行組織管理，以便發揮預算協調、控制與考評的作用，充分調動各個部門、每個成員的積極性和主動性。

2. 預算管理委員會的構成及主要職責

（1）預算管理委員會的構成。預算管理委員會一般由企業的董事長或總經理任主任委員，吸納企業內各相關部門的主管，如主管銷售的副總經理、主管生產的副總經理、主管財務的副總經理以及預算管理委員會秘書長等人員參加。對預算管理來說，預算管理委員會是最高管理機構。

（2）預算管理委員會的主要職責。預算管理委員會的主要職責是組織有關人員對目標進行預測、審查、研究、協調各種預算事項。預算管理委員會主持召開的預算會議，是各部門主管參加預算目標的確定、對預算進行調整的主要形式。預算管理委員會的主要職責包括以下幾項：

①制定有關預算管理的政策、規定、制度等相關文件；

②組織企業有關部門或聘請有關專家對目標的確定進行預測；

③審議、確定目標，提出預算編製的方針和程序；

④審查各部門編製的預算草案及整體預算方案，並就必要的改善對策提出建議；

⑤在預算編製、執行過程中發現部門間有彼此抵觸現象時予以必要的協調；

⑥將經過審查的預算提交董事會，通過後下達正式預算；

⑦接受預算與實際比較的定期預算報告，在予以認真分析、研究的基礎上提出改善的建議；

第六章　企業全面預算管理

⑧根據需要,就預算的修正加以審議並做出相關決定。

(二) 設置預算管理職能部門作為專門辦事機構

預算管理組織,除了預算管理委員會之外,還應當設置一個預算管理職能部門作為專門辦事機構,以處理與預算相關的日常事務。因預算管理委員會的成員大部分是由企業內部各責任單位的主管兼任,預算草案由各相關部門分別提供,獲準付諸執行的預算方案是企業的一個全面性生產經營計劃,預算管理委員會在預算會議上所確定的預算方案也絕不是各相關部門預算草案的簡單匯總,這就需要在確定、提交通過之前對各部門提供的草案進行必要的初步審查、協調與綜合平衡,因此必須設立一個專門機構來具體負責預算的匯總編製,並處理日常事務。同時,在預算執行過程中,可能還有一些潛在的提高經濟效益的改善方法,或者發生責任單位為了完成預算目標有時採取一些短期行為的現象,而管理者可能不能及時得到這些信息,這就決定了預算的執行控制、差異分析、業績考評等環節不能由責任單位或預算管理委員會單獨完成,以避免出現部門滿意但對企業整體來說不是最優的預算執行結果。因此,必須實行預算責任單位與預算專職部門相互監控的方式,使它們能夠互相牽制。預算專門辦事機構應直接隸屬於預算管理委員會,以確保預算機制的有效運作。

(三) 建立預算管理責任網絡

在預算管理模式下,企業的目標需要各職能部門的共同努力才能實現。無論是直線職能制組織機構還是事業部制組織機構,各職能部門在實現企業目標利潤過程中所擔負的工作,是通過預算來體現的。也就是說,通過編製預算,企業的目標利潤得以分解、落實,明確了各職能部門在實現企業目標利潤過程中的具體任務。所以,梳理清楚各職能部門的責任歸屬,明確界定各職能部門的權力、義務關係,是預算管理模式運行的一個基本前提,也是預算機制順暢運行的必要條件。通常企業將預算總目標劃分為幾個分目標或者分預算,並指定相應的下級部門去完成,每個分目標或分預算再根據具體情況劃分為更小的子目標或子預算,並指定更下一級的部門去完成。這樣,每個部門都被賦予一定的責任,成為預算管理的不同責任中心,整個企業就形成了一個預算管理的責任網絡。

預算管理責任網絡是以企業的組織結構為基礎,本著高效、經濟、權責分明的原則來建立的,臃腫的機構不僅會增加管理成本,降低管理效率,而且影響預算管理應有作用的發揮。預算管理責任網絡的建設應遵循以下原則:

1. 責任中心要擁有與企業管理整體目標相協調、與其職能責任相適應的經營決策權

分權管理的主要表現形式是決策權部門化,即在企業中建立一種具有半自主權的內部組織機構。企業通過向下層層授權,使每一部門都擁有一定的權力和責任。應該說分權管理的主要目的是提高管理效率,而分權與效率的結合點就是企業整體經營管理目標,即在企業整體目標的制約下,高層管理機構把一些日常的經營決策

權直接授予負責該經營活動的責任中心,使其能針對具體情況及時做出處理,以避免逐級匯報延誤決策時機而造成損失,並充分調動各單位經營管理的積極性和創造性。

2. 責任中心要承擔與其經營決策權相適應的經營責任

在管理理論中,責任與權力可以說是一對孿生兄弟,有什麼樣的決策權力,就有什麼樣的經濟責任。所以,當一個管理部門被授予經營決策權時,就必須對其決策承擔相應的經濟責任,這也是對其有效使用權力的一種制約。企業設置每一責任中心,都必須根據授予的經營決策權的範圍確定其應承擔的經濟責任。

3. 責任中心的生產經營業績能夠明確劃分和辨認

也就是說,責任中心的責任必須具體明確、界定清晰、指標量化。

4. 責任中心要具有明顯的層次劃分

企業為了有效地規劃和控制自身業務活動,應當將整個企業逐級劃分為許多責任中心,以體現責任中心的層次性。每個責任中心有能力規劃和控制一部分業務活動,並對它的工作業績負責。

(四) 構建預算管理下的責任中心

確定責任中心是預算管理的一項基礎工作。責任中心是企業內部成本、利潤、投資的發生單位,這些內部單位被要求完成特定的職責,其責任人被賦予一定的權力,以便對該責任區域進行有效的控制。在一個企業內,一個責任中心可大可小,它可以是一個銷售部門、一條專門的生產線、一座倉庫、一臺機床、一個車間、一個班組、一個人,也可以是分公司、事業部甚至是整個企業。根據不同責任中心的控制範圍和責任對象的特點,可將其分為三種:成本中心、利潤中心和投資中心。

1. 成本中心及其職責

成本中心是責任人只對其責任區域內發生的成本負責的一種責任中心。成本中心是成本發生單位,一般沒有收入,或僅有無規律的少量收入,其責任人可以對成本的發生進行控制,但不能控制收入與投資,因此,成本中心只需對成本負責,無須對利潤情況和投資效果承擔責任。

2. 利潤中心及其職責

利潤中心是既能控制成本又能控制收入的責任單位。因此它不但要對成本和收入負責,而且要對收入與成本的差額即利潤負責。利潤中心屬於企業中的較高層次,同時具有生產和銷售的職能,有獨立的、經常性的收入來源,可以決定生產什麼產品、生產多少、生產資源在不同產品之間如何分配,也可以決定產品銷售價格、制定銷售政策,它與成本中心相比具有更大的自主經營權。

3. 投資中心及其職責

投資中心是指不僅能控制成本和收入,而且能控制占用資產的單位或部門。也就是說,在預算管理中,該責任中心不僅要對成本、收入、預算負責,而且還必須對與目標投資利潤率或資產利潤率相關的資本預算負責,只有具備經營決策權和投

第六章　企業全面預算管理

資決策權的獨立經營單位才能成為投資中心。

4. 責任中心之間的聯繫

（1）轉移定價是責任中心之間聯繫的紐帶

分散經營的組織單位（各個責任中心）之間相互提供產品或勞務時，需要制定一個內部轉移價格。制定轉移價格的目的有兩個：一是防止成本轉移帶來的部門間責任轉嫁，使每個利潤中心都能作為單獨的組織單位進行部門業績評價；二是運用價格引導各責任中心在經營中採取與企業整體目標一致的決策。轉移價格對於提供產品勞務的生產部門來說是收入，對於使用這些產品或勞務的購買部門來說則是成本。因此，轉移價格影響這兩個部門的獲利水準，部門經理非常關心轉移價格的制定。轉移價格的確定一般有以下三種方法：

①以成本為依據制定轉移價格。以成本為依據制定轉移價格即根據轉移產品的變動成本或全部成本來確定轉移價格。這種方法簡單明了、方便易行，但掩蓋了除產品最終對外銷售部門以外的其他內部轉移單位付出的勞動，不能分清責任，甚至導致各部門在生產經營決策中做出有損企業整體利益的不明智決定。

②以市場價格作為轉移價格。企業的利潤中心、投資中心如果具有較大的經營自主權，可以用市場價格或一定時期的市場平均價格作為轉移價格。這樣，企業內部各單位猶如市場上的獨立企業，相互之間公平買賣。

③協商定價。協商定價主要用於產品沒有現成的市場價格，或者市場上有多種價格的情況。在有確定的市場價格可供參考時，由於產品內銷可節省一定的費用，買賣雙方可以通過協商採用略低於市場價格的轉移價格，節約下來的費用按協商比例在雙方之間分配。

（2）不同的預算管理責任中心在企業中處於不同的地位

投資中心處於最高層次，就利潤和投資向企業最高層領導負責，下轄若干利潤中心或成本中心；利潤中心就利潤向投資中心負責，下轄若干成本中心；成本中心就其責任向上級利潤中心或投資中心負責，下轄若干下級成本中心，成本中心屬於企業中最基礎的層次。高層次責任預算統馭著低層次的責任預算，低層次責任預算又支撐著高層次的責任預算，不同層次的責任預算以責任網絡的方式系統地規範了企業各個部門、各個環節和全體人員的目標責任。這樣整個企業就形成了一個預算管理責任網絡。

五、全面預算管理的制度體系

全面預算管理的制度體系包括預算組織制度、預算指標體系、預算編製程序與方法體系、預算監控與調整制度、預算報告制度、預算考評制度六個方面。

（一）預算組織制度

預算組織制度是與一個公司治理結構、管理體制相關的，致力於明確、規範公

司股東大會、董事會、預算委員會、經理層包括母子公司、各職能部門,在預算工作組織、指標管理方面的權限、責任、程序的體系。

(二) 預算指標體系

預算指標體系是關於公司預算內容的體系。該內容體系與公司管理、經營責任相關:既有總公司預算,也有分、子公司預算;既有投資中心預算,也有利潤中心預算、成本中心預算和費用中心預算。

(三) 預算編製程序與方法體系

預算編製程序與方法體系與預算編製相關,致力於提高公司預算編製工作效率,規範編製工作標準,減少預算指標形成的隨意性,探討設計調整預算、滾動預算、零基預算、彈性預算等方法在公司的運用。

(四) 預算監控與調整制度

預算監控與調整制度與預算實施相關,包括公司重大事項分項決策、簽署權限一覽表,旨在明確、規範股東大會、董事會、高層經理、部門經理、各分公司等在投資、融資、擔保、合同、費用開支、資產購置等方面預算權限的劃分。公司預算在實施中調整決策制度。預算調整是預算管理中的正常現象,但是預算調整與預算指標的確立分解一樣是很嚴肅的環節,必須規範,建立嚴格的預算調整審批制度和程序。

(五) 預算報告制度

預算報告制度與責任會計相關,致力於建立反應預算執行情況的責任會計體系,包括帳簿、報表、流程和報告規範。報告規範中又包括預算報告的內容格式、時間安排和程序。

(六) 預算考評制度

預算考評制度致力於解決目前總公司在業績考核上與預算脫節的問題,涉及預算的考評指標、方法。考評結果作為獎懲依據與薪酬計劃銜接。常見的考評指標如投資中心的考核指標、利潤中心的考評指標、成本中心的考評指標和費用中心的考評指標等。

第二節　全面預算的編製方法

本節主要介紹固定預算法和彈性預算法、增量預算法和零基預算法、定期預算法和滾動預算法、項目預算法和作業基礎預算法八種全面預算編製的方法。

一、固定預算法和彈性預算法

預算按編製時的基礎不同,可分為固定預算和彈性預算兩大類。如果編製的基

第六章　企業全面預算管理

礎是某個固定的業務量,那麼,所編製的預算就是固定預算;如果預算編製的基礎是一系列可以預見的業務量,那麼,所編製的預算就是彈性預算。

(一) 固定預算法

固定預算法又稱靜態預算法,是指根據預算期內正常的可能實現的某一業務活動水準而編製的預算。固定預算的基本特徵是:不考慮預算期內業務活動水準可能發生的變動,而只按照預期內計劃預定的某一共同的活動水準為基礎確定相應的數據;將實際結果與按預算期內計劃預定的某一共同的活動水準所確定的預算數進行比較分析,並據以進行業績評價、考核。固定預算方法適宜財務經濟活動比較穩定的企業和非營利性組織。企業制訂銷售計劃、成本計劃和利潤計劃等,都可使用固定預算方法制訂計劃草案。

【例 6-1】甲公司預計生產某種產品 100 萬件。單位產品成本構成為直接材料 100 元,直接人工 60 元。變動性製造費用 50 元,其中間接材料 10 元,間接人工 30 元,動力費 10 元;固定性製造費用 150 萬元,其中辦公費 40 萬元,折舊費 100 萬元,租賃費 10 萬元。該公司實際生產並銷售甲產品 150 萬件。採用固定預算方法,該公司生產成本預算如表 6-1 所示。

表 6-1　　　　　　　　生產成本預算分析表　　　　　單位:萬元

項目	固定預算	實際發生	差異
生產產量(萬件)	100	150	+50
變動成本			
直接材料	10,000	15,600	+5,600
直接人工	6,000	9,000	+3,000
變動性製造費用	5,000	7,500	+2,500
其中:間接材料	1,000	1,500	+500
間接人工	3,000	4,500	+1,500
動力費	1,000	1,500	+500
固定性製造費用	150	150	0
其中:辦公費	40	40	0
折舊費	100	100	0
租賃費	10	10	0
生產成本合計	21,150	32,250	+11,100

從表 6-1 中可以看出,這裡的生產成本預算分別以預計產量和實際產銷量為基礎,固定預算與實際發生額之間的差異不能恰當地說明企業成本控制的情況如何。也就是說,計算表中的不利差異為 11,100 萬元。究竟是產銷量增加而引起成本增加,還是由於成本控制不利而發生超支,很難通過固定預算與實際發生的對比正確地反應出來。固定預算及其數據降低了控制、評價生產經營和財務狀況的作用。

(二) 彈性預算法

彈性預算法是在固定預算方法的基礎上發展起來的一種預算方法。它是根據計劃期或預算期可預見的多種不同業務量水準，分別編製其相應的預算，以反應在不同業務量水準下所應發生的費用和收入水準。根據彈性預算隨業務量的變動而做相應調整，考慮了計劃期內業務量可能發生的多種變化，故又稱變動預算。彈性預算的表達方式主要有列表法和公式法。

1. 列表法

列表法是在確定的業務量範圍內，劃分若干個不同的水準，然後分別計算各項預算成本，匯總列入一個預算表格。在應用列表法時，業務量之間的間隔應根據實際情況確定。間隔較大，水準級別就少一些，可簡化編製工作，但太大了就會失去彈性預算的優點；間隔較小，用以控制成本較為準確，但會增加編製的工作量。

列表法的優點是：不管實際業務量是多少，不必經過計算即可找到與業務量相近的預算成本，用以控制成本較為方便；混合成本中的階梯成本和曲線成本，可按其形態計算填列，不必用數學方法修正為近似的直線成本。但是，運用列表法評價和考核實際成本時，往往需要使用插補法來計算實際業務量的預算成本。

2. 公式法

公式法是指利用公式「總成本＝固定成本＋單位變動成本×業務量」來近似表示預算數。所以只要在預算中列示固定成本和單位變動成本，便可隨時利用公式計算任意業務量的預算成本。公式法的優點是便於計算任何業務量的預算成本，但是階梯成本和曲線成本只能用數學方法修正為直線。必要時，還需要在「備註」中說明不同的業務量範圍內應採用不同的固定成本金額和單位變動成本金額。

【例 6-2】甲公司在計劃期內預計銷售乙產品 1,000 件，銷售單價為 50 元，產品單位變動成本為 20 元。固定成本總額為 1.5 萬元。採用彈性預算方法編製收入、成本和利潤，預算如表 6-2 所示。

表 6-2　　　　　收入、成本和利潤彈性預算表（列表法）　　　　　單位：元

項目	1,000（件）	1,500（件）	2,000（件）	2,500（件）
銷售收入	50,000	75,000	100,000	125,000
變動成本	20,000	30,000	40,000	50,000
邊際貢獻	30,000	45,000	60,000	75,000
固定成本	15,000	15,000	15,000	15,000
利潤	15,000	30,000	45,000	60,000

預算期內企業實際執行結果為銷售量 1,500 件、變動成本總額 3.2 萬元，固定成本總額增加 3,000 元。執行情況分析如表 6-3 所示。

第六章　企業全面預算管理

表6-3　　　　　收入、成本和利潤彈性預算表（列表法）　　　　單位：元

項目	固定預算 (1,000)	彈性預算 (1,500)	實際 (1,500)	預算差異	成本差異
欄次	1	2	3	4=2-1	5=3-2
銷售收入	50,000	75,000	75,000	25,000	0
變動成本	20,000	30,000	32,000	10,000	+2,000
邊際貢獻	30,000	45,000	43,000	15,000	-2,000
固定成本	15,000	15,000	18,000	0	+3,000
利潤	15,000	30,000	25,000	15,000	-5,000

　　從表6-3可以看出，由於實際銷售量比固定預算原定的指標多500件，在成本費用開支維持正常水準的情況下，應當增加邊際利潤15,000元，這15,000元屬於預算差異。但是，將實際資料與彈性預算比較會發現，出於變動成本和固定成本分別超支2,000元和3,000元，使實際利潤比彈性預算的要求減少5,000元，減少的這部分利潤屬於成本差異。這兩種差異的相互補充，可以更好地說明實際利潤比固定預算利潤增加10,000元的原因。銷售量的增加本來應當使利潤上升15,000元，但由於成本超支5,000元，企業利潤最終只增加了10,000元。

　　前面例子中介紹的彈性預算是按照不同的業務量水準分別確定相應利潤指標的。此外，由於成本費用的內容複雜，其各項目隨著業務量的增長所發生的變動幅度各不相同。為了加強預算控制，更有必要按照不同的業務量水準編製彈性預算。一般來說，彈性成本預算主要用於涉及各種間接費用的預算，如間接製造費用、營業費用等預算。直接材料和直接人工是隨業務量呈正比例變動的，可以通過標準成本進行控制，不一定要編製彈性預算。某企業的間接製造費用彈性預算如表6-4所示。

表6-4　　　　　收入、成本和利潤彈性預算表（列表法）　　　　單位：元

項目	1,000（工時）	1,500（工時）	2,000（工時）	2,500（工時）
變動費用	50,000	75,000	100,000	125,000
半變動費用	20,000	25,000	35,000	38,000
固定費用	30,000	30,000	30,000	30,000

二、增量預算法和零基預算法

　　編製成本費用預算的方法按其是否以基期水準為基礎，分為增量預算和零基預算兩種。

　　（一）增量預算法

　　增量預算法，是指在上年度預算實際執行情況的基礎上，考慮了預算期內各種因素的變動，相應增加或減少有關項目的預算數額，以確定未來一定期間收支的一

種預算方法。如果在基期實際數基礎上增加一定的比率，則叫「增量預算法」；反之，若在基期實際數基礎上減少一定的比率，則叫「減量預算法」。

這種方法主要適用於在計劃期由於某些採購項目的實現而應相應增加的支出項目。如預算單位計劃在預算年度採購或拍賣小汽車，從而引起的相關小車維修費、保險費等採購項目支出預算的增減。其優點是預算編製方法簡便、容易操作。缺點是以前期預算的實際執行結果為基礎，不可避免地受到既成事實的影響，易使預算中的某些不合理因素得以長期沿襲，因而有一定的局限性。同時，也容易使基層預算單位養成資金使用上「等、靠、要」的思維習慣，滋長預算分配中的平均主義和簡單化，不利於調動各部門增收節支的積極性。

(二) 零基預算法

零基預算法是指由於任何預算期的任何預算項目，其費用預算額都以零為起點，按照預算期內應該達到的經營目標和工作內容，重新考慮每項預算支出的必要性及其規模，從而確定當期預算。零基預算法的編製程序包括以下三個步驟：

(1) 單位內部各有關部門根據單位的總體目標，對每項業務說明其性質和目的，詳細列出各項業務所需的開支和費用。

(2) 對每個費用開支項目進行成本效益分析，將其所得與所費進行對比，說明某種費用開支後將會給企業帶來什麼影響；然後把各個費用開支項目在權衡輕重緩急的基礎上，分成若干層次，排出先後順序。

(3) 按照第二步所確定的層次順序，對預算期內可動用的資金進行分配，落實預算。

現舉例說明零基預算的具體編製方法。

【例6-3】甲公司採用零基預算法編製下年度的營業費用預算，有關資料及預算編製的基本程序如下：

(1) 該公司銷售部門根據下半年企業的總體目標及本部門的具體任務，經認真分析，確認該部門在預算期內將發生如下費用：工資10萬元、差旅費5萬元、辦公費3萬元、廣告費13萬元、培訓費2萬元。

(2) 討論後認為，工資、差旅費和辦公費均為預算期內該部門最低費用支出，應全額保證，廣告費和培訓費則根據企業的財務狀況增減。另外．對廣告貨和培訓費進行成本-效益分析後得知：1元廣告費可以帶來20元利潤，而1元培訓費只可帶來10元利潤。

(3) 假定該公司計劃在下年度營業費用支出30萬元。其資金的分配應當是：

首先，全額保證工資、差旅費和辦公費開支的需要，即

100,000+50,000+30,000＝180,000＝18（萬元）

其次，將尚可分配的12萬元資金（即30-18）按成本收益率的比例分配給廣告費和培訓費。

廣告費資金＝12×20/(20+10)＝8（萬元）

第六章　企業全面預算管理

培訓費資金 = 12×10/（20+10）= 4（萬元）

零基預算法的優點是：既能壓縮費用支出，又能將有限的資金用在最需要的地方；不受前期預算的影響，能促進各部門精打細算、合理使用資金。但這種預算方法對一切支出均以零為起點進行分析，因此編製預算的工作相當繁重。

三、定期預算法和滾動預算法

按照預算期是否連續，編製預算方法可分為定期預算和滾動預算兩種。

（一）定期預算法

定期預算法是指在編製預算時以不變的會計期間（如日曆年度）作為預算期的一種編製預算的方法。

定期預算法的優點是能夠使預算期間與會計年度相配合，便於考核和評價預算的執行結果。然而，按照定期預算方法編製存在以下缺點：

（1）缺乏遠期指導性。由於定期預算往往是在年初甚至提前兩三個月編製的，對於整個預算年度的生產經營活動很難做出準確的預算，尤其是對預算後期的預算只能進行籠統的估算，數據籠統含糊，缺乏遠期指導性，給預算的執行帶來很多困難，不利於對生產經營活動的考核和評價。

（2）靈活性差。由於定期預算不能根據情況變化及時調整，當預算中所規劃的各種經營活動在預算期內發生重大變化時，就會造成預算滯後過時，阻礙預算的指導功能，甚至失去作用，成為虛假預算。

（3）連續性差。由於受預算期間的限制，經營管理者的決策視野局限於本期規劃的經營活動，不能適應連續不斷的生產經營過程，從而不利於企業的長遠發展。

（二）滾動預算法

定期預算法的特點是隨著時間的推移和預算的實施所剩預算時間將越來越短。這類預算通常有以下不足：第一，由於預算的時間長，在其執行過程中可能出現意外事件，致使現有預算不能完全適應單位未來的業務活動；第二，所剩預算期逐漸變短，會促使管理人員考慮未來較短期內的業務活動，缺乏長遠打算。為彌補這些不足，可以用滾動預算法。

滾動預算是在定期預算的基礎上發展起來的一種預算方法，它是指隨著時間推移和預算的執行，其預算時間不斷延伸，預算內容不斷補充，整個預算處於滾動狀態的一種預算方法。滾動預算編製方式的基本原理是使預算期永遠保持12個月，每過1個月，立即在期末增列一個月的預算，逐期往後滾動。因而在任何一個時期都使預算保持12個月的時間跨度，故亦稱「連續編製方式」或叫「永續編製方式」。這種預算能使單位各級管理人雖對未來永遠保持12個月時間工作內容的考慮和規劃，從而保證單位的經營管理工作能夠穩定而有序地進行。可以按月或季度滾動，例如按季度滾動預算，如表6-5所示。

表 6-5　　　　　　　　　　滾動預算表

2013 年預算（一）			
第一季度	第二季度	第三季度	第四季度

2013 年第一季度過去後，則預算變為：

2013 年預算（二）			2014 年度
第二季度	第三季度	第四季度	第一季度

2013 年第二季度過去後，則預算變為：

2013 年預算（三）		2014 年度	
第三季度	第四季度	第一季度	第二季度

2013 年第三季度過去後，則預算變為：

2013 年預算(四)	2014 年度		
第四季度	第一季度	第二季度	第三季度

　　滾動編製方式還採用了長計劃、短安排的方法，即在基期編製預算時，先將年度分季，並將其中第一個季度按月劃分，建立各自的明細預算數字，以便監督預算的執行；至於其他三季的預算可以粗一點，只列各季總數，到第一季度結束前，再將第二季度的預算按月細分，第三、第四季度以及增列的下一個年度的第一季度，只需列出各季總數，依次類推。這種方式的預算有利於管理人員對預算資料做經常性的分析研究，並能根據當前預算的執行情況加以修改，這些都是傳統的定期預算編製方式所不具備的。

四、項目預算法和作業基礎預算法

　　按照預算期涉及對象不同，編製預算方法可分為項目預算和作業基礎預算兩種。

　　（一）項目預算法

　　在輪船、飛機、公路等從事工程建設，以及一些提供長期服務的企業，需要編製項目預算。項目預算的時間框架就是項目的期限，跨年度的項目應按年度分解編製預算。在項目預算中，間接費用比較簡化，因為企業僅將一部分固定和變動間接費用分配到項目中，剩餘的間接費用不在項目中考慮。

　　項目預算的優點在於它能夠包含所有與項目有關的成本，容易度量單個項目的收入、費用和利潤。無論項目規模的大小，項目預算都能很好地發揮作用，項目管

第六章　企業全面預算管理

理軟件輔助項目預算的編製與跟蹤。企業在編製項目預算時，將過去相似項目的成功預算作為標杆，通過對計劃年度可能發生的一些重要事件進行深入分析，能夠大大提高本年度項目預算的科學性和合理性。

（二）作業基礎預算法

與傳統的預算編製按職能部門確定預算編製單位不同，作業基礎預算法關注作業（特別是增值作業）並按作業成本來確定預算編製單位。作業基礎預算法更有利於企業加強團隊合作、協同作業，提升客戶滿意度。

作業基礎預算法的支持者認為，傳統成本會計僅使用數量動因，將成本度量過度簡化為整個流程或部門的人工工時、機時、產出數量等指標，模糊了成本與產出之間的關係。作業基礎預算法通過使用類似「調試次數」的作業成本動因，更好地描述出資源耗費與產出之間的關係。只有當基於數量的成本動因是最合適的成本度量單位時，作業基礎預算法才會採用數量動因來確定成本。

作業基礎預算法的主要優點是它可以更準確地確定成本，尤其是在追蹤多個部門或多個產品的成本時。因此，作業基礎預算法適用於產品數量、部門數量以及諸如設備調試等方面比較複雜的企業。

上述預算編製方法是在預算管理發展過程中形成的幾種比較常用的方法，各有優缺點，在具體應用時，各單位沒必要強調方法的一致性，而應結合使用。同一個預算方案可根據具體內容的不同，選取不同的方法；同樣，一種方法也可適用於不同的預算。各編製單位應根據不同預算內容的特點和要求，因地制宜地選用不同的預算編製方法，保證整體預算方案的最優化。

● 第三節　核心業務預算的編製

預算的編製過程既是目標細化和責任具體落實的過程，又是資源的配置過程，這些均應在所編製預算的內容和形式上反應出來。

一、業務預算

（一）銷售預算

銷售預算左右整個企業的所有業務，並且是其他預算編製的基礎。企業只有明確了預算期內所要銷售的產品數量才能確定產量。產量確定之後，原材料的採購量、需要雇用的職員數以及所需的製造費用才能隨之確定。預計的銷售和管理費用也在一定程度上取決於期望銷售量。所以，企業生產經營全面預算大多數情況下是以銷售預算作為編製起點。生產、材料採購、成本、費用等方面的預算都要以銷售預算為基礎，準確的銷售預算能夠增強預算作為規劃控制工具的作用。準確的銷售預算

管理會計

應建立在銷售預測的基礎上，就此而言，銷售預測又是編製銷售預算的起點。在銷售預測中應考慮的影響因素有：①現在的銷售水準和過去幾年的銷售趨勢；②經濟和行業的一般狀況；③競爭對手的行動和經營計劃；④定價政策；⑤信用政策；⑥廣告和促銷活動；⑦未交貨的訂單。

銷售預測方法最主要的兩種方法是趨勢分析法和計量經濟學模型法。趨勢分析法可以是簡單的分佈圖目測法，也可以是複雜的時間序列模型。趨勢分析法的優點在於它只使用歷史數據，這些數據都可以在公司記錄中方便地找到。但是，需要根據可能偏離趨勢的未來事項調整預測結果；計量經濟學模型如迴歸分析和時間序列分析利用歷史數據和其他影響銷售的信息。計量經濟學模型法預測的優點在於其結果客觀、可證實且計量可靠。近年來，由於計算機的普及，計量經濟學模型法的使用越來越普遍。當然，比起只使用經驗判斷或模型分析的做法，將二者結合起來會得到更好的預測結果。

銷售預算則是在戰略規劃的指導下，結合整體市場情況，客觀詳細地分析企業外部和內部環境的優、劣勢，制定總體市場份額目標，研究競爭策略，確定下一年度所用資源和優先行動，形成以滿足市場需求、取得競爭優勢為導向的市場開拓、目標客戶開發計劃，同時參考各種產品歷史銷售量的分析，結合市場預測中各種產品發展前景等資料，按產品、地區、客戶或其他項目形成下一年度銷售預算。銷售預算應列示預期銷售價格下的預期銷售量、銷售收入額及由此導致的現金流入狀況，並將相關預算責任落實到具體責任人。

【例 6-4】 甲公司預計某年四個季度 A 產品的銷售量分別為 3,000 件、2,500 件、2,800 件和 2,600 件，單價為 10 元/件；B 產品的銷售量分別為 2,000 件、2,100 件、2,200 件和 1,800 件，單價為 15 元/件。假設當季銷售價款的 60% 於當季收回，餘款於下季度收回，不考慮年初和年末應收回的銷售款的影響，增值稅率為 16%，則該公司銷售預算表格如表 6-6 所示。

表 6-6　　　　　　　　　　某企業銷售預算

甲公司銷售部　　　　　　　　　　20××年　　　　　　　　　　金額單位：元

品名	期間	銷售數量 (1)	單價 (2)	銷售收入 (3)=(1)×(2)	銷項稅 (4)	價稅款合計 (5)=(3)+(4)	預計現金流出額 一季度	二季度	三季度	四季度	預算責任人
A 產品	一季度	3,000	10	30,000	4,800	34,800	20,880	13,920			
	二季度	2,500	10	25,000	4,000	29,000		17,400	11,600		
	三季度	2,800	10	28,000	4,480	32,480			19,488	12,992	
	四季度	2,600	10	26,000	4,160	30,160				18,096	
	小計	10,900	10	109,000	18,530	127,530	20,880	31,320	31,088	31,088	

第六章 企業全面預算管理

表6-6(續)

品名	期間	銷售數量 (1)	單價 (2)	銷售收入 (3)= (1)×(2)	銷項稅 (4)	價稅款合計 (5)= (3)+(4)	預計現金流出額 一季度	二季度	三季度	四季度	預算責任人
B產品	一季度	2,000	15	30,000	4,800	34,800	20,880	13,920			
	二季度	2,100	15	31,500	5,040	36,540		21,924	14,616		
	三季度	2,200	15	33,000	5,280	38,280			22,968	15,312	
	四季度	1,800	15	27,000	4,320	31,320				18,792	
	小計	8,100	15	121,500	19,440	140,940	20,880	35,844	37,584	34,104	
本部門總計	一季度	5,000		60,000	9,600	69,600	41,760	27,840			
	二季度	4,600		56,500	9,040	655,40		39,324	26,216		
	三季度	5,000		61,000	9,760	70,760			42,456	28,304	
	四季度	4,400		53,000	8,480	61,480				36,888	
	年度合計	19,000		230,500	36,880	267,380	41,760	67,164	68,672	65,192	

(二) 生產預算

生產預算通常依據銷售預算進行編製。生產預算就是根據銷售目標和預計預算期末的存貨量決定生產量，並安排完成該生產量所需資源的取得和整合的整套規劃。生產量取決於銷售預算、期末產成品的預計餘額以及期初產成品的存貨量。確定預計生產量的公式如下：

預計生產量＝預計銷售量＋預計期末產成品存貨－預計期初產成品存貨

影響生產預算的其他因素還有：①企業關於穩定生產和為降低產成品存貨而實施的靈活生產方面的態度；②生產設備的狀況；③原材料及人工等生產資料的可得性；④生產數量和質量方面的經驗。

編製生產預算時還應注意：年度預算的數據通常都是年內各季度數據的合計數，季度預算的數據通常是季度內各月份數據的合計數，但年末或季末的產成品存貨數量就是年末或季末當月份的預計期末存貨量，而不是各期期末存貨量的合計數。期初存貨量亦是如此。也就是說，期初、期末數是年度或季度內特定時點的數額而不是整個期間的數額。

【例6-5】甲公司預計某年四個季度 A 產品的預計銷售量分別為 3,000 件、2,500 件、2,800 件和 2,600 件，年初、年末存量分別為 1,000 件和 300 件，假定上一季度的期末存量為下一季度銷售量的 10%，那麼該公司生產預算表格可如表 6-7 所示。

表6-7　　　　　　　　　　　甲公司生產預算　　　　　　　　　　單位：件

項　目	一季度	二季度	三季度	四季度	合　計
預計銷售量	3,000	2,500	2,800	2,600	10,900
加：期末存貨	250	280	260	300	300
需要產品量	3,250	2,780	3,060	2,900	11,200
減：期初存貨	1,000	250	280	260	1,000
預計產量	2,250	2,530	2,780	2,640	10,200

（三）直接材料使用和採購預算

生產預算是編製直接材料使用和採購預算的基礎。直接材料使用預算應顯示生產所需的直接材料及其預算成本。在此基礎上，企業據以進一步編製直接材料採購預算。企業編製直接材料採購是為了保證有足夠的直接材料來滿足生產需求並在期末留有預定的存貨。

直接材料採購預算中的預計採購原材料存貨的情況，要根據企業的生產組織特點、材料採購的方法和渠道進行統一的規劃，其目的是在保證生產均衡有序進行的同時，避免因直接材料存貨不足或過多而影響資金運用效率和生產效率。材料採購預算還取決於該生產活動的公司政策。如採用即時採購系統還是儲備一些主要材料，以及公司對原材料質量的經驗判斷和供應商的可靠性等，預計直接材料採購量可按照下列計算公式計算：

生產所需的直接材料總額+期末所需的直接材料庫存額＝預算內所需的直接材料總額

預算期內所需的直接材料總額−期初直接材料的存貨＝所要採購的直接材料

注意，直接材料採購預算不僅應確定適度的預計採購量，而且也應提供預計直接材料採購的預算成本，從而據以確定企業材料採購所需的資金數額。

【例6-6】甲公司20××年度需要採購甲、乙兩種材料，各季度需要採購甲材料的數量分別為3,200千克、3,100千克、3,000千克和3,100千克，單價為5元/千克；各季度需要採購的乙材料分別為2,200千克、2,100千克、2,300千克和2,000千克，單價為10元/千克。採購材料款當季支付60%，下個季度付清餘款，不考慮年初年末應付款支付的影響，增值稅稅率為16%。甲公司採購預算的具體情況如表6-8所示。

第六章 企業全面預算管理

表 6-8　　　　　　　　　　　　　甲公司採購預算

20××年度　　　　　　　　　　　　　金額單位：萬元

品名	期間	採購數量 (1)	單價 (2)	採購成本 (3)=(1)×(2)	進項稅 (4)	價稅款合計 (5)=(3)+(4)	預計現金流出額 一季度	二季度	三季度	四季度	預算責任人
甲材料	一季度	3,200	5	16,000	2,560	18,560	11,136	7,424			
	二季度	3,100	5	15,500	2,480	17,980		10,788	7,192		
	三季度	3,000	5	15,000	2,400	17,400			10,440	6,960	
	四季度	3,100	5	15,500	2,480	17,980				10,788	
	年度合計	12,400	5	62,000	9,920	71,920	11,136	18,212	17,632	17,748	
乙材料	一季度	2,200	10	22,000	3,520	25,520	15,312	10,208			
	二季度	2,100	10	21,000	3,360	24,360		15,544	9,744		
	三季度	2,300	10	23,000	3,680	26,680			16,008	10,672	
	四季度	2,000	10	20,000	3,200	23,200				13,920	
	年度合計	8,600	10	86,000	13,760	99,760	15,312	25,752	25,752	24,592	
本部門總計	一季度	5,400		38,000	6,080	44,080	26,676	17,784			
	二季度	5,200		36,500	5,840	42,340		25,623	17,082		
	三季度	5,300		38,000	6,080	44,080			26,676	17,784	
	四季度	5,100		35,500	5,680	41,180				24,921	
	年度合計	21,000		148,000	23,680	171,680	26,448	43,964	43,384	42,340	

流通業企業不需做生產預算，而是用商品採購預算來代替生產企業的生產預算。商品採購預算應列示預算期內所需購買的商品數額。商品採購預算的基本形式融合了生產預算和直接材料採購預算：其預計採購數量的確定類似於生產預算中的預計產量確定方式，其採購數額及其所需資金量則與直接材料採購預算相同。

（四）直接人工預算

與直接材料預算相同，直接人工預算的編製也要以生產預算為基礎進行。直接人工預算採用的基本計算公式為：

預計所需用的直接人工總工時＝預計產量×單位產品直接人工小時

【例6-7】甲公司20××年度各季度A產品預計生產量為2,250件、2,530件、2,780件、2,640件，單位工時工資率為12元/時，單位產品工時率為10時/件。甲公司直接人工預算的具體情況如表6-9所示。

129

表6-9　　　　　　　　　　甲公司直接人工預算
××年度

季度	一季度	二季度	三季度	四季度	全年
預計產量（件）	2,250	2,530	2,780	2,640	10,200
單位產品工時（小時/件）	10	10	10	10	10
人工總工時（小時）	22,500	25,300	27,800	26,400	102,000
每小時人工成本（元/小時）	12	12	12	12	12
人工總成本（元）	27,000	30,360	33,360	31,680	122,400

不穩定的用工制度會降低雇員對企業的忠誠，增加他們的不安全感，進而導致效率低下。因此，許多企業都有穩定的雇用合同或勞動合同作保障，以防止工人被隨意解雇。直接人工預算可以使企業人事部門安排好人員，以防出現突然解雇或人工短缺情況，並降低解聘人數。根據直接人工預算，企業可以判斷何時能夠重新安排生產活動或給閒置的工人分配其他臨時工作。許多採用新生產技術的企業可以用直接人工預算來計劃維護、修理安裝、檢測、學習使用新設備及其他活動。直接人工預算通常包括對生產所需的各類人員的安排，預算表格從略。

（五）製造費用預算

製造費用預算是一種能反應直接人工預算和直接材料使用和採購預算以外的所有產品成本的預算計劃。為編製預算，製造費用通常可按其成本性態分為變動性製造費用、固定性製造費用和混合性製造費用三部分。固定性製造費用可在上年的基礎上根據預期變動加以適當修正進行預計；變動性製造費用根據預計生產量乘以單位產品預定分配率進行預計；混合性製造費用則可利用公式 $Y=A+BX$ 進行預計（其中 A 表示固定部分，B 表示隨產量變動部分，可根據統計資料分析而得）。通常步驟都是先分析上一年度有關報表，制定總體成本目標（通常是營業收入的百分比），再根據下一年度的銷售預測和成本目標，制定各項營運成本，匯總具體市場舉措所需的額外成本。

為了全面反應企業資金收支，在製造費用預算中，通常包括費用方面預期的現金支出。預計需用現金支付的製造費用時，常用的計算公式為：

預計需用現金支付的製造費用＝預計製造費用－折舊等非付現成本

【例6-8】甲公司××年度各季度A產品預計生產量為2,250件、2,530件、2,780件、2,640件，變動製造費用為5元/件，每季度的固定製造費用預計為150,000元，折舊等非付現成本預計為50,000元。甲公司直接人工預算的具體情況如表6-10所示。

第六章　企業全面預算管理

表 6-10　　　　　　　　　甲公司製造費用預算
××年度

季度	一季度	二季度	三季度	四季度	全年
預計產量（件） 變動製造費用（元/件） 變動製造費用小計（元） 固定製造費用（元）	2,250 5 11,250 150,000	2,530 5 12,650 150,000	2,780 5 13,900 150,000	2,640 5 13,200 150,000	10,200 5 51,000 600,000
合計（元）	161,250	162,650	163,900	163,200	651,000
減：折舊等非付現成本（元）	50,000	50,000	50,000	50,000	50,000
預計需用現金支付的製造費用(元)	111,250	112,650	113,900	113,200	601,000

（六）期末產成品存貨預算

期末產成品存貨預算有兩個基本目的：一是為編製損益預算提供銷售產品成本數據；二是為編製資產負債表預算提供期末產成品存貨數據。

其基本內容為：首先計算預計產成品單位成本，這是根據企業的各種技術和產品設計資料而確定的，包含產成品的人工、材料、間接費用以及其他費用，按照完全成本法模擬預計得出；或根據企業生產的歷史情況並考慮優化及因素設計，將產成品單位成本乘以預計期期末產成品存貨數量，即可得出預計期期末產成品存貨金額。

（七）管理費用預算

管理費用預算包括預算期內將發生的除製造費用和銷售費用以外的各項費用。它們的編製方法主要也是根據成本性質進行。在實際運用中，分部可以依據總部的平均管理費用率和本分部歷史最好管理費用率的要求，考慮本預算期的變動因素和管理費用率降低要求，計算確定管理費用預算總額。在此基礎上，首先由各職能部門採用零基預算方法分別按照歸口專項費用和可控性費用初編預算。與此同時，計財處應確定約束性費用項目的預算額，因為它們是企業正常營運的最基本保障，而且不存在刪減的可能。然後，再確定各項酌量性費用項目可用預算總額。因為各項管理費用的預算額之和不能超出管理費用預算總額，因此，酌量性費用項目可用預算總額是管理費用預算總額與約束性費用預算總額的差額。當可用預算總額小於其需求額時，應該根據管理費用所對應作業的性質及其輕重緩急，適當地進行預算額的調整安排。

【例 6-9】假設甲公司銷售額預算為 1,500 萬元，歷史最好的管理費用率為 12%，總公司平均管理費用率為 10%，根據上級的要求和自身的努力，本期管理費用率目標為 11%。那麼，管理費用預算總額只能是：

1,500×11% = 165（萬元）

又假設，該公司的折舊、租金、管理人員工資等約束性費用額達 80 萬元，酌量

131

性費用項目可用預算額應是:

165-80=85(萬元)

當各責任單位上報的酌量性費用可用預算額之和超出85萬元時,應通過協商取消某些可暫緩的項目或按作業性質的權重、比例縮減各項費用額。

應該注意的是:管理費用預算中的許多費用項目均具有較強的隨意性,並且大都影響長遠,所以使用該預算進行業績評價時應謹慎。比如說,經理人員的激勵來自獎勵計劃和晉升可能,因為削減短期費用能提高其收益,管理人員就可能通過削減顧客服務支出來提高收益,以顯示其良好的費用控制業績。這種削減顧客服務成本的行為不會立即顯示其不良效果,然而,它將對公司未來產生較大的負面影響。因此,公司在編製管理費用預算時,必須摒棄短期利益觀。

二、資本預算的編製

資本預算的編製具有戰略性,因此不僅需要納入全面預算管理體系,而且還必須從戰略角度來看待資本支出預算的管理問題。從總部及子公司的預算管理程序看,資本預算包括兩方面:①資本支出決策;②資本支出及相應的融資預算,它又進一步融入現金流量預算中。也就是說,資本預算不僅要解決項目的經濟可行性等決策問題,更要從資本支出項目的投資總額來確定不同時期的現金流出預算。這是因為,從時間序列看,項目投資總額並不完全等於現時付現總額。在項目建設期內,其現金流出並沒有固定的模式:有些是在初期一次性投入;有些則是先期投入大後期投入小;有些則是先期投入小而後期投入大;等等。因此,資本預算不僅要確定項目支出總額,而且還要在時間上規劃現金流出的時間分佈。更為重要的是,當多個項目重疊發生並在時間上有不同的交叉時,其投資總額與付現總額會出現明顯的差額,在這種情況下,詳細的不同時期的付現總額預算就顯得尤為重要。它是確定企業未來現金投入的指示器。

資本預算的編製主要解決投資項目現金流的安排及其對整體現金流量的影響。預算表格舉例如表6-11、表6-12所示。

表6-11　　　　　　　　　個別項目資本支出預算　　　　　　　金額單位:萬元

項目＼投資年限(年)	0	1	2	3	4
初始投資期					
設備成本	-1,200				
安裝檢測、成本	-40				
墊支營運資本	-500				
處置舊設備	200				
生產經營期					

第六章　企業全面預算管理

表6-11(續)

投資年限(年) 項目	0	1	2	3	4
收入		2,200	2,200	2,200	2,200
付現成本		1,750	1,700	1,700	1,700
折舊		230	230	230	230
稅前淨利		220	270	270	270
所得稅		88	108	108	108
稅後淨利		132	162	162	162
營業現金淨流量		362	392	392	392
終結期					
營運成本收回					500
投資處置					160
職工再安置或遣散費					-200
對現金流量的淨影響	-1,540	362	392	392	852

表6-12　　　　　　　　　　　多項目資本支出預算　　　　　　金額單位：萬元

投資項目	投資支出總額	預計現金流出額				20×3年	20×4年	20×5年	20×6年
		20×2年							
		一季度	二季度	三季度	四季度				
長期債權投資									
長期股權投資									
全資子公司									
固定資產投資									
現金流出總量									

投資項目	投資收益總額	預計現金流入額				20×3年	20×4年	20×5年	20×6年
		20×2年							
		一季度	二季度	三季度	四季度				
長期債權投資									
長期股權投資									
全資子公司									
固定資產投資									
現金淨流量									

三、現金（收支）預算及籌資預算的編製

現金（收支）預算由現金收入、現金支出、現金多餘或不足以及資金的籌集與

管理會計

運用四個部分構成。其中影響現金的關鍵性項目有：

（一）可使用的現金

詳列了經營活動可利用現金的來源，通常包括預算期初的現金餘額和預算期內的現金收入。現金收入包括現金銷售和應收票據或應收帳款的現金回收。影響現金銷售收入和應收帳款的現金回收額的因素包括：①企業的銷售水準；②企業的信用政策；③企業的收帳經驗。企業從事非經常性交易也會產生現金。如出售設備、建築物等經營性資產或出售企業不再需要的已購置的建廠土地等非經營性資產。這些銷售所得的所有收入也都應包括在可使用現金部分。

（二）現金支出

列示了所有的支出，包括直接材料和物品的採購支出、工資獎金支出、利息支出和稅金等。

（三）投資、融資

可使用現金和現金支出的差額就是期末現金餘額。一方面，如果現金餘額低於管理者設定的最低現金持有量，公司就需融資補足資金；另一方面，如果公司預計的現金持有量有多餘，它就要決定將多餘資金進行投資。在可選擇的投資項目中應權衡收益、流動性和風險性這三個因素。貸款計劃和投資計劃都包括在融資部分中。

然而在中國現實實務中，由於投、融資決策權通常集中於集團總部，各子、分公司的現金預算主要反應以經營活動為主的現金餘缺狀況，在此基礎上再由總部統一安排籌資預算，因此現金預算和籌資預算也可分別作為不同預算，由總部和子、分公司分別編製。

【例6-10】萬利達公司201×年度有關預算資料如下（表6-13）：

（1）預計201×年各季度的銷售收入為：第一季度400,000元，第二季度500,000元，第三季度660,000元，第四季度800,000元。預計下一年度第一季度銷售收入為900,000元。每季銷售收入中，當季收到65%，下季度收到35%。201×年年初應收帳款為210,000元，預計201×年第一季度全部收回。

（2）預計201×年各季度直接採購成本按下一季度銷售收入的60%計算，採購材料款當季支付60%，下季度支付40%。201×年年初應付帳款餘額為168,000元，計劃201×年第一季度全部付款。

（3）預計201×年各季度的製造費用分別為：48,000元、50,000元、46,000元、54,000元。每季度製造費用包括折舊16,000元。

（4）預計201×第二季度購置固定資產，需要現金186,000元。

（5）萬利達公司現金不足時，向銀行貸款（為1,000元的倍數）；現金結餘時，歸還銀行貸款（為1,000元的倍數）；貸款在期初，還款在期末，貸款年利率為8%，每季度結算一次利息。

（6）萬利達公司各季度末最低現金餘額為30,000元。

第六章　企業全面預算管理

表 6-13　　　　　　　萬利達公司現金（收支）預算
201×年度　　　　　　　　　　　　　　單位：萬元

季度	第一季度	第二季度	第三季度	第四季度	全年
期初現金餘額	32,000	30,000	30,460	30,640	—
經營現金收入	210,000 260,000	40,000 325,000	175,000 429,000	231,000 520,000	2,290,000
直接材料採購支出	168,000 180,000	120,000 237,600	158,400 288,000	192,000 324,000	1,668,000
直接工資支出	68,000	72,000	76,000	81,000	297,000
製造費用支出	32,000	34,000	30,000	38,000	134,000
其他付現費用	8,000	6,000	7,600	6,800	72,000
預計所得稅	18,000	18,000	18,000	18,000	72,000
購置固定資產	—	186,000	—	—	186,000
現金餘缺	28,000	−178,500	124,860	121,840	—
向銀行貸款	2,000	209,000	—	—	211,000
歸還銀行貸款	—	—	90,000	89,000	179,000
支付貸款利息	—	40	4,220	2,420	6,680
期末現金餘額	30,000	30,460	30,640	30,420	—

現金（收支）預算是企業管理的重要工具，它有利於企業事先對日常現金需要進行計劃和安排，如果沒有現金（收支）預算，企業無法對現金進行合理的平衡、調度，就有可能使企業陷入財務困境。企業為了生存和捕捉發展機會，經常持有適當現金是非常必要的。

（四）籌資預算

一旦確定不同時期的投資及現金流量（收支）預算後，企業還應該在此基礎上確定各期的籌資預算。籌資預算是企業在預算期內需要新借入的長短期借款、經批准發行的債券以及對原有借款、債券還本付息的預算。理論上說，籌資預算應該是現金流量（收支）預算的組成部分。但如上所述，實務中它通常由總部統一編製。籌資預算主要應解決如下問題：①應在何時籌資、籌資額有多大；②籌資方式如何確定；③籌資成本與投資收益如何配比。

但應注意，籌資預算具有一定的被動屬性，對於非金融性企業而言，生產經營活動和投資活動決定了籌資活動，很少或不存在單純的為籌資而籌資的行為。籌資預算表格如表 6-14 所示。

表6-14　　　　　　　　　　某企業籌資預算
××年度　　　　　　　　　　　　　　單位：萬元

項目	序號	一季度	二季度	三季度	四季度	合計	預算責任人
新增投融資項目前的現金淨流量	1						
各子公司現金餘缺額合計	2						
總公司管理費用和財務費用預算	3						
新增投融資項目前的現金淨流量合計	4						
短期現金融通	5						
償還本金	6						
短期投資	7						
短期借款	8						
出售有價證券	9						
現金流量淨額小計	10						
長期投資預算所需現金流出	11						

第四節　全面預算的控制與考評

一、預算的控制

預算執行與控制的首要任務是確定預算執行的責任中心和責任人，將預算指標分解到各個成本中心和費用中心，確定具體的工作目標和責任。在明確責任的基礎上，各責任中心和責任人通過事前、事中、事後控制，及時糾正執行中的重大偏差，努力完成既定目標。通過控制系統的建立，有效協調公司各部門的工作，進行合理的業績計量和評價，激勵員工，從而為完成計劃或預算的目標提供保障。

（一）預算控制的目的

預算的控制主要分為管理控制和作業控制。管理控制是指「管理者確保資源的取得及有效運用，以達企業目標的過程」，也就是研究工作執行、控制計劃，以期相互溝通、協調，共同實現企業目標。而作業控制是「有效地完成既定任務的過程」，作業控制與管理控制的主要區別在於前者不需要太多的管理判斷，只要按照既定規則進行即可。

因此，預算控制最主要的目的在於：①作業最終的結果與既定的預算目標相符合（事後控制）；②隨時提供信息，便於及時修正錯誤（事中控制）。控制行為必須詳加規劃，否則實際發揮時將缺乏方向，徒勞無功。

第六章　企業全面預算管理

（二）預算控制的基本要素
一般控制的基本要素包括：
（1）訂立的標準或比較基礎；
（2）實際與標準或比較基礎的比較，即衡量績效；
（3）採取糾正行動，即進行差異分析。
（三）年度預算的控制
　　年度預算的控制主要包括銷貨預算的控制、存貨預算的控制、生產預算的控制、製造預算的控制、銷售和管理費用預算的控制、資本支出預算的控制和現金預算的控制。
　　1. 銷貨預算的控制
　　銷貨預算的管理控制，強調規劃的事中控制與實際銷貨收入的成果控制。其主要包括：銷貨預算區分為若幹部分，每一部分應派專人負責；建立工作時間進度表，使工作項目井然有序；建立系統的預算評估程序。
　　一般銷貨預算分為直線責任與輔助責任。關於促銷與廣告方案、取得與完成訂單的成本估計，以及計劃的銷貨數量與金額等的估計，均為直線責任。而協助銷貨預測、市場分析及經濟預測、輔助建議等，均為輔助責任。直線責任與輔助責任二者必須相互配合，共同完成銷貨預算。
　　2. 存貨預算的控制
　　這裡的存貨控制，主要是指「產成品」。通常情況下，產品的銷量波動比較頻繁，為了穩定生產，必須控制存貨的波動在最低安全存量與最高安全存量之間，其中最高存量是由銷貨預測及標準存貨週轉率決定的。既定的生產還應符合管理控制上的要求，下年度銷貨預測值應與預期的存貨量比較，如果其比率與標準存貨週轉率相差很大，就需要加以調整。
　　3. 生產預算的控制
　　生產預算的控制好壞，受銷貨預算及存貨預算控制的影響。一般指導原則如下：①決定每項或每類產品的標準存貨週轉率；②由每項或每類產品的標準存貨週轉率及其銷售預測值來決定存貨應有的增減量；③年度生產預算即等於銷貨預算加（減）存貨增（減）量。
　　進行生產預算控制，必須注意以下方面：①符合管理控制政策而使生產穩定；②存貨量保持在最低安全存量以上；③常將存量保持在可能的最低水準，或符合管理決策所決定的最高存貨量以下。
　　依據生產預算，與有關部門協商後，就可發出製造指令，進行實際的生產活動，並對生產進度與數量加以控制。
　　4. 製造預算的控制
　　製造預算控制可分為直接材料預算控制、直接人工預算控制和製造費用預算控制。

(4)直接材料預算控制

材料控制的最基本目的是：能在最適當的時機發出訂單，向最佳的供應廠商訂購，以便按適當的價格與品質取得適當的數量。要有效地進行材料存貨控制，必須注意如下方面：保證生產所需的材料供應，以便進行有效而無間斷的作業；出現季節性或循環性供應短缺時，能夠提供充分的材料存貨，並能預期價格的波動；對材料應確保適當的存量，避免火災、竊盜，以及處理時毀損等損失；系統地匯報材料狀況，以使過剩、陳舊的材料項目達到最低程度；材料存貨投資，應與營業需求及管理計劃保持一致。

(2)直接人工預算控制

有效的直接人工預算控制，需要根據領班及主管們持續干練的監督、直接的觀察和個人的接觸來定。通常，有必要設置「標準」，這樣才能進行績效衡量。工作流程的規劃，以及物料、設備等的布置與安排，對直接人工成本都會產生影響，也是我們必須重點考慮的內容。

(3)製造費用預算控制

製造費用控制的重點，原則上應優先考慮「可控制」者，至於不可控制的費用，如果能找到相關聯的費用，也應該審慎處理。因此，要控制費用，只限於直接費用，對於分離的製造費用，可不作為考慮的重點。

5. 銷售和管理費用預算的控制

要實施有效的費用管理，必須在「控制過多」與「控制不足」二者間保持平衡。過多的控制將會危害企業各成員的合作精神與工作效率；控制不足則又使管理當局無法及時採取糾正的行動，而使情況惡化。因此，有效的控制應有充分的頻率和對差異的接受度。

費用預算控制的充分頻率，隨作業狀況及管理層次不同而有所不同。在預算決策中，不應期望能有百分之百的精確度，否則有關人員在擬訂預算時會預留一些緩動數量，而在期末時集中花費比實際需要更多的費用，以掩飾其預留緩衝餘地的行為。因此，最好的方法是指出何種差異是被接受的，當然差異也會隨企業活動與管理層次而變化。例如：領班加班預算的可接受差異應當約為 2%，而銷售員出差費預算的可接受差異則應當是 5%或 10%。

明確指出可接受的差異範圍後，還應告訴有關員工，只要費用未超出可接受的差異範圍，不會產生問題；而在費用超出可接受差異範圍時，也並不一定會受到責罰。例如：一位工頭，因為修理一個損壞的機器而超出加班預算，但若機器修好後，工人在很長的一段期間內都不需要再加班工作，則該工頭不但不應被責備，反而由於使許多員工避免閒置時間的浪費，替公司節省了許多加班費用而應被嘉獎。因此，承認某些不可避免的差異也是很重要的。

6. 資本支出預算的控制

資本支出控制的重要性不能過分強調。控制並不僅僅是對支出向下壓制，控制

第六章　企業全面預算管理

必須依賴切實的經營規劃，使支出限制在合適的基礎上，以防止資本資產的維護、重置及取得的停滯。

主要資本支出控制，其第一階段在於正式授權進行這一項目（包含資金的指揮），即使該項目包含在年度計劃內也相同。對於主要的資本支出項目，最高經營當局應留有最後授權進行的權利，該項授權可能是正式的或非正式的通知，根據內部的具體情況而定。通常是在資本支出請求單上給予最後的核准。

主要資本支出的第二階段控制，關係到工作成本資料的累積。一旦主要的資本支出得到核准並實施，應立即設立項目號碼，記錄成本。此項記錄應提供根據責任及形式分類的成本累積，及有關工作進度的補充資料。每個項目的資本支出情況報告，應每隔一段時期匯報給最高經營管理當局。

對於較小的資本支出控制，只需通過授權程序和實際支出的累積數來加以管理。實際支出定期與資本支出報告的規劃數額相比較，該報告應顯示差異及未支用的餘額。

7. 現金預算的控制

企業財務人員應直接負起現金狀況控制的責任。實際的現金收支與預期的年度利潤計劃（預算）必有差異。這些差異產生的原因可能有：現金影響因素的變化，突然及意想不到的情況影響經營或現金的控制措施的缺乏。一個優良的現金控制制度是非常重要的，因其潛在的影響作用太大。為增強現金控制，管理當局可能下達決策或改變現行政策，一般現金的控制方法為：①對現金及未來可能的現金狀況做適當及持續的評價。這個程序涉及定期（每月）評估及報導至今所發生的實際現金狀況，同時對下一期間將來可能的現金流量再進行預測。②保存每日（或每週）的現金狀況資料。為減少利息成本，確保有充裕現金，有些財務主管對現時現金狀況每日都進行評估，這種方法特別適用於現金需要差異較大以及分支機構分散而有龐大現金流動的公司。許多公司都編製「現金收支日報表」，以方便控制現金流量。

二、預算的分析和報告

（一）差異分析

實際成果與預算目標的比較，是控制程序的重要環節。如實際成果與預算標準的差異巨大，企業管理當局應審慎調查，並判定其發生原因，以便採取適當的矯正行動。在評估和調查差異發生的基本原因時，應考慮以下情況：①差異可能是微不足道的；②差異可能是由報告上的錯誤所致，應該檢查會計部門所提供的預算目標及實際資料在書寫上有無錯誤；③差異可能是由特定的經營決策所致——為了改善效率，或為了應付某些緊急事故，管理當局下達決策而導致差異的發生；④許多差異可能是不可控制因素造成的，而這些因素又可加以辨認；⑤不知道真正原因的差異，應予格外關注，且應予認真調查。

管理會計

調查差異以便判定基本原因的途徑很多，主要有：①所涉及特定主管、領班及其他人員開會磋商；②分析工作情況，包括工作流程、業務協調、監督效果以及其他存在的環境因素；③直接觀察；④由直接職員進行實地調查；⑤由輔助者（明確指定其責任）進行調查；⑥由內部稽核輔助進行稽核工作；⑦特殊研究；⑧差異分析。

（二）業績報告

分析報告是控制流程的重要部分，通過分析報告管理層可以獲得預算執行進度、指標完成情況及分析建議，能夠對今後的生產經營有所預見與指導。當期預算執行完畢，並進行差異分析之後，就應由責任中心完成業績報告。業績報告包括三部分：

1. 進度報告

對預算執行進度進行分析，包括當月進度分析及累計進度分析，累計計算並匯總各月完成預算情況，以收入預算完成進度為起點分析成本和費用進度，為調整計劃和控制提供指導。

2. 差異分析與業績評價

根據各部門預算完成情況，通過差異分析的方法，分析差異原因，評價部門業績，通過對預算考核指標的分析，對責任中心進行考核。

3. 調整對策與建議

根據預算完成進度，在年度預算的指導下，針對外部及內部的重大調整需要，在不影響年度預算目標的前提下，對以後各期預算進行必要的調整，為各級領導決策提供支持和建議。

業績報告是執行與控制及差異分析的重要成果，它一方面揭示了預算的執行進度，並反應預算與實際值之間的差異及其原因，同時也為預算的考核提供依據。更為重要的是業績報告要求責任中心負責人或公司經理人不能只是解釋差異原因，還要為完成年度預算目標通過調整經營計劃對年度預算進行調整，調整的預算需經預算管理委員會審核，並於公司預算執行與控制時備案，作為今後執行與考核的依據。

三、預算考評

（一）預算考評的作用

預算考評機制是對企業內各級責任部門或責任中心預算執行結果進行考核和評價的機制，是管理者對執行者實行的一種有效的激勵和約束形式。預算考評的兩個基本含義是：第一，對整個預算管理系統的考評，也是對企業經營業績的評價，是完善並優化整個預算管理系統的有效措施；第二，它是對預算執行者的考核及其業績的評價，是實現預算約束與激勵作用的必要措施。預算考評是預算控制過程中的一部分，由於預算執行中及完成後都要適時進行考評，因此它是一種動態的綜合考評。預算考評在整個預算管理循環過程中是一個承上啟下的環節。

第六章　企業全面預算管理

預算考評的作用主要有以下幾個方面：

（1）確保實現目標。目標確定並細化分解以後，預算目標就成為企業一切工作的核心，這種目標具有較強的約束作用。在預算執行中，管理者對預算執行情況與預算的差異適時進行確認，及時糾正企業人力、財力、物力、信息等資源管理上的浪費與執行中的偏差，為預算目標的順利實現提供可靠的保障。

（2）預算考評可以協助企業管理者及時瞭解企業所處的環境及發展趨勢，進而衡量企業有關的預算目標的實現程度，評估預算完成後的效益。

（3）對預算執行結果的考評，反應整個企業的經營業績，它是編製下期預算有價值的資料，是管理者完善並優化整個預算管理系統可靠的資料依據。

（4）預算考評是評價預算執行者業績的重要依據。目標的層層分解和延伸細化，使企業全員都有相應的預算目標，這種預算目標與執行中的經濟活動在時間上保持一致，其經營環境和條件也基本相同，將預算目標與執行者的實際業績水準相比較，評價執行者的業績，確定責任歸屬，是比較公正、合理、客觀的，尤其是對企業人才的業績評價，具有較強的說服力。

（5）預算考評可以增強管理者的成就感與組織歸屬感。預算考評具有較強的激勵作用，通過預算考評評價出作為預算責任主體的管理者的工作業績，這是企業對管理者工作業績的認可，將工作業績與獎懲制度掛勾，勢必增強管理者的成就感與組織歸屬感，從而更進一步激發管理者的工作能動性。

（二）預算考評的原則

預算考評過程是對預算執行效果的認可過程，預算考評應遵循以下基本原則：

1. 目標原則

實施預算管理，根本目的是要實現企業目標。在目標確定之前，管理者已經進行了科學預測，因此，在預算考評時如無特殊原因，未能實現預算目標就說明執行者未能有效地執行預算，這是實施預算管理考評的第一原則。

2. 激勵原則

人的行為是由動機引起的，而動機又產生於需要。行為科學告訴我們，激勵導致努力，努力導致成績。因此，在實施預算管理的同時，企業應設計一套與預算考評相適應的激勵制度。沒有科學的激勵制度，預算執行者就缺乏執行預算的積極性與主動性，預算考評也就失去了它的真正意義。企業應根據自己的具體情況，制定科學、合理的獎懲制度，激勵預算執行者完成或超額完成預算。

3. 時效原則

企業對預算的考評應適時進行，並依據獎懲制度及時兌現，只有這樣，才有助於管理上的改進，保證目標利潤的完成。本期的預算執行結果拿到下期或更長時間去考評，就失去了考評的激勵作用。

4. 例外原則

實施預算管理，企業的高層管理者只需對影響目標實現的關鍵因素進行控制，

並要特別關注這些因素中的例外情況。一些影響因素並不是管理者所能控制的，如產業環境的變化、市場的變化、執行政策改變、重大意外火災等。如果企業受到這些因素的影響，就應及時按程序修正預算，考評按修正後的預算進行。

5. 分級考評的原則

預算考評是根據企業預算管理的組織結構層次或預算目標的分解次序進行的，預算執行者是預算考評的主體對象，每一級責任單位負責對其所屬的下級責任單位進行預算考評，而本級責任單位預算的考評則由所屬上級部門進行，也就是說預算考評應遵循分級考評的原則。

（三）預算考評的層次及內容

在預算考評過程中，各個層次的責任中心應向上一級的責任中心報送責任報告。首先，最低層次的責任中心在對其工作成果進行自我分析評價的基礎上形成責任報告，報送直屬的上級責任中心；然後，由上級責任中心根據所屬各責任中心的責任報告，對各責任中心的工作成果進行分析、檢查，明確其成績，並指出其不足；該上級責任中心也要編製本責任中心的責任報告，對本身的工作成果進行自我分析評價，並向更上一級責任中心報送。通過這樣層層匯總、分析與評價，直至企業最高領導層，全面反應企業各層次責任中心的責任預算執行結果。

預算的考評是預算事中控制和事後控制的主要手段，它是一種動態的考評過程。在預算執行過程中，各級管理者對預算執行結果的隨時考評確認及考評信息的反饋，有利於最高管理者對整個預算執行進行適時控制、整體控制，也有利於最高管理者對企業的整體效益進行評價。

在預算考評的內容方面，不同的責任中心應有不同的側重點。比如，成本中心以評價責任成本預算執行結果為主；利潤中心以評價責任預算執行結果為主；投資中心則以評價資本所創的效益為主。為了全面反應各責任中心的責任預算執行結果，除了評價主要責任預算之外，也應分析、評價其他一些相關責任預算的執行。

四、預算考評的激勵措施

（一）預算考評的激勵措施

在預算考評過程中，預算是考核的標準，獎懲制度是評價的依據。以預算目標為標準，通過實際與預算的比較和差異分析，確認其責任歸屬，並根據獎懲制度的規定，使考評結果與責任人的利益掛鈎，達到人人肩上有指標，項項指標連收入，以此激發、引導執行者今後完成預算的積極性，對於企業實現目標利潤具有積極的激勵和推動作用。激勵是多層次的，一般而言，報酬是業績函數，企業應將報酬作為激勵措施的首選，此外，諸如表揚、批評、提升、降職等激勵與約束機制也是行之有效的。綜合運用這些措施會收到更好的效果。

對於完成責任預算的責任中心應給予獎勵，完不成的則應予以處罰。獎懲的辦

第六章 企業全面預算管理

法可視具體情況而定，如可以採用百分制綜合獎懲的辦法，即將責任中心的各責任預算執行結果換算成分值（其中主要責任預算的分值應相對高一些），並制定加減分的計算辦法，然後綜合計算責任中心的總得分，再根據獎金與分值確定責任中心的獎金總額。也可採用直接獎懲的辦法，即規定各項責任預算應得的獎金額，並制定超額完成或未完成責任預算加獎或扣獎的計算辦法，然後根據責任中心的各項責任預算執行結果分別計算應得或應扣獎金數額，並匯總確定責任中心的獎金總額。

（二）公司預算的考核

預算考核是對各責任中心執行預算情況的評價，提供業績指標完成情況並據以進行獎懲。預算考核從整體上看是對公司調配資源適應市場變化能力的評價和檢驗，從局部看是對公司各組成部分對企業實現整體目標的貢獻的評價和檢驗。

1. 考核指標的確定

公司的責任中心均為成本中心及費用中心，其考核指標主要為成本指標及費用指標，這裡應注意的是，不僅總量指標作為考核指標，而且預算目標中的分項指標也將作為重要評價依據。其中市場銷售部作為主要的銷售單位，應將其銷售業績及其成長性作為考核指標，其他責任中心則應考核各責任中心的工作績效、成本控制水準。此外預算編製的準確性也將作為各責任中心的考核指標之一，這樣一方面能使預算編製的方法得到真正改善，另一方面可以有效防止責任中心為追求較高的業績而低估收入、高估成本的現象。各責任中心應將本中心的考核指標進一步分解到小組或責任人，這些具體的指標包括相對指標與絕對指標、定性指標與定量指標。

確定預算的考核指標，要充分考慮預算的總體目標。隨著公司全面預算管理的深入及預算指標的細化，公司發展的整體目標逐漸具體化，總戰略意圖轉變為可操作、可考核的預算指標。但是值得注意的是，在這個過程中，總目標依舊是預算的最終目標，因此不能被具體目標淹沒，更不能讓局部目標的實現危害整體目標。比如若以單一的成本指標考核生產資源部，就有可能出現服務質量下降的問題，並會因此影響公司的形象和銷售收入，這顯然是與公司的總體目標相背離的。因此在考核生產資源部時一方面要求其節約成本，另一方面又要結合其他考核指標如服務質量等進行綜合考核，才能實現公司總體目標。

2. 考核的週期

公司根據其生產營運特點，按月度進行預算考核，年度總體評定。

3. 考核的依據

考核的依據是預算差異分析的結果。通過差異分析，可以剔除非可控因素的影響，找出與工作績效相關的差異因素，從而使考核趨於公平。

4. 預算考核的意義

為了體現預算管理的權威性，必須對預算執行的結果進行評價；如果沒有以預算為基礎的考核，預算就會流於形式、失去控制力。預算考核的形式往往是獎懲，但對於公司這樣飛速發展且初次進行預算管理的企業而言，考核的目的更重要的是

143

總結經驗，發現問題，不斷改進，以便把將來的事情做得更好。

考核對比以預算為基礎，而不是以上年同期的業績為基礎，因而具有其優越性。以上年同期的業績為基礎進行考核評價，雖然可以瞭解各指標項目的歷史漸進過程，累積歷史資料，但其明顯弊端在於「鞭打快牛」。公司的市場部每年定收入指標時均要適當留有餘地，其原因就在於今年高了明年還要高，而市場競爭越來越激烈，雖然隨著公司運力的增加，規模擴大，收入可能逐年呈上升趨勢，但不可能以同一比例增長，故其市場部經理在制定銷售指標時有所顧慮。另外市場和公司自身資源近兩年變化均很快，故上年與今年的絕對數值不具備可比性，反而會出現誤導。以預算為基礎考核，而不是以上年實際數為基礎，可以很大程度上解決上述問題，因為預算是根據今年的實際情況預測編製而成的，充分考慮了預算期企業內部可能出現的特殊情況，因而與實際情況有良好的可比性。但是以預算期作為評價基礎，對預算的科學性也提出了較高要求，而且差異分析是關鍵。如果差異分析認為預算差異是由預算編製的不準確性造成的，則應改進編製方法，提高其準確性；如果差異分析結果說明差異是由預算執行方面的原因造成的，則應該尋找改進執行的途徑。

本章小結

全面預算管理是指將企業制定的發展戰略目標層層分解、下達給企業內部各個經濟單位，通過一系列的預算、控制、協調、考核而建立的一套完整的、科學的數據處理系統。它具有全員、全額、全程的特徵，具有確立目標、整合資源、溝通信息、評價業績四項基本功能，發揮有助於現代企業制度的建立、有助於企業戰略管理的實施、有助於現代財務管理方式的實現、有助於強化內部控制和提高管理效率、有助於企業集團資源的整合五個方面的作用，從預算涉及的內容分為損益預算、現金流量預算、資本預算和其他預算四個類別，從預算管理功能分為經營預算和管理預算兩個層次；常用的全面預算編製方法有固定預算、彈性預算、零基預算、滾動預算、概率預算和增量預算六種，預算編製方式有自上而下式、自下而上式和上下結合式三種。編製模式有以銷售為核心的預算管理模式、以目標利潤為核心的預算管理模式、以現金流量為核心的預算管理模式、以成本為核心的預算管理模式四種。全面預算管理包括預算編製、預算執行、預算控制、預算調整和預算考評五個基本環節。

第六章　企業全面預算管理

綜合練習

一、單項選擇題

1. 企業經營業務預算的基礎是（　　）。
   A. 生產預算　　B. 現金預算　　C. 銷售預算　　D. 成本預算
2. 下列預算中屬於專門決策預算的是（　　）。
   A. 財務預算　　B. 現金預算　　C. 支付股利預算　D. 成本預算
3. 預算在執行過程中自動延伸，使預算期永遠保持在一年的預算成為（　　）。
   A. 零基預算　　B. 滾動預算　　C. 彈性預算　　D. 概率預算
4. 為了克服固定預算的缺陷，可採用的方法是（　　）。
   A. 零基預算　　B. 滾動預算　　C. 彈性預算　　D. 增量預算
5. 為區別傳統的增量預算可採用的方法是（　　）。
   A. 零基預算　　B. 滾動預算　　C. 彈性預算　　D. 概率預算
6. 下列哪一個不是實施預算管理的好處？（　　）。
   A. 加強了企業活動的協調　　　　B. 更精確的對外財務報表
   C. 更好地激勵經理們　　　　　　D. 改善部門間的交流

二、多項選擇題

1. 全面預算管理的基本功能包括（　　）。
   A. 確立目標　　B. 整合資源　　C. 溝通信息　　D. 評價業績
2. 從預算管理的功能分類，預算可以分為（　　）。
   A. 經營預算　　B. 損益預算　　C. 資本預算　　D. 管理預算
3. 根據不同責任中心的控制範圍和責任對象的特點，可將責任中心分為（　　）。
   A. 成本中心　　B. 收入中心　　C. 利潤中心　　D. 投資中心
4. 全面預算的編製方法包括（　　）等主要方法。
   A. 固定預算　　B. 零基預算　　C. 彈性預算　　D. 滾動預算
5. 常見的全面預算編製模式有（　　）。
   A. 以銷售為核心的預算管理模式　　B. 以目標利潤為核心的預算管理模式
   C. 以成本為核心的預算管理模式　　D. 以現金流量為核心的預算管理模式
6. 預算的主要控制方式可分為（　　）。
   A. 管理控制　　B. 收入控制　　C. 作業控制　　D. 支出控制
7. 預算控制的基本要素包括（　　）。
   A. 訂立標準　　B. 成本監測　　C. 衡量績效　　D. 糾正差異
8. 預算考評過程是對預算執行效果的認可過程，預算考評應遵循以下基本原則（　　）。

A. 目標原則　　B. 激勵原則　　C. 時效原則　　D. 例外原則

9. 預算的作用有（　　　）。

A. 計劃　　B. 控制　　C. 評價　　D. 激勵

三、判斷題

1. 預算按其是否可根據業務量調整，可分為固定預算和彈性預算。（　　）
2. 零基預算是根據上期的實際支出，考慮本期可能發生的變化編製的預算。

（　　）

3. 全面預算是由一系列相互聯繫的預算構成的一個有機整體，由經營業務預算、財務預算和固定預算組成。（　　）
4. 銷售預算、生產預算等其他預算的編製，要以現金預算為基礎。（　　）
5. 銷售預算是整個預算的基礎。（　　）
6. 固定預算又稱靜態預算，是指根據預算期內正常的可能實現的某一業務活動水準而編製的預算。（　　）
7. 概率預算可為企業不同的經濟指標水準或同一經濟指標的不同業務量水準計算出相應的預算額。（　　）
8. 現金流量預算綜合了所有預算活動對現金的預計影響，它反應了預算期內的所有現金流入和流出狀況。（　　）

四、簡答題

1. 實行滾動預算的意義何在？
2. 簡述企業實行全面預算的意義。

五、實踐練習題

實踐練習 1

目的：練習彈性預算的編製

資料：

某企業按照 8,000 直接人工小時編製的預算資料如表 6-15 所示：

表 6-15

變動成本	金額	固定成本	金額
直接材料	6,000	間接人工	11,700
直接人工	8,400	折舊	2,900
電力及照明	4,800	保險費	1,450
合計	19,200	電力及照明	1,075
		其他	875
		合計	18,000

146

第六章　企業全面預算管理

要求：按公式法編製 9,000、10,000、11,000 直接人工小時的彈性預算。（該企業的正常生產能力為 10,000 直接人工小時，假定直接人工小時超過正常生產能力時，固定成本將增加 6%）

實踐練習 2

目的：練習零基預算的編製

資料：

某公司採用零基預算法編製下年度的銷售及管理費用預算。該企業預算期間需要開支的銷售及管理費用項目及數額如表 6-16 所示：

表 6-16

項目	金額
產品包裝費	12,000
廣告宣傳費	8,000
管理推銷人員培訓費	7,000
差旅費	2,000
辦公費	3,000
合計	32,000

公司預算委員會審核後，認為上述五項費用中產品包裝費、差旅費和辦公費屬於必不可少的開支項目，保證全額開支。其餘兩項開支根據公司有關歷史資料進行成本-效益分析。其結果為：

廣告宣傳費的成本與效益之比為 1：15；

管理推銷人員培訓費的成本與效益之比為 1：25。

假定該公司在預算期上述銷售及管理費用的總預算額為 29,000 元，要求編製銷售以及管理費用的零基預算。

第七章 成本控制

學習目標

掌握：標準成本的制定、標準成本差異的分析
熟悉：標準成本的制定及質量成本控制應用
瞭解：成本控制的概念、原則和程序

關鍵術語

成本控制；標準成本；標準成本控制；數量差異；價格差異；兩因素差異分析法；三因素差異分析法；質量成本；質量成本控制；質量成本管理

第一節 成本控制概述

一、成本控制的概念

成本控制是指運用成本會計方法，對企業經營活動進行規劃和管理，將成本規劃與實際相比較，以衡量業績，並按照例外管理的原則，消除或糾正差異，提高工作效率，不斷降低成本，實現成本目標的一系列成本管理活動。

成本控制有廣義和狹義之分。廣義的成本控制，包括事前控制、事中控制和事後控制。事前控制又稱為前饋控制，是在產品投產之前就進行產品成本的規劃，通過成本決策，選擇最佳方案，確定未來目標成本，編製成本預算實行的成本控制。

第七章 成本控制

事中控制也稱過程控制，是在成本發生的過程中進行的成本控制，它要求成本的發生按目標成本的要求來進行。但實際上，成本在發生過程中往往與目標成本不一致，會產生差異，因此就需要將超支或節約的差異反饋給有關部門，及時糾正或鞏固成績。事後控制就是將已發生的成本差異進行匯總、分配，計算實際成本，並與目標成本相比較，分析產生差異的原因，以利於在今後的生產過程中加以糾正。狹義的成本控制是指在產品的生產過程中進行成本控制，是成本的過程控制，不包括事前和事後控制。在現代成本管理中，往往採用廣義的成本控制概念，與傳統的事後成本控制是截然不同的，這是現代化生產的必然要求。

成本控制的內容較為寬泛，包括目標成本控制、標準成本控制、質量成本控制、作業成本控制、責任成本控制等。這裡主要介紹較具代表性的標準成本控制和質量成本控制。

二、成本控制的原則

成本控制是成本管理的重要組成部分，必須遵循相應的成本控制原則。成本控制原則主要有以下幾點：

1. 全面控制原則

全面控制原則是指成本控制的全員、全過程和全部控制。所謂全員控制是指成本控制不僅僅是財會人員和成本管理人員的事，還需要高層管理人員、生產技術人員及基層人員等全體員工積極參與，才能有效地進行。企業必須充分調動每個部門和每個職工控制成本、關心成本的積極性和主動性，加強職工的成本意識，做到上下結合，人人都有成本控制指標任務，建立成本否決制，這是實現全面成本控制的關鍵。全過程控制要求以產品壽命週期成本形成的全過程為控制領域，從產品的設計階段開始，包括試製、生產、銷售直至產品售後的所有階段都應當進行成本控制。全部控制是指對產品生產的全部費用進行控制，不僅要控制變動成本，還要控制產品生產的固定成本。

2. 例外控制原則

貫徹這一原則，是指在日常實施全面控制的同時，有選擇地分配人力、物力和財力，抓住那些重要的、不正常的、不符合常規的關鍵性成本差異（即例外）。成本控制要將注意力放在成本差異上，分析差異產生的異常情況。實際發生的成本與預算或目標會產生出入；出入不大，不必過分關注，要將注意力集中在異乎尋常的差異上。這樣，在成本控制過程中，既可抓住主要問題，又可大大降低成本控制的耗費，使目標成本的實現有更可靠的保證。

在實務中，確定「例外」的標準通常可考慮如下三項標誌：

（1）重要性。這是指根據實際成本偏離目標成本差異金額的大小來確定是否屬於重大差異。一般而言，只有金額大的差異，才能作為「例外」加以關注。這個金

額的大小通常以成本差異占標準或預算的百分比來表示，如有的企業將差異率在10%以上的差異作為例外處理。

（2）一貫性。如果有些成本差異雖未達到重要性標準，但卻一直在控制線的上下限附近徘徊，則也應引起成本管理人員的足夠重視。因為這種情況可能是由原標準已過時失效或成本控制不嚴造成的。西方國家有些企業規定，任何一項差異持續一星期超過50元，或持續三星期超過30元，均視為例外。

（3）特殊性。凡對企業的長期獲利能力有重要影響的特殊成本項目，即使其差異沒達到重要性標準，也應視為例外，查明原因。

3. 經濟效益原則

成本控制的目的是降低成本，提高經濟效益。提高經濟效益，並不是一定要降低成本的絕對數，更為重要的是實現相對的成本節約，取得最佳經濟效益，以一定的消耗取得更多的成果。同時，成本控制制度的實施，也要符合經濟效益原則。

三、成本控制的程序

1. 制定成本標準

成本標準是用以評價和判斷成本控制工作完成效果和效率的尺度。在成本控制過程中，必須事先制定一種準繩，用以衡量實際的成本水準；沒有這種準繩，也就沒有成本控制。標準成本控制中的標準成本、目標成本控制中的目標成本以及定額成本控制中的成本定額都是這樣的成本標準。在實際工作中，成本控制的標準應根據成本形成的階段和內容的不同具體確定。成本標準不宜定得過高，也不宜過低，過高或過低的成本標準都難以體現成本控制的價值。

2. 分解落實成本標準，具體控制成本形成過程

將成本標準層層分解，具體落實到崗位、班組和個人身上，結合責權利，充分調動全體員工成本控制的積極性和創造性，控制成本的形成過程。成本形成過程的控制主要包括以下幾個方面：

（1）設計成本的控制。產品成本水準的高低主要取決於產品設計階段，也是成本控制的源頭。就像水庫的水閘，它對以後的水量大小起決定性作用。設計得先進合理，就可以生產出優質、優價、低成本的產品，給企業帶來良好的經濟效益。產品設計成本控制包括新產品的研製和原有產品的改進兩方面的成本控制。產品的設計階段不僅可以控制產品投產後的生產成本，也可以控制產品用戶的使用成本，在市場競爭激烈的今天，這一點尤其重要。確立成本優勢，就是要在成本水準一定的情況下提高客戶的使用價值，或成本水準提高不大，但客戶的使用價值能大幅度地提高。要做到這一點，設計階段的成本控制是關鍵。因此，必須從全局出發，研究產品生產成本與使用成本之間的關係，比較各設計方案的經濟效果，做出適當的決策。

（2）生產成本控制。它是一個通過對產品生產過程中的物流控制來控制價值形

第七章 成本控制

成的過程，包括對供應過程中的原材料採購和儲備的控制、生產過程中的原材料耗用控制及各項生產費用的控制。這是一個動態的控制過程，必須不斷地對照成本標準，對成本的實際發生過程進行控制。

（3）費用預算控制。產品製造費用的控制，主要通過預算控制來進行，使成本的發生處於預算監督之下。

3. 揭示成本差異

利用成本標準、預算與實際發生的費用相比較計算成本差異，是成本控制的中心環節。通過揭示差異，發現實際成本與成本標準或預算是否相符，是節約還是超支。如果實際成本高於成本標準或預算，就存在不利差異，就要分析差異產生的原因，採取相應措施，控制成本的形成過程。為了便於比較，揭示成本差異時所收集的成本資料的口徑應與成本標準的制定口徑一致，避免出現兩者不可比的現象。

4. 進行考核評價

通過對成本責任部門的考核與評價，獎優罰劣，促進成本責任部門不斷改進工作，實現降低成本的目標。同時，通過考核評價，發現目前成本控制中存在的問題，改進現行成本控制制度及措施，以便有效地進行成本控制。

第二節 標準成本控制

一、標準成本的概念和特點

標準成本起源於泰羅的「科學管理學說」，經過不斷演進，已成為控制成本的有效工具。標準，即為一定條件下衡量和評價某項活動或事物的尺度。所謂標準成本，是指按照成本項目反應的、在已經達到的生產技術水準和有效經營管理條件下，應當發生的單位產品成本目標。它有理想標準成本、正常標準成本和現實標準成本三種類型。

理想標準成本是企業的經營管理水準、生產設備狀況、職工技術水準等條件都處於最佳狀態，停工損失、廢品損失、機器維修保養、工人休息停工時間等都不存在時的最低成本水準。由於這種成本的要求過高，只是一種純粹的理論觀念，即使企業全體員工共同努力，常常也無法達到，因此不宜作為現行標準成本。

正常標準成本是根據過去一段時期實際成本的平均值，剔除其中生產經營活動中的異常因素，並考慮未來的變動趨勢而制定的標準成本。這種標準成本把未來看作歷史的延伸，是一種經過努力可以達到的成本，企業可以此為現行成本，但它的應用有局限性，企業只有在國內外經濟形勢穩定、生產發展比較平穩的情況下才能使用。

現實標準成本是根據企業最可能發生的生產要素耗用量、生產要素價格和生產經營能力利用程度而制定的。由於這種標準包含企業一時還不能避免的某些不應有

151

的低效、失誤和超量消耗，因此它是經過努力可以達到的既先進又合理、又切實可行且接近實際的成本。

標準成本控制的核心是按標準成本記錄和反應產品成本的形成過程與結果，並借以實現對成本的控制。其特點是：①標準成本帳戶只計算各種產品的標準成本，不計算各種產品的實際成本。「生產成本」「產成品」「自制半成品」等成本帳戶均按標準成本入帳。②實際成本與標準成本之間的各種差異分別記入各成本差異帳戶，並根據它們對日常成本進行控制和考核。③標準成本控制可以與變動成本法相結合，達到成本管理和控制的目的。

二、標準成本控制的程序

（1）正確制定成本標準；
（2）揭示實際消耗量與標準耗用量的差異；
（3）累積實際成本資料，並計算實際成本；
（4）比較實際成本與標準成本的差異，分析成本差異產生的原因；
（5）根據差異產生的原因，採取有效措施，在生產經營過程中進行調整，消除不利差異。

三、標準成本的制定

（一）標準成本的制定方法

制定標準成本有多種方法，最常見的有：

1. 工程技術測算法

它是根據一個企業現有的機器設備、生產技術狀況，對產品生產過程中的投入產出比例進行估計而計算出來的標準成本。

2. 歷史成本推算法

它是將過去發生的歷史成本數據作為未來產品生產的標準成本，一般以企業過去若干期的原材料、人工等費用的實際發生額計算平均數，要求較高的企業往往以歷史最好的成本水準來測算。

以上兩種方法，各有優缺點。歷史成本測算法省時省力，又易於做到，但它不能適應變化的市場要求。

（二）標準成本的一般公式

產品的標準成本，根據完全成本法的成本構成項目，主要由直接材料、直接人工和製造費用三個項目組成。無論是哪一個成本項目，在制定其標準成本時，都需要分別確定其價格標準和用量標準，兩者相乘即為每一成本項目的標準成本，然後匯總各個成本項目的標準成本，就可以得出單位產品的標準成本。其計算公式如下：

某成本項目標準成本 = 該成本項目的標準用量 × 該成本項目的標準價格

第七章　成本控制

單位產品標準成本＝直接材料標準成本＋直接人工標準成本＋製造費用標準成本

（三）標準成本各項目的制定

1. 直接材料標準成本的制定

直接材料標準成本是由直接材料耗用量標準和直接材料價格標準兩個因素決定的。直接材料耗用量標準是指企業在現有生產技術條件下，生產單位產品應當耗用的原料及主要材料數量，通常也稱為材料消耗定額，一般包括構成產品實體應耗用的材料數量、生產中的必要消耗以及不可避免的廢品損失中的消耗等。

材料標準耗用量應根據企業產品的設計、生產和工藝的現狀，結合企業的經營管理水準的情況和成本降低任務的要求，考慮材料在使用過程中發生的必要損耗（如切削、邊角餘料等），並按照產品的零部件來制定各種原料及主要材料的消耗定額。材料消耗標準一般應由生產技術部門制定提供，定額制度健全的企業，也可以依據材料消耗定額來制定。

材料標準價格是指以訂貨合同中的合同價格為基礎，考慮未來各種變動因素，所確定的購買材料應當支付的價格，即標準單價。材料標準價格一般包括材料買價、運雜費、檢驗費和正常損耗等成本，它是企業編製的計劃價格，通常由財務部門和採購部門共同協商制定。

確定了直接材料標準耗用量和標準價格後，將各種原材料標準耗用量乘以標準單價，就得到直接材料標準成本。其計算公式如下：

單位產品直接材料成本＝$\sum$（各種材料標準用量×各種材料標準價格）

2. 直接人工標準成本的制定

直接人工標準成本是由直接人工工時耗用量標準和直接人工價格標準兩個因素決定的。人工工時耗用量標準即直接生產工人生產單位產品所需的標準工時，也稱工時消耗定額，是指在企業現有的生產技術條件下，生產單位產品所需的工作時間，包括對產品的直接加工工時、必要的間歇和停工工時以及不可避免的廢品耗用工時等。人工工時耗用量標準通常需由生產技術部門和人力資源部門根據技術測定和統計調查資料來確定。直接人工價格標準是每一標準工時應分配的標準薪酬，即標準薪酬率，以職工薪酬標準來確定。確定了標準工時和薪酬率後，用下列公式計算單位產品直接人工標準成本：

單位產品直接人工標準成本＝人工標準工時×標準薪酬率

3. 製造費用標準成本的制定

由於製造費用無法追溯到具體的產品品種上，包括固定性製造費用和變動性製造費用，因此，不能按產品制定消耗額。通常以責任部門為單位，按固定費用和變動費用編製預算。製造費用的標準成本是由製造費用的標準價格和製造費用的標準用量決定的，製造費用價格標準即製造費用標準分配率，製造費用用量標準即工時用量標準。具體計算公式如下：

管理會計

單位產品製造費用標準成本＝製造費用標準用量×製造費用標準分配率
製造費用標準分配率＝變動製造費用標準分配率＋固定製造費用標準分配率
變動製造費用標準分配率＝變動製造費用預算÷預算產量的標準工時
固定製造費用標準分配率＝固定製造費用預算÷預算產量的標準工時

4. 制定標準成本舉例

【例 7-1】假定甲企業 20×3 年 A 產品預計消耗直接材料、直接人工、製造費用資料以及 A 產品標準成本計算如表 7-1 所示。

表 7-1　　　　　　　　　　　產品標準成本計算表

產品：A 產品　　　　　　　　20×3 年×月×日　　　　　　　　單位：元

<table>
<tr><td rowspan="3">直接材料</td><td>原料號碼</td><td>單位</td><td>數量</td><td>標準單價</td><td colspan="2">部門</td><td rowspan="2">合計</td><td rowspan="3">直接人工</td><td>操作號碼</td><td>標準時數</td><td>標準工資率</td><td colspan="2">部門</td><td rowspan="2">合計</td></tr>
<tr><td></td><td></td><td></td><td></td><td>1</td><td>2</td><td>1</td><td>2</td></tr>
<tr><td>1-6</td><td>kg</td><td>5</td><td>10</td><td>50</td><td></td><td>50</td><td>1-3</td><td>2</td><td>5</td><td>10</td><td></td><td>10</td></tr>
<tr><td colspan="3"></td><td>3-5</td><td>kg</td><td>10</td><td>7</td><td></td><td>70</td><td>70</td><td>2-4</td><td>5</td><td>4</td><td></td><td>20</td><td>20</td></tr>
<tr><td colspan="3"></td><td>4-7</td><td>kg</td><td>6</td><td>10</td><td></td><td>60</td><td>60</td><td>3-5</td><td>6</td><td>3</td><td></td><td>18</td><td>18</td></tr>
<tr><td colspan="5">直接材料成本合計</td><td>50</td><td>130</td><td>180</td><td colspan="4">直接人工成本合計</td><td>10</td><td>38</td><td>48</td></tr>
<tr><td rowspan="4">變動制造費用</td><td colspan="2">標準時數</td><td colspan="2">標準分配率</td><td colspan="2">部門</td><td rowspan="2">合計</td><td rowspan="4">固定制造費用</td><td colspan="2">標準時數</td><td colspan="2">標準分配率</td><td colspan="2">部門</td><td rowspan="2">合計</td></tr>
<tr><td colspan="2"></td><td colspan="2"></td><td>1</td><td>2</td><td colspan="2"></td><td colspan="2"></td><td>1</td><td>2</td></tr>
<tr><td colspan="2">2</td><td colspan="2">3</td><td>6</td><td></td><td>6</td><td colspan="2">2</td><td colspan="2">2</td><td>4</td><td></td><td>4</td></tr>
<tr><td colspan="2">11</td><td colspan="2">4</td><td></td><td>44</td><td>44</td><td colspan="2">11</td><td colspan="2">3</td><td></td><td>33</td><td>33</td></tr>
<tr><td colspan="5">變動製造費用合計</td><td>6</td><td>44</td><td>50</td><td colspan="5">固定製造費用合計</td><td>4</td><td>33</td><td>37</td></tr>
<tr><td colspan="13">製造費用合計</td><td colspan="2">87</td></tr>
<tr><td colspan="13">產品標準成本合計</td><td colspan="2">315</td></tr>
</table>

四、成本差異的計算與分析

這裡的成本差異是指產品的實際成本與標準成本之間的差額。在生產經營過程中，實際發生的成本會高於或低於標準成本，它們間的差額就是成本差異，實際成本高於標準成本時的差額稱為不利差異，低於標準成本的差額稱為有利差異。實行標準成本控制就是要發揚有利差異，消除不利差異。但值得注意的是，有利差異對企業未必都是好事，不利差異也未必就是壞事，管理人員應進一步收集資料加以具體分析，以便得出恰當的結論。

標準成本包括直接材料標準成本、直接人工標準成本、變動製造費用標準成本、固定製造費用標準成本，與此相對應，成本差異也有直接材料成本差異、直接人工成本差異、變動製造費用成本差異、固定製造費用成本差異，每一個標準成本項目均可分解為用量標準和價格標準，成本差異也可分解為數量差異和價格差異，標準

第七章　成本控制

成本差異分析實際上就是運用因素分析法（又稱連環替換法）的分析原理和思路對成本差異進行分析，同時遵循該法中的因素替換原則和要求，故進行標準成本的差異計算與分析應結合因素分析法加以考慮。

對成本差異既分成本項目又分變動成本和固定成本，還分用量和價格因素等進行多方面、多角度的深入分析，其根本動因在於找出引起差異的具體原因，做到分清、落實部門和人員的責任，使成本控制真正得到落實。

成本差異的通用計算公式如圖 7-1 所示。

```
┌──────────────┐  ┌──────────────┐  ┌──────────────┐
│實際用量×實際價格│  │實際用量×標準價格│  │標準用量×標準價格│
└──────┬───────┘  └──────┬───────┘  └──────┬───────┘
       │    ┌─────────┐   │   ┌─────────┐  │
       └────┤ 價格差異 ├───┼───┤ 用量差異 ├──┘
            └────┬────┘   │   └────┬────┘
                 │  ┌─────────┐    │
                 └──┤ 差異總額 ├────┘
                    └─────────┘
```

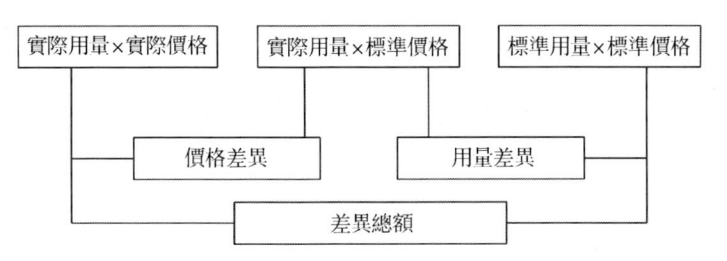

圖 7-1　成本差異的通用計算公式

（一）直接材料差異的計算與分析

直接材料成本差異是直接材料的實際成本與其標準成本之間的差額，包括用量差異和價格差異。由於直接材料的用量和價格指標是最接近人們一般理解中的用量和價格概念的，故比直接人工、製造費用的差異計算和分析更易於理解和接受。

直接材料的用量差異＝（實際用量×標準價格）－（標準用量×標準價格）

　　　　　　　　　＝（實際用量－標準用量）× 標準價格

　　　　　　　　　＝△用量 ×標準價格

導致直接材料用量差異的因素主要有設備故障、原材料質量不高、員工技術不熟練、產品質量標準變化、生產管理不力等等，這些差異主要在生產過程中發生，應由生產部門負責。當然，也存在生產部門不可控的因素，如採購部門為了降低採購成本，降低了原材料的質量，這就不是生產部門的責任，而應由採購部門負責。

導致直接材料價格差異的因素主要有採購批量、送貨方式、購貨折扣、材料品質、採購時間等。這些因素主要由採購部門控制，應該由採購部門負責。當然也存在例外情況，如生產中出現材料緊缺，必須緊急採購，價格就難以控制，造成採購成本提高，其責任又另當別論。

直接材料的價格差異＝（實際用量×實際價格）－（實際用量×標準價格）

　　　　　　　　　＝ 實際用量×（實際價格－標準價格）

　　　　　　　　　＝△價格 ×實際用量

【例 7-2】某企業 A 產品本月實際產量為 120 件，材料消耗標準用量為 10 千克，每千克標準價格為 50 元，實際材料耗用量為 1,100 千克，實際單價為 51 元。其實際材料標準成本差異計算如下：

直接材料的實際成本＝1,100×51＝56,100（元）

直接材料的標準成本＝120×10×50＝60,000（元）

直接材料成本差異＝56,100－60,000＝－3,900（元）

其中：

數量差異＝(1,100－120×10)×50＝－5,000（元）

價格差異＝(51－50)×1,100＝1,100（元）

驗證：－5,000＋1,100＝－3,900

上述計算結果說明：該企業材料數量差異為－5,000元，表明生產部門管理得力，或是生產技術水準提高等原因，節約了材料耗用量，降低了材料成本，為有利差異。價格差異為1,100元，這是市場價格的變化所帶來的不利差異，導致材料成本的上升。

（二）直接人工差異的計算與分析

直接人工差異的確定與直接材料大致相同，不同之處在於直接人工的用量指標是「工時」，而「工時」可以反應工作效率的高低，所以其用量差異也稱為人工效率差異；價格指標是「薪酬率」，所以其價格差異就是薪酬率差異。計算公式為：

直接人工效率差異(量差)＝(實際工時×標準薪酬率)－(標準工時×標準薪酬率)

＝(實際工時－標準工時)×標準薪酬率

＝△工時×標準薪酬率

直接人工薪酬率差異(價差)＝(實際工時×實際薪酬率)－(實際工時×標準薪酬率)

＝實際工時×(實際薪酬率－標準薪酬率)

＝△薪酬率×實際工時

薪酬率是聘用合同條款規定的，實際支付與預算額一般不會出現差異，但當企業的人力資源管理變動時，會導致薪酬率差異，如在生產經營中降級或升級使用員工、員工人數的增減、總體薪酬水準變動等情況發生時。

員工生產經驗不足、原材料質量不合格、設備運轉不正常、工作環境不佳等多種因素均會導致直接人工效率差異。通常情況下，效率差異由生產部門負責，但如果影響因素是生產部門的不可控因素，責任應由相關部門承擔。

【例7-3】某企業B產品直接人工成本差異如表7-2所示。

表7-2　　　　　　　　　直接人工成本差異計算表

項目	工時數（小時）	薪酬率（元/小時）	金額（元）
標準成本	5,200	11.8	61,360
實際成本	5,000	12.6	63,000
薪酬率差異	\multicolumn{3}{c}{(12.6－11.8)×5,000＝4,000}
效率差異	\multicolumn{3}{c}{(5,000－5,200)×11.80＝－2,360}
直接人工成本差異	\multicolumn{3}{c}{4,000＋(－2,360)＝1,640}

第七章　成本控制

（三）變動製造費用差異計算與分析

變動製造費用差異的確定與直接人工大致相同，用量指標也為「工時」，故用量差異也就是其效率差異；其價格指標是「製造費用分配率」，而費用分配率反應的是耗費水準的高低，故其價格差異也稱為耗費差異。

變動製造費用效率差異（量差）

＝(實際工時−標準工時)×變動製造費用標準分配率

＝△工時 × 標準分配率

變動製造費用耗費差異(價差)

＝(變動製造費用實際分配率−變動製造費用標準分配率)× 實際工時

＝△分配率 × 實際工時

變動製造費用耗費差異，可能是由實際價格與變動製造費用預算不一致造成的，也可能是由製造費用項目的過度使用或浪費造成的。

變動製造費用效率差異產生的原因與直接人工效率差異大致相同。

【例7-4】某產品變動製造費用實際發生額為 7,540 元，實際耗用直接工時 1,300 小時，產量 120,000 件，單位產品標準工時 0.01 小時，製造費用標準分配率 6 元/小時，變動製造費用差異計算如下：

變動製造費用標準成本＝0.01 × 120,000 × 6＝7,200（元）

變動製造費用成本差異＝7,540 − 7,200＝340（元）

其中：

耗費差異＝ 7,540 − 1,300 × 6 ＝ −260（元）

效率差異＝ 1,300 × 6−0.01 × 120,000 × 6 ＝ 600（元）

驗證：−260+600 ＝ 340（元）

（四）固定製造費用差異計算與分析

固定製造費用有兩種計算分析方法：一是兩因素差異分析法，一是三因素差異分析法。兩因素差異分析法將固定製造費用差異分為耗費差異和數量差異，這裡的數量差異又稱為能量差異，計算公式如下：

固定製造費用成本差異＝固定製造費用實際發生額−實際產量下標準固定製造費用

其中：

（1）耗費差異＝固定製造費用實際發生額−固定製造費用預算額

（2）能量差異＝固定製造費用預算額−實際產量下標準固定製造費用

　　　　　　＝(預算工時−實際產量下的標準工時)× 固定製造費用標準分配率

固定製造費用包括管理人員薪酬、保險費、廠房設備折舊、稅金等項目，這些項目在一定時期內不會隨產量水準的變化而變動，因此，一般來講，與預算成本差異不大。

如果企業出現固定製造費用數量差異，說明生產能力的利用程度與預算不一致，若生產能力超額利用，實際產量的標準工時會大於生產能量，形成有利差異；反之，

157

管理會計

則是生產能力沒有得到充分利用，造成生產能力的閒置。

【例 7-5】某年 A 產品固定製造費用預算成本為 30,000 元，預算直接人工 1,000 小時，單位產品標準工時是 0.01 小時，固定製造費用標準分配率是 30 元/小時，預算產量 100,000 件，實際產量 90,000 件，實際發生製造費用 28,700 元。要求用二因素法計算固定製造費用成本差異。

解：固定製造費用實際與標準的差異 = 28,700−90,000 × 0.01×30 = 1,700（元）

耗費差異 = 28,700−30,000 = −1,300（元）

能量差異 = 30,000−30 × 0.01 × 90,000 = 3,000（元）

或　　　（100,000×0.01−90,000 × 0.01）×30 = 3,000（元）

驗證：−1,300 + 3,000 = 1,700（元）

三因素分析法就是進一步將能量差異分為效率差異和生產能力利用差異，再加上前面的耗費差異就構成了三種影響因素，耗費差異的計算與前面完全一致，另外兩種差異的計算公式如下：

效率差異 =（實際工時−實際產量下標準工時）× 固定製造費用標準分配率

生產能力利用差異 =（預算工時−實際工時）× 固定製造費用標準分配率

注意：①預算工時是根據企業的生產能力水準確定的；②固定製造費用標準分配率亦稱為固定製造費用預算分配率，因為其確定的依據是固定製造費用的預算成本及預算產量下的標準工時。

實際工時脫離標準工時反應的是效率的快慢和高低，故這類差異稱為「效率差異」；預算工時與實際工時的不一致反應的是生產能力的利用程度，如實際工時低於預算工時說明生產能力存在閒置，尚未充分利用生產能力；如實際工時高於預算工時說明企業超負荷運轉，存在生產能力的透支使用，故這類差異稱為「生產能力利用差異」或「閒置能量利用差異」。「生產能力利用差異」無論是正數還是負數，即無論表現為節約還是超支均是不利差異，這與其他差異的性質有所不同，在進行差異分析時應予以關注。恰當的做法是盡量充分利用生產能力開展生產經營活動，才是企業持續發展的戰略選擇，超負荷進行生產，雖然短期內能帶來成本上的節約，表面上是成本發生的有利差異但無益於企業的長遠發展，這種飲鴆止渴的短期化行為在進行成本差異分析時是必須警惕的。

【例 7-6】接例 7-5，假設 A 產品實際所耗工時為 990 工時。要求用三因素法計算固定製造費用成本差異。

解：固定製造費用實際與標準的差異 = 28,700−90,000 × 0.01×30 = 1,700（元）

耗費差異 = 28,700−30,000 = −1,300（元）

效率差異 =（990−90,000 × 0.01）×30 = 2,700（元）

生產能力利用差異 =（1,000−990）×30 = 300（元）

總差異 = −1,300+2,700+300 = 1,700（元）

第七章　成本控制

第三節　質量成本控制

一、質量成本和質量成本控制的含義

（一）質量成本的概念

要明確質量成本的概念，首先應當明確什麼是質量。本節所述及的「質量」是指產品或服務能使消費者使用要求得到滿足的程度，主要包括設計質量和符合質量兩項內容。設計質量是指產品設計的性能、外觀等指標符合消費者需要和需求的程度。符合質量是指實際所生產的產品符合設計要求的程度。設計質量與符合質量體現了產品或勞務的性能和效果。二者是一個有機的統一整體。高質量的產品或服務不僅要在性能上滿足顧客的需求，還要在性能的實際效果上達到顧客的要求。一般來說，質量較高的產品或服務，其成本較高，相應的市場價格也較高。

質量成本是指企業為保持或提高產品質量所發生的各種費用和因產品質量未達到規定水準所產生的各種損失的總稱。質量成本是質量經濟性與成本特殊性相結合的一個新的成本範疇。一方面，質量經濟性要求質量與經濟相結合，質量與成本相結合，以避免質量「不經濟」的行為；另一方面，成本廣義化趨勢及其向質量領域延伸，構成成本應用的一個特殊領域。

（二）質量成本的種類

對質量成本進行分類，有多種劃分標準。目前理論界較為認同的有以下兩種：

（1）按質量成本的經濟性質劃分，可分為：①材料、燃料、動力、低耗品等材料成本要素，是質量管理過程中從事預防、鑒定、控制和提高產品質量所發生的各種材料、燃料、動力和低耗品等的耗費；②薪酬成本要素，是與產品質量活動有關人員的薪酬支出；③折舊成本要素，是提高產品質量專用機器、設備、儀器、儀表等固定資產折舊費和修理維護費用等；④其他質量成本要素，是以上沒有包括的其他質量成本要素。

（2）按質量成本的經濟用途劃分，可分為：①預防成本項目，是用於保證和提高產品質量，防止產生廢品和次品的各種預防性支出，包括質量計劃工作費用、產品評審費用、工序能力研究費用、質量審核費用、質量情報費用、人員培訓費用和質量獎勵費用等內容。②鑒定成本項目，是用於質量檢測活動發生的各種費用支出，包括原材料驗收檢測費、工序檢驗費、產品檢驗費、破壞性試驗的產品試驗費、檢驗設備的維護、保養費用及質量監督成本等內容。③內部損失成本項目，是產品出廠前，因質量未能達到規定標準而發生的損失，如報廢損失、返修損失、復檢損失、停工損失、事故分析處理費用、產品降級損失等。④外部損失成本項目，是產品出廠後，因質量未能達到規定標準而發生的損失，如索賠費用、退貨損失、保修費用、折價損失、訴訟費用及企業信譽損失等。

(三) 質量成本控制

質量成本控制是指企業根據預定的質量成本標準或目標，對質量成本形成過程中的一切耗費進行計算和審核，找出質量成本差異發生的原因，並不斷予以糾正的過程。企業主要通過質量成本報告對質量成本實行控制。

隨著經濟全球化的深入發展、高新技術的不斷湧現，消費者需求日益個性化，競爭環境日趨複雜，質量成本控制在企業的成本控制中的地位越來越重要，必須將它納入企業成本控制系統之中。

二、質量成本控制程序

要做好質量成本控制工作，必須建立完善的控制體系，它決定著質量成本控制的成效。質量成本控制體系是圍繞質量成本控制程序來設計的。在日常的質量成本控制工作中，控制程序有以下幾個步驟：

(1) 建立健全全面質量管理的組織體系，確立生產流程中的質量成本控制點，作為質量成本控制的責任中心。在責任中心中，嚴格區分可控成本和不可控成本，分清責任，強化管理。如，鑒定成本由質檢部門負責，對供應商的評估由採購部門負責，內部損失成本由生產部門負責，質量成本總額由質量管理部門負責。確定了質量成本責任中心，企業管理層才能將質量成本目標分解，進行控制和管理，並及時掌握質量成本的變化情況，採取有效措施。

(2) 確定各質量成本項目的控制指標和偏差範圍。成本控制總是以一定的基準為實際成本的對照物，這些基準就是各種不同的控制指標。進行質量成本控制，必須制定各質量成本項目允許的偏差範圍作為控制依據，按照「例外管理」原則控制。

(3) 實行全面質量成本控制，對產品的設計階段、生產階段、使用階段，實施整個生命週期的全過程控制。

三、最優質量成本觀

質量成本控制的目標是以最少的質量成本，生產出最優質的產品。最優產品所消耗的最低水準的成本，就是最優質量成本。它是評價質量成本控制績效的理想指標，但很難達到。對於最優質量成本，存在傳統觀和現代觀兩種不同的認識。

(一) 傳統最優質量成本觀

最優質量成本的傳統觀認為，控制成本（預防成本和鑒定成本）與故障成本（內部和外部損失成本）之間存在著一種此消彼長的關係，當控制成本增加，損失成本減少時，總質量成本水準也會隨之下降並將穩定在某一個平衡點上。此時的質量水準被認為是傳統觀可接受的質量水準。

任何一項產品的規格指標或質量指標都是一個區間範圍，不超過這個範圍就屬

第七章　成本控制

於合格產品，這就意味著企業允許不合格產品存在，並銷售給顧客。對於企業，產品出現允許範圍內的不合格，是可以接受的，但對於顧客，買到不合格產品，其權益卻是百分之百受到損害。因此，傳統質量觀具有明顯的局限性。

傳統觀允許而且鼓勵一定數量的次品生產。這種觀點一直盛行至 20 世紀 70 年代才受到零缺陷觀點的挑戰。80 年代中期，零缺陷模型向健全質量模型進一步推進，又一次向傳統觀發出挑戰。根據健全觀，生產與目標值有偏離的產品就會帶來損失，而且偏離越大損失也越大，因此，只有努力改進質量，才能形成節約的潛力。

（二）現代最優質量成本觀

最優質量成本的現代觀認為，預防成本和鑒定成本在增加到一定程度後，也可以降低，所以，隨著預防成本和鑒定成本的增加和損失成本的下降，質量成本總水準不僅會下降，而且會持續下降，並不像傳統觀所描述的停留在最優平衡點上。隨著全面質量管理卓有成效的實施和健全零缺陷狀態的實現，預防成本、鑒定成本等可控成本可以先增後減，內、外部損失成本有可能降至零，總質量成本亦可能繼續下降，而產品質量卻能不斷提高。

（三）兩種質量成本觀的區別

（1）在接近健全零缺陷狀態時，控制成本並非無限制地增加；

（2）隨著接近健全狀態，控制成本可能是先增後減；

（3）故障質量成本有可能降至零；

（4）傳統觀反應的是靜態的質量成本，而現代觀反應的則是動態的質量成本。

四、質量成本管理

現代質量成本觀念形成之前，企業主要根據傳統觀念進行質量成本管理，重視生產過程中的產品質量，忽視售後服務質量，因此在這些方面的耗費也沒有引起足夠的重視。對企業而言，產品質量標準由企業自己制定，忽視國際化質量標準的存在，在經濟全球化趨勢日益強化的今天，這必然會影響企業的生存與發展。

現代質量管理是全面的質量管理，強調從產品的整個生命週期來考慮，強調全員參與，形成一個既重生產質量又重服務質量的完整體系。其特點是：

（1）質量成本控制是從產品的設計和投產開始，貫穿產品的整個生命週期。

（2）質量成本控制的最終目標是「零缺陷」。

（3）從戰略的高度來權衡質量與成本的關係，兼顧企業的長遠利益和短期利益，確定成本的合理結構。

五、質量成本控制業績報告

為了全面反應質量成本管理的業績，必須將質量成本控制中的有關信息及時向管理層匯報，以便於管理層決策。這種信息的傳輸主要採用內部報告的形式。

管理會計

質量成本報告是衡量企業在某特定期間質量成本分佈情況的報表，是用來反應一個企業在質量改進項目上進展程度的書面文件。質量成本報告並沒有統一的格式，常隨著編製目的的不同而有多種不同的類型。

不論企業採用何種方式編製質量成本報告，其內容不外乎強調各成本要素的比例關係（如預防成本與鑒定成本占質量成本的比率），以及其衡量基礎（如質量成本占銷售收入或銷售成本的比率）。

企業質量成本報告一般有短期質量成本報告、多期趨勢質量成本報告和長期質量成本報告三種類型。

（一）短期質量成本報告

短期質量成本報告用來反應當期標準或目標的進展情況。每年，企業都必須制定短期質量標準，並據以制訂計劃，以達到該質量目標水準。期末，短期業績報告通過將當期的實際質量成本和預算質量成本進行比較，可以反應實際質量成本與預算質量成本之間的差距，從而找出短期質量改進的目標。參考格式如表 7-3 所示。

表 7-3　　　　　　　　　　　短期質量成本報告　　　　　　　　　單位：元

項目	實際成本	預算成本	差異
預防成本			
質量計劃			
質量培訓			
質量審核			
質量獎勵			
產品評審			
預防成本合計			
鑒定成本			
原材料檢驗			
產品驗收			
流程驗收			
破壞性試驗			
質量監督			
鑒定成本合計			
內部損失成本			
返修			
廢料			
復檢			
停工			
產品降級			
內部損失成本合計			

第七章　成本控制

表7-3(續)

項目	實際成本	預算成本	差異
外部損失成本			
索賠			
保修			
退貨			
折價			
外部損失成本合計			
質量成本合計			

(二) 多期趨勢質量成本報告

多期趨勢質量成本報告用來反應從質量改進項目實施起的進展情況。多期趨勢質量成本報告可以反應質量成本的總體變化，從而可以對質量項目的總體趨勢進行評估。

多期趨勢質量成本報告是將期內質量改進項目的進展程度以圖表的形式加以表達的報告。一般以橫坐標表示期數，以縱坐標表示相應時間內的銷售百分比，將多期質量成本占銷售的百分比描述在坐標圖上，即可反應質量改進項目的執行情況。

質量成本趨勢分析圖如圖 7-2、圖 7-3 所示。

圖 7-2　質量成本趨勢分析圖（一）

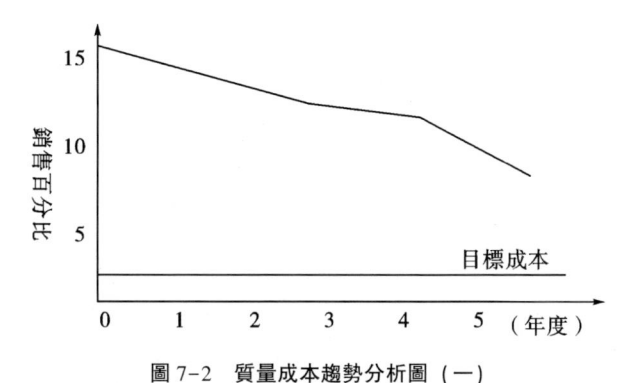

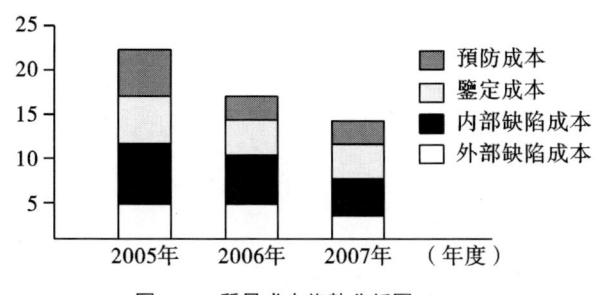

圖 7-3　質量成本趨勢分析圖（二）

163

(三) 長期質量成本報告

長期質量成本報告用來反應長期標準或目標的進展情況。在每期期末，長期質量成本報告通過將該期的實際質量成本與企業期望最終達到的目標質量成本進行比較，提醒管理者牢記最終的質量目標，反應質量改進的空間，便於編製下一期的計劃。

由於現代質量成本管理的目標是追求零缺陷，因而不應該存在缺陷成本。長期質量成本報告對當期的實際質量成本與達到零缺陷時允許的目標質量成本進行比較。如果目標成本選擇恰當，則目標成本都是增值成本，而實際成本與目標成本的差異是非增值成本。因此，長期質量成本報告只是增值成本與非增值成本之間的差異報告。參考格式如表 7-4 所示。

表 7-4　　　　　　　　　　　　長期質量成本報告　　　　　　　　　　單位：元

項目	實際成本	目標成本	差異
預防成本			
質量計劃			
質量培訓			
質量審核			
質量獎勵			
產品評審			
預防成本合計			
鑒定成本			
原材料檢驗			
產品驗收			
流程驗收			
破壞性試驗			
質量監督			
鑒定成本合計			
內部損失成本			
返修			
廢料			
復檢			
停工			
產品降級			
內部損失成本合計			
外部損失成本			
索賠			
保修			
退貨			
折價			
外部損失成本合計			
質量成本合計			

第七章　成本控制

本章小結

本章在介紹成本控制的概念、原則和程序的基礎上，著重闡述標準成本的制定及如何進行標準成本的差異分析，對成本差異既分成本項目又分變動成本和固定成本、還分用量和價格因素等進行多方面、多角度的深入分析；在瞭解質量成本和質量成本控制的含義及程序的基礎上，展開分析最優成本觀及質量成本管理和質量成本控制業績報告等。

綜合練習

一、單項選擇題

1. 在成本差異分析中，與變動製造費用效率差異類似正確的是（　　）。
   A. 直接人工效率差異　　　　　B. 直接材料用量差異
   C. 直接材料價格差異　　　　　D. 直接材料成本差異

2. 固定製造費用效率差異體現的是（　　）。
   A. 實際工時與標準工時之間的差異
   B. 實際工時與預算工時之間的差異
   C. 預算工時與標準工時之間的差異
   D. 實際分配率與標準分配率之間的差異

3. 在成本差異分析中，與變動製造費用耗費差異類似的是（　　）。
   A. 直接人工效率差異　　　　　B. 直接材料價格差異
   C. 直接材料成本差異　　　　　D. 直接人工價格差異

4. 如果直接人工實際工資率超過了標準工資率，但實際耗用工時低於標準工時，則直接人工的效率差異和工資率差異的性質是（　　）。
   A. 效率差異為有利；工資率差異為不利
   B. 效率差異為有利；工資率差異為有利
   C. 效率差異為不利；工資率差異為不利
   D. 效率差異為不利；工資率差異為有利

5. 某企業甲產品3月實際產量為100件，材料消耗標準為10千克，每千克標準價格為20元；實際材料消耗量為950千克，實際單價為25元。直接材料的數量差異為（　　）。
   A. 3,750元　　　B. 20,000元　　　C. -1,000元　　　D. 4,750元

6. 以下屬於核定預防成本內容的是（　　）。
   A. 責任的成本

管理會計

B. 維持客戶忠誠成本

C. 對產品和服務進行檢驗、測試和對許多數據進行審核的成本

D. 品質管理和經營成本

7. 關於品質改進，理解正確的是（　　）。

   A. 低頭解決問題

   B. 與資金無關

   C. 一定要圍繞整個公司的資金營運狀況

   D. 能讓現金流停滯

8. 以下項目中，不屬於質量成本管理中鑒定成本的是（　　）。

   A. 質量監督成本　　　　　　B. 破壞性試驗成本

   C. 流程驗收成本　　　　　　D. 產品評審成本

二、多項選擇題

1. 作為確定例外控制原則中的「例外」的標誌有（　　）。

   A. 重要性　　B. 一貫性　　C. 特殊性　　D. 全面性

2. 成本控制的原則可概括為三條，即（　　）。

   A. 全面控制原則　　　　　　B. 因地制宜原則

   C. 例外控制原則　　　　　　D. 經濟效益原則

3. 標準成本的類型有（　　）。

   A. 理想標準成本　　　　　　B. 正常標準成本

   C. 現實標準成本　　　　　　D. 基本標準成本

4. 材料用量差異產生的原因有（　　）。

   A. 設備故障　　　　　　　　B. 原材料質量不高

   C. 員工技術不熟練　　　　　D. 生產管理不力

5. 對最優質量成本的不同認識有（　　）。

   A. 傳統最優質量成本觀　　　B. 近代最優質量成本觀

   C. 現代最優質量成本觀　　　D. 當代最優質量成本觀

6. 成本形成過程的控制包括的主要方面有（　　）。

   A. 設計成本控制　　　　　　B. 生產成本控制

   C. 費用預算控制　　　　　　D. 質量成本控制

7. 對於實際工時脫離標準工時形成的成本差異，以下叫法正確的有（　　）。

   A. 效率差異　　B. 數量差異　　C. 價格差異　　D. 耗費差異

8. 在固定製造費用差異分析中，對於預算工時與實際工時不一致所引起的成本差異，以下說法正確的有（　　）。

   A. 反應的是生產能力的利用程度　　B. 可稱為「生產能力利用差異」

   C. 可稱為「閒置能量利用差異」　　D. 可稱為「能量差異」

第七章　成本控制

三、判斷題

1. 變動性製造費用的價格差異就是其耗費差異。　　　　　　　　（　）
2. 標準成本差異分析實際上就是運用因素分析法的分析原理和思路對成本差異進行的分析，同樣遵循因素分析法中的因素替換規則。　（　）
3. 直接材料用量差異的影響因素均為生產部門的可控因素。　　（　）
4. 直接人工的效率差異應該全部由生產部門負責。　　　　　　（　）
5. 質量成本一般包括設計質量和符合質量兩項內容。　　　　　（　）
6. 固定製造費用的能量差異也稱為閒置能量差異。　　　　　　（　）
7. 現代最優質量成本觀認為，故障質量成本有可能降至零。　　（　）
8. 質量成本控制的最終目標是「零缺陷」。　　　　　　　　　（　）
9. 預防成本包括質量培訓、產品評審、產品驗收、流程驗收等環節發生的成本。
　　　　　　　　　　　　　　　　　　　　　　　　　　　　　　（　）
10. 最優質量成本就是最優產品所消耗的最低水準成本。　　　　（　）

四、實踐練習題

實踐練習 1

某企業生產產品需要一種材料，有關資料如表 7-5 所示：

表 7-5

材料名稱	A 材料
實際用量	1,000 千克
標準用量	1,100 千克
實際價格	50 元/千克
標準價格	45 元/千克

要求：計算這種材料的成本差異，並分析差異產生的原因。

實踐練習 2

某企業本月固定製造費用的有關資料如下：

生產能力　　　　　　　2,500 小時
實際耗用工時　　　　　3,500 小時
實際產量的標準工時　　3,200 小時
固定製造費用的實際數　8,960 元
固定製造費用的預算數　8,000 元

要求：

(1) 根據所給資料，計算固定製造費用的成本差異；
(2) 採用三因素分析法，計算固定製造費用的各種差異。

管理會計

實踐練習 3

某企業月固定製造費用預算總額為 100,000 元，固定製造費用標準分配率為 10 元/小時，本月固定製造費用實際發生額為 88,000 元，生產 A 產品 4,000 個，其單位產品標準工時為 2 小時/個，實際耗用工時 7,400 小時。

要求：用兩差異分析法和三差異分析法分別進行固定製造費用的差異分析。

實踐練習 4

某企業生產產品需要兩種材料，有關資料如表 7-6 所示：

表 7-6

材料名稱	甲材料	乙材料
實際用量	3,000 千克	2,000 千克
標準用量	3,200 千克	1,800 千克
實際價格	5 元/千克	10 元/千克
標準價格	4.5 元/千克	11 元/千克

要求：分別計算兩種材料的成本差異，分析差異產生的原因。

第八章 作業成本法與作業管理

學習目標

掌握：作業成本法的概念和原理、作業成本法與傳統成本核算方法的區別、作業成本法核算、作業管理

熟悉：作業成本法的應用、作業成本法的局限性

瞭解：作業成本法產生的背景、作業成本法的意義

關鍵術語

作業成本法；資源；作業；作業中心；成本動因；資源成本庫；作業成本庫

第一節 作業成本法概述

一、作業成本法的概念及產生背景

(一) 作業成本法的概念

作業成本法（Activity Based Costing），簡稱 ABC 成本法，又稱為作業成本分析法、作業成本計算法、作業成本核算法等，是以「作業消耗資源，產品消耗作業」為基本原理，將企業消耗的資源按「資源動因」分配到作業，再將作業成本按「作業動因」分配給成本對象的成本計算方法。

作業成本法在成本界限確定及間接費用分配上有鮮明的特徵，具體表現如下：

管理會計

①並非所有製造費用都計入產品成本，只有該項耗費受到與產品有關的決策影響時才會計入產品成本。例如，生產單位如生產車間的保安人員完全不受生產產品或不生產產品的影響，則在作業成本法下，車間保安人員的薪酬不允許計入產品成本。②非製造費用可以計入產品成本。很多非製造費用同樣是生產、銷售、分銷和服務特殊產品的一部分成本，例如支付給銷售人員的佣金、裝運費和保修費很容易追溯至單個產品，在作業成本法下可以計入產品成本。③間接費用（包括製造費用和部分非製造費用）按動因不同進行兩次歸集和分配。作業耗費的資源按資源動因的不同形成資源成本庫，然後按資源動因不同分配給不同的作業進而形成作業成本庫，最後作業成本庫再按作業動因分配給不同的產品和服務最終形成產品及勞務的成本。

（二）作業成本法產生的背景

在20世紀後期，現代管理會計出現了許多重大變革，並取得了引人注目的新進展。這些新進展都是圍繞管理會計如何為企業塑造核心競爭能力而展開的。以「作業」為核心的作業成本法便是其中之一。科學技術和社會經濟環境發生的重大變化，必然會影響企業成本核算方法。

1. 技術背景和社會背景

20世紀70年代以來，高新技術和電子信息技術蓬勃發展，全球競爭壓力日趨激烈。為提高生產率、降低成本、改善產品質量，企業的產品設計與製造工程師開始採用計算機輔助設計、輔助製造，最終發展為依託計算機的一體化製造系統，實現了生產領域的高度計算機化和自動化。隨後，計算機的應用延伸到了企業經營的各個方面，從訂貨開始，到設計、製造、銷售等環節，均由計算機控制，企業成為受計算機控制的各個子系統的綜合集合體。計算機化控制系統的建立，引發了管理觀念和管理技術的巨大變革，準時制生產系統應運而生。準時制生產系統的實施，使傳統成本計算與成本管理方法受到強烈的衝擊，並直接導致了作業成本法的形成和發展。

高新技術在生產領域的廣泛應用，極大地提高了勞動生產率，促進了社會經濟的發展，隨之，人們可支配收入增加，追求生活質量的要求也越來越高。人們不再熱衷於大眾型消費，轉而追求彰顯個性的差異化消費品。社會需求的變化，必然對企業提出新的、更高的要求。與此相適應，顧客生化生產-柔性製造系統取代追求「規模經濟」為目標的大批量傳統生產就成了歷史的必然。這樣，適應產品品種單一化、常規化、數量化和批量化的傳統成本計算賴以存在的社會環境就不存在了，變革傳統的成本管理方法已是大勢所趨。

2. 傳統成本計算方法的不適應性

傳統成本核算中，產品生產成本主要由直接材料、直接人工、製造費用構成，其中製造費用屬於間接費用，必須按一定標準將其分配計入有關產品。傳統成本計算方法通常以直接人工成本、直接人工工時、機器工時等作為製造費用的分配標準。這種方法在過去的製造環境下是比較適宜的。20世紀70年代以後，生產過程高度

第八章　作業成本法與作業管理

自動化,隨之,製造費用構成內容和金額發生了較大變化,與直接人工成本逐漸失去了相關性。隨著技術和社會環境的巨變,傳統成本核算方法逐漸顯現出固有的缺陷,變得越來越不合時宜了,主要體現在以下幾個方面:①製造費用激增,直接人工費用下降,成本信息可信性受到質疑;②與工時無關的費用增加,歪曲了成本信息;③簡單的分配標準導致成本轉移問題出現,成本信息失真。

正是在上述因素的綜合作用下,以作業為基礎的成本計算方法——作業成本法應運而生,並引起了人們的極大關注。

二、作業成本法的概念體系

作業成本法引入了許多新的概念,它們共同構成了作業成本法的概念體系。作業成本法的概念包括資源、作業、作業中心、成本對象、成本動因。

(一) 資源

資源（Resource）是指企業在生產經營過程中發生的成本、費用項目的來源。它是企業為生產產品,或者為了保證作業完整正常的執行所必須花費的代價。作業成本法下的資源是指為了產出產品而發生的費用支出,即資源就是指各項費用的總和。製造行業中典型的資源項目有原材料、輔助材料、燃料與動力費用、工資及福利費、折舊費、辦公費、修理費、運輸費等。在作業成本核算中,與某項作業直接相關的資源應該直接計入該項作業;但若某一資源支持多種作業,就應當使用成本動因將資源分配計入各項相應的作業中。在實際運用過程中,為了方便計算和統計,通常將具有相同或者類似性質的資源進行合併,從而劃分為不同的資源庫來計算。

(二) 作業

1. 作業的含義

作業（Activity）指相關的一系列任務的總稱,或指組織內為了某種目的而進行的消耗資源的活動。它代表了企業正在進行或已經完成的工作,是連接資源和成本核算對象的橋樑,是對成本進行分配和歸集的基礎,因而是作業成本法的核心。在現代企業中任何一項業務或產品,都是由若干的作業經過有序的結合而形成的產物,也就是相關作業通過連接進而形成一個完整的作業鏈,構建出一個業務或產品的價值鏈的過程,前一環節作業形成的價值轉移至下一環節的作業,前一環節作業為下一環節作業服務並進行增值,直至形成最後的業務或者產品。

2. 作業的分類

根據企業業務的層次和範圍,可將作業分為以下四類:單位水準作業、批別水準作業、產品水準作業和支持水準作業。

(1) 單位作業（Unit Activity）,是指使單位產品或顧客受益的作業。此種作業的成本一般與產品產量或銷量呈正比例變動,例如直接人工成本、直接材料成本等成本項目;如果產量增加一倍,則直接人工成本也會增加一倍。

(2) 批別作業（Batch Activity），是使一批產品受益的作業。批別作業的資源消耗往往與產品或勞務數量沒有直接關係，而是取決於產品的批數。這類作業的成本與產品的批數呈比例變動，而與每批的產量無關。如機器準備成本，生產批數愈多，機器準備成本就愈多，但與產量多少無關。該類作業常見的如設備調試作業、生產準備作業、批產品檢驗作業、訂單處理作業、原料處理作業等。

(3) 產品作業（Product Activity），是為準備各種產品的生產而從事的作業。這種作業的目的是服務於各項產品的生產與銷售，其成本與數量和批量無關，但與生產產品的品種數成比例變動，例如對一種產品進行工藝設計、編製材料清單、測試線路、為個別產品提供技術支持等作業，都是產品水準的作業。

(4) 過程作業（Process Activity），也稱支持水準作業，是為了支持和管理生產經營活動而進行的作業。支持水準作業是為維持企業正常生產而使所有產品都受益的作業，作業的成本與產量、批次、品種數無關，而取決於組織規模與結構，如工廠管理、生產協調、廠房維修作業等。一般可將管理作業進一步分為車間管理作業（或事業部管理作業）與企業一般管理作業兩個小類。

作業水準的分類能為作業成本信息的使用者和設計者提供幫助，因為作業水準與作業動因的選擇有著內在的關係。可以看出，傳統成本法只考慮了單位水準作業。一個企業往往有很多作業，如不採用有效的分類方法，很容易迷失在數據堆中。最常用的解決辦法是把多個相關作業歸入一個作業中心。

(三) 作業中心

作業中心（Activity Center）是一系列相互聯繫，能夠實現某種特定功能的作業集合。作業中心提供有關每項作業的成本信息、每項作業所消耗資源的信息以及作業執行情況的信息。作業中心的劃分遵循同質性原則，即性質相同的作業歸並在一個作業中心，同時應考慮作業中心應具備一定的規模、企業對成本核算準確性的要求等因素。如果企業的作業流程比較清晰，且一個部門中的作業大多為同質性作業，那麼可將企業中的每個部門作為一個作業中心。但考慮某些作業跨部門的特性，故還需單獨將這些同質性相關作業從各部門抽出，再根據作業中心劃分的原則與應考慮的因素，歸並形成有關新的作業中心。

通過把關聯或類似的一系列作業合併為一個合適的作業中心，把這些作業所消耗的資源歸集到這樣的作業中心去，可以大幅減少成本計算的工作量，同時也可以保證最終計算結果的準確性。把相關的一系列作業消耗的資源費用歸集到作業中心，就構成該作業中心的作業成本庫，作業成本庫是作業中心的貨幣表現形式。

(四) 成本對象

成本對象（Cost Objects）是企業需要進行計量成本的對象，是作業成本分配的終點和歸屬。成本對象通常是企業生產經營的產品，此外還有產品、服務、顧客等。把成本準確地分配到各個成本對象，是進行成本管理和控制的基礎。

第八章 作業成本法與作業管理

(五) 成本動因

成本動因(Cost Driver),又譯為作業成本驅動因素,是指引發成本的事項或作業,是引起成本發生變化的內在原因,是對作業的量化表現。如研究開發費用的支出與研究計劃的數量、研究計劃上所費的工時或者研究計劃的技術複雜性相關,那麼它們就是研究開發費用的成本動因。

成本動因是決定成本發生、資源消耗的真正原因,通常選擇作業活動耗用資源的計量標準來度量。出於可操作性考慮,成本動因必須能夠量化。可量化的成本動因包括生產準備次數、零部件數、不同的批量規模數、工程小時數等。

1. 成本動因的特徵

成本動因具有以下基本特徵:

(1) 隱蔽性。成本動因是隱蔽在成本之後的驅動因素,一般不易直接識別。這種隱蔽性的特性要求對成本行為進行深入的分析,才能把隱蔽在其後的驅動因素識別出來。

(2) 相關性。成本動因與引發成本發生和變動的價值活動高度相關,價值活動是引起資源耗費的直接原因,只有通過作業鏈分析其相關性,才能正確選擇成本動因。

(3) 適用性。成本動因寓於各種類型作業、各種資源流動和各類成本領域之中,它具有較強的適用性,它適用於分析各類作業、資源流動和成本領域的因果關係。

(4) 可計量性。成本動因是成本驅動因素,是分配和分析成本的基礎,一般易於量化。在作業成本法下,一切成本動因都可計量,因而可作為分配成本的標準。

2. 成本動因的分類

成本動因是引起成本發生的因素。成本動因可分為資源動因和作業動因。

(1) 資源動因。資源動因是作業消耗資源的方式和原因,反應了作業和作業中心對資源的消耗情況,是資源成本分配到作業和作業中心的標準和依據。資源動因聯繫著資源和作業,反應作業量與資源消耗的因果關係,它把總分類帳上的資源成本分配到作業。資源動因作為一種分配資源的標準,它反應了作業對資源的耗費情況,也是作業成本法第一步驟即資源分配至作業的核心和關鍵。

(2) 作業動因。作業動因是作業發生的原因,是將作業成本或作業中心的成本分配到產品、服務或顧客等成本對象的標準,它也是將資源消耗與最終產出相溝通的仲介。它計量各成本對象對作業的需求,反應成本對象與作業消耗的邏輯關係,並用來分配作業成本。通過分析作業動因與最終產出之間的聯繫,可以判斷出該作業是否對產品的增值起到了作用,如果該作業對產品的生產起到了不可替代或者決定性的作用,那麼該作業就是增值作業;反之,如果作業對在產品生產的過程中是可以被替代或者不必要的,那麼該作業則為非增值作業。

根據資源動因分配資源成本、根據作業動因分配作業成本的情況,如圖9-1所示。

管理會計

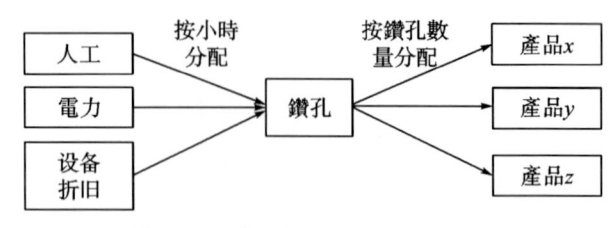

```
人工  ──按小時分配──┐
電力  ───────────→ 鑽孔 ──按鑽孔數量分配──→ 產品x
設備折舊 ─────────┘                     → 產品y
                                        → 產品z
```

圖 9-1　根據成本動因分配成本示意圖

　　成本動因改善了成本分攤方式,有利於更準確地計算成本,找到了成本動因也就找到了資源耗費的根本原因,因此有利於消除浪費,改進作業。

三、作業成本法與傳統成本計算法的區別

　　傳統成本核算方法產生於 20 世紀的工業革命時期,由於當時正值大規模的工業化生產改革進行中,企業如紡織、製造等企業以大批量連續生產為主,產品種類往往比較單一,需要大量的工人參與直接生產,企業的成本主要集中於生產材料和直接人工,傳統成本核算方法也正是基於此種生產經營方式而產生,它適用於產品結構簡單且有大量直接人工參與的勞動密集型企業。而隨著世界經濟和科技的發展,各種有別於傳統類型的企業逐漸誕生。作業成本法的理論也隨之在 20 世紀 80 年代誕生,它提出了企業生產過程中間接費用的分配方法,因此適用於生產過程中間接費用所占比重較大、生產經營活動種類繁多、產品結構複雜的技術密集型或資金密集型企業。

　　1. 基本原理不同

　　傳統成本核算方法的基本原理是企業所生產的產品按其消耗的時間或者產量線性地消耗所有成本費用,即計算的時候用生產總成本直接除以產品的總生產時間或者總產品數量來得到單位產品成本。因此,這樣的計算方式導致其中的間接費用與直接費用在計算上沒有直接的差別,也就是間接費用會按照與直接費用相同的比例平均分配到各產品的單位成本中。但在實際的生產過程中每一種產品並不一定都是按照同一標準消耗間接費用,每種產品的生產可能都有自己單獨的間接費用消耗數量和配比。

　　作業成本法的基本原理是「作業消耗資源、成本對象消耗作業」。它是在成本核算過程中加入作業的概念,通過作業作為連接資源和產品的橋樑,從消耗資源開始,以資源動因為標準將成本歸集到作業或作業中心,然後將作業中心按作業動因標準分配至各成本核算對象中,這樣使得成本費用根據不同的產品的消耗標準進行分攤,這樣的分配方式比傳統成本核算方法在成本結果的可靠性上有了很大進步。

　　2. 成本界限、範圍不同

　　傳統方法下所有的生產費用都最終計入產品成本,其分配原則是受益原則,為特定對象發生的對象化費用最終構成特定對象的成本;非生產費用如期間費用則與

第八章　作業成本法與作業管理

成本計算無關，不計入產品成本。

作業成本法下產品成本界限的標準則不同，其原則是「決策影響性及可追溯性」：①並非所有的製造費用都計入產品成本，只有該項耗費受到與產品有關的決策影響時才會計入產品成本。例如，生產單位如生產車間的保安人員完全不受生產產品或不生產產品的影響，則在作業成本法下，車間保安人員的薪酬不允許計入產品成本。②非製造費用可以計入產品成本。很多非製造費用同樣是生產、銷售、分銷和服務特殊產品的一部分成本，例如支付給銷售人員的佣金、裝運費和保修費很容易追溯至單個產品，在作業成本法下可以計入產品成本。

3. 間接成本的認識和處理方法不同

這是傳統成本核算方法和作業成本法最主要的不同之處。傳統成本核算方法中，產品的成本一般包括與生產產品直接相關的人工、材料等的費用，對於組織、管理生產等的間接費用也採用與直接成本相同的標準平均計入單位產品成本，沒有考慮不同產品對於間接費用耗用的不同，很容易造成成本的扭曲，嚴重影響成本信息的客觀真實性。作業成本法則強調間接費用的分配而不是簡易的分攤，雖然其核算過程相對複雜和繁瑣，但是能提供更加真實、準確的成本信息。

4. 成本信息結果存在差異

傳統成本核算方法由於沒有考慮實際生產中產品與成本的比例消耗問題，可能產生使人高度誤解的成本信息。作業成本法分配間接費用時著眼於費用、成本的來源，將間接費用的分配與產生這些費用的原因聯繫起來。在分配間接費用時，按照多樣化的分配和分攤標準，使最終得到成本信息的準確性大大提高，降低了企業對成本信息錯誤解讀的風險，為企業正確的管理決策提供數據支撐。

四、作業成本法的意義

從作業成本法產生的背景和對作業成本法基本特徵的分析中，我們可以看到作業成本對於企業經營管理的重要作用。

1. 作業成本計算可為適時生產和全面質量管理提供經濟依據

作業成本法支持作業管理，而作業管理的目標是盡可能地消除非增值作業和提高增值作業的效率。這就要求採用適時生產系統和全面質量管理。適時生產系統要求零庫存，消除與庫存有關的作業，減少庫存上的資源耗費。零庫存的基本條件是生產運行暢通無阻，不能有任何質量問題，因此需要進行全面質量管理。這樣作業成本計算、適時生產與全面質量管理三者同步進行，才能相輔相成，達到提高企業經濟效益的目的。

2. 作業成本法有利於完善企業的預算控制與業績評價

傳統的費用分配方式單一而直接，使得以標準成本和費用計劃為基礎的預算控制和業績評價缺乏客觀性，也使得相應的費用分析和業績報告缺乏可信性，因此削

弱了預算控制與業績評價的作用與效果。採用作業成本法可以依據作業成本信息為作業和產品制定合理的成本費用標準，可以從多種成本動因出發分析成本費用節約或超支的真實原因，結合多種成本動因的形成數量和責任中心的作業成本與效率評價責任中心的業績，可以為作業活動的改進和產品成本的降低提供思路和措施。

3. 作業成本法可以滿足戰略管理的需要

戰略管理的核心是使企業適應自身的經營條件與外部的經營環境，使企業具有競爭優勢，保持長久的生存和持續的發展。邁克爾·波特（Michael E. Porter）首先在其著名的《競爭優勢》（*Competitive Advantage*）一書中所提出的「價值鏈」理論認為，不斷改進和優化「價值鏈」，盡可能提高「顧客價值」是提高企業競爭優勢的關鍵。「價值鏈」理論是把企業看作最終滿足顧客需要而設計成的「一系列」作業的集合體，形成一個由此及彼、由內到外的作業鏈（Activity Chain）。每完成一項作業都要消耗一定的資源，而作業的產出又會形成一定的價值，再轉移到下一個作業，按此逐步推移，直到最終把產品提供給企業外部的顧客，以滿足他們的需要。作業成本法將通過提供作業信息、改進作業管理來提升企業價值鏈的價值，從而提升企業的競爭力，實現戰略管理的預期目標。

第二節　作業成本法的基本原理和計算程序

一、作業成本法的基本原理

作業成本法的基本指導思想就是：作業消耗資源，產品消耗作業。因而作業成本法將著眼點和重點放在對作業的核算上。其基本思想是在資源和產品（服務）之間引入一個仲介——作業，其關鍵是成本動因的選擇和成本動因率的確定。

相對於傳統成本計算法發生了根本性的變革。傳統成本計算法將作業這一關鍵環節給掩蓋了，直接把資源分配到產品上從而形成產品成本。作業成本法將成本計算的重點放在作業上，作業是資源和產品之間的橋樑。根據作業成本法的指導思想，製造費用的分配過程可以分為兩個階段。第一階段把有關生產或服務的製造費用按照資源動因歸集到作業中心，形成作業成本；第二階段通過作業動因將作業成本庫中的成本分配到產品或服務中去。

與傳統成本計算方法相比，作業成本法對於直接成本的處理是完全相同的，但對間接成本按照成本動因進行了兩次分配——先按資源動因分配到作業，再按作業動因分配到產品，這使得計算成本結果更為準確。作業成本法下，間接成本分配的兩階段如圖9-2所示。

第八章　作業成本法與作業管理

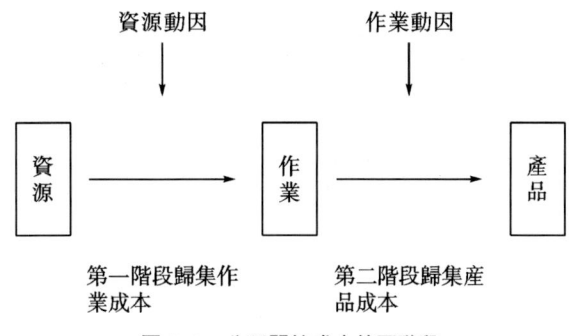

圖 9-2　分配間接成本的兩階段

當企業管理深入到作業時就形成了作業管理，作業管理需要作業成本的信息，作業成本法由於其間接成本分配的中間環節是以作業為對象進行成本歸集的，因此可以提供作業管理所需的成本信息。作業管理對作業鏈上的作業進行分析、改進與調整，盡可能消除非增值作業，同時盡可能減少增值作業的資源消耗，由此促進企業價值鏈的價值增值，提高企業整體的經濟效益。作業成本法所發現的成本動因是作業成本和產品成本形成的原因與方式，是決定作業成本和產品成本高低的關鍵因素。把握了這些因素就控制了成本形成的根源，就找到了成本控制的方式。作業成本法在產品成本計量的同時也計量了作業的成本，在尋找間接成本分配依據的同時也找到了控制成本的措施，因此作業成本法是一種成本計量與成本管理相結合的方法。

二、作業成本法的計算程序

與傳統的完全成本核算方法相比，作業成本法增加了作業層次，把間接成本的一次分配變為兩次分配，將單一的數量分配標準改變為按照實際消耗情況確定的多種成本動因的分配標準，因而能夠更為精確地核算產品成本，能夠比較真實地反應產品和作業對企業資源的實際消耗情況。

根據作業成本法的基本原理，作業成本法應用的一般程序為：

（一）確認和計量各類資源耗費，將資源耗費歸集到各資源庫

每類資源都設立資源庫，將一定會計期間所消耗的各類資源成本歸集到各相應的資源庫中。企業的任何一項生產經營活動都必然會發生一定數量的成本，對資源的確認就需要對企業的全部生產經營活動進行梳理，通過分解每一項經營活動來明晰生產過程中各項成本費用的產生原因、用途和計量單位，區分出能夠產生增值的成本消耗和不能夠產生增值的成本消耗，並將相似用途的資源合併為資源庫。

（二）確認作業，劃分作業中心

為了對作業進行合理的確認和劃分，可以將企業描述為一個環環相套、互相支持的作業鏈的集合，對企業的全部組織架構、生產經營流程和產品服務進行梳理和

分析,並從整體進行觀察,運用數學統計的方法對信息進行收集和分析。

作業中心劃分正確與否,是整個作業成本系統設計成功與否的關鍵。作業的劃分和制定的詳盡程度並沒有統一的標準,這需要根據企業的規模和管理者的需要等多方面因素而定,一般認為作業劃分得越細緻,最後能夠得到的成本信息就越真實,但是同時根據作業成本法的計算原理,分解的作業數越多,分析計量的成本也就越高,作業數的增加會使得成本分配歸集的工作量呈幾何級數增長,所以作業劃分過於細緻並不利於企業的成本管理。另一方面,作業與最終產品之間的關係也會變得異常複雜,從而影響最終的成本信息。為了簡化作業成本計算,通常在確認作業的時候,將作業的數目控制適中既不會由於過於細緻產生過大的分析工作量,也不會由於過於粗糙影響成本分析的準確性,而之後將具有相同或者相似作用和功能的作業組合起來,形成若干個作業中心,用以歸集每一類型作業的成本。

(三) 確定資源動因,建立作業成本庫

資源動因反應了作業對資源的消耗情況,作業量的多少決定了資源的耗用量,資源的耗用量和最終的產出量沒有直接關係。企業的資源耗費有以下幾種情況:

(1) 某項資源耗費如直觀地確定為某一特定產品所消耗,則直接計入該特定產品成本,該資源動因也就是作業動因,如產品的設計圖紙成本。

(2) 如某項作業可以從發生領域劃分為作業消耗,則可以直接計入各作業成本庫,此時資源動因可以認為是作業專屬耗費,如各作業中心按實際支付的工資額來歸集工資費用。

(3) 如某項資源耗費從最初的消耗上呈混合耗費形態,則需要選擇合適的量化依據。將資源耗費到各作業,這個量化的依據就是資源動因。例如企業車輛的折舊、保險費通過車輛行駛的里程來分配。根據各項作業所消耗的資源動因,將各資源庫匯集的價值分配到各作業成本庫。

(四) 確認各作業動因,分配作業成本

作業動因是作業成本庫和產品或勞務聯繫的仲介。選擇作業動因要考慮作業動因的數據是否易於獲得。為了便於分析成本動因可以按照前述的作業層次進行分析。作業成本計算中最難的部分是確定和選擇合適的成本動因。原因之一是作業動因並不是很明顯。例如,電話聯繫客戶這一作業動因可能是過期的發票數、電話次數或其他的度量。進一步說,明顯的動因可能是過期發票數,但根本原因可能是質次的貨物,是客戶延遲付款。另一潛在的陷阱是,動因是明顯且重要的,但這個動因的數據卻不容易取得。數據在任何地方都沒有被記錄,或是沒有可以利用的資源,從現有的數據系統中無法提取這個動因數據,所以可能需要使用別的成本動因。選擇作業動因應盡量限制動因數量,從 10 個或 20 個成本較大的作業中選擇最合適的作業動因。對於一些低成本作業,花費大量時間和精力來獲取這幾個複雜的動因,其收益與麻煩相比是不值得的。對於這些作業,從作業列表的其他作業中選個「最合適」的動因給他們,或者認為這些作業與客戶或產品沒有關係,並把他們作為不分

第八章 作業成本法與作業管理

配的作業成本來對待。

【例 9-1】某企業生產 L、M、N 三種產品有關的間接成本按照資源屬性分別計入不同的資源成本庫，見表 9-1。

表 9-1　　　　　　　　　資源庫與資源動因

資源庫名稱	電費	保險費	折舊費	一般管理
耗費資源金額（元）	56,000	4,000	27,000	8,700
資源動因	用電度數	工資額	設備價值	作業成本

與 L、M、N 有關的作業見表 9-2。

表 9-2　　　　　　　　　作業庫與資源動因

資源動因＼作業	備料	加工	組裝	檢驗	合計
用電度數（度）	5,000	54,000	17,000	4,000	80,000
工資額（元）	3,000	5,000	11,000	1,000	20,000
設備價值（元）	10,000	60,000	15,000	5,000	90,000

根據以上二表的數據可以確定各項資源動因率：
電費資源庫的資源動因率 = 56,000÷80,000 = 0.7（元/度）
保險費資源庫的資源動因率 = 4,000÷20,000 = 0.2（元/元）
折舊費資源庫的資源動因率 = 27,000÷90,000 = 0.3（元/元）
再結合各作業消耗的資源動因數量可確定各作業成本庫的成本，見表 9-3。

表 9-3　　　　　　　　　作業成本庫的成本一

資源耗費＼作業	備料	加工	組裝	檢驗	合計
電費	3,500	37,800	11,900	2,800	56,000
保險費	600	1,000	2,200	200	4,000
折舊費	3,000	18,000	4,500	1,500	27,000
合計	7,100	56,800	18,600	4,500	87,000

再將一般管理費用按照各項作業的成本總額分配計入各項作業，見表 9-4。

表 9-4　　　　　　　　　作業成本庫的成本二

作業	備料	加工	組裝	檢驗
作業成本（元）	7,100	56,800	18,600	4,500
一般管理動因率	8,700÷87,000 = 0.1（元/元）			

表9-4(續)

作業	備料	加工	組裝	檢驗
一般管理分配	710	5,680	1,860	450
作業成本合計	7,810	62,480	20,460	4,950

又已知各項作業的作業動因及各種產品的作業動因量如表9-5。

表9-5　　　　　各項作業的作業動因及作業動因率

產品＼作業動因	備料 材料成本(元)	加工 機器小時(小時)	組裝 產品數量(件)	檢驗 抽樣件數(件)
L產品	55,000	2,800	700	33
M產品	65,000	3,200	900	36
N產品	36,200	1,810	446	30
合計	156,200	7,810	2,046	99
作業動因率	0.05(元/元)	8(元/小時)	10(元/件)	50(元/件)

根據表9-5的作業動因率及各產品的作業動因數量最後計算出各產品應承擔的作業成本，見表9-6。

表9-6　　　　　各產品作業成本分配

產品＼作業成本(元)	備料	加工	組裝	檢驗	合計
	7,810	62,480	20,460	4,950	95,700
L產品	2,750	22,400	7,000	1,650	33,800
M產品	3,250	25,600	9,000	1,800	39,650
N產品	1,810	14,480	4,460	1,500	22,250

【例9-2】某企業生產A、B兩種產品，有關產量、機器小時、直接成本、間接成本數據如表9-7所示，生產經營A、B兩種產品的相關作業及其動因的數據如表9-8、表9-9所示。

A、B兩種產品的產量及成本資料

項目	A產品	B產品
產量	100件	8,200件
單位產品機器小時	3小時/件	2小時/件
單位產品人工成本	50元/件	55元/件
單位產品材料成本	95元/件	90元/件
製造費用總額	395,800元	

第八章　作業成本法與作業管理

表 9-8　　　　　　　　　　製造費用的作業資料

作業	作業動因	作業成本	作業動因量		
			A	B	合計
機器調試	調試次數	16,000 元	10 次	6 次	16 次
簽訂訂單	訂單份數	62,000 元	15 份	10 份	25 份
機器運行	機器小時	233,800 元	300 小時	16,400 小時	16,700 小時
質量檢查	檢驗次數	84,000 元	30 次	20 次	50 次
合計		395,800 元	—	—	—

表 9-9　　　　　A、B 兩種產品作業成本法的製造費用分配

作業	作業動因率	作業動因量		製造費用分配		
		A	B	A	B	合計
機器調試	1,000 元/次	10 次	6 次	10,000	6,000	16,000
簽訂訂單	2,480 元/份	15 份	10 份	37,200	24,800	62,000
機器運行	14 元/小時	300 小時	16,400 小時	4,200	229,600	233,800
質量檢查	1,680 元/次	30 次	20 次	50,400	33,600	84,000
合計	—	—	—	101,800	294,000	395,800

（1）上表採用作業成本法對 A、B 兩種產品進行製造費用的分配，其具體計算過程如下：

①機器調試作業動因率＝16,000÷(10+6)＝1,000（元/次）
簽訂訂單作業動因率＝62,000÷(15+10)＝2,480（元/份）
機器運行作業動因率＝233,800÷(300+16,400)＝14（元/小時）
質量檢查作業動因率＝84,000÷(30+20)＝1,680（元/次）
② A 產品最終承擔製造費用＝10,000+37,200+4,200+50,400＝101,800（元）
B 產品最終承擔製造費用＝6,000+24,800+229,600+33,600＝294,000（元）
③單位 A 產品承擔製造費用＝101,800÷100＝1,018（元/件）
單位 B 產品承擔製造費用＝294,000÷8,200≈35.85（元/件）

（2）傳統製造費用以機器小時為數量基礎將製造費用在 A、B 兩種產品中分配。

①傳統製造費用分配率＝395,800÷(3×100+2×8,200)≈23.7（元/小時）
②分配給 A 產品的製造費用＝23.7×(3×100)＝7,110（元）
分配給 B 產品的製造費用＝23.7×(2×8,200)＝388,680（元）
③單位 A 產品承擔製造費用＝7,110÷100＝71.1（元/件）
單位 B 產品承擔製造費用＝388,680÷8,200＝47.4（元/件）
相關情況如表 9-10、表 9-11 所示。

表 9-10   製造費用分配表

20×× 年 × 月 30 日　　　　　　　　　　　單位：元

分配對象	分配標準（機器小時）	分配率	分配金額（元）
A 產品	3×100＝300		7,110
B 產品	2×8,200＝16,400		388,680
合 計	16,700	23.7	395,800

表 9-11   兩種方法產品單位成本計算結果比較

20×× 年 × 月 30 日

成本項目	傳統方法 A 產品	傳統方法 B 產品	作業成本法 A 產品	作業成本法 B 產品
直接材料	95	90	95	90
直接人工	50	55	50	55
製造費用	71.1	47.4	1,018	35.85
合 計	216.1	192.4	1,163	180.85

從上例看出不同的成本計算方法下小批量生產的產品成本非常懸殊，人為地按照單一的數量分配基礎進行製造費用的分配會造成嚴重的產品成本失真。

第三節　作業成本法的應用

一、作業成本法在企業的實際應用

作業成本法的產生，標誌著成本管理告別了傳統的成本管理模式，向現代成本管理模式邁出了關鍵的一步。作業成本法在美國興起，也得到了實踐的驗證，並迅速在歐美得到發展。一些知名的跨國公司如通用電氣、國際商用機器公司、福特、惠普、寶潔、西門子等已經採用了作業成本法，此外在美國的一些商業銀行、快遞公司等也得到了運用。

作業成本法在 20 世紀 90 年代之後，得到了實務界的大力推廣，不僅用於成本核算，還用於企業管理中的其他領域。許多企業運用作業成本法進行庫存估價、產品定價、製造或採購決策、預算、產品設計、業績評價及客戶盈利性分析等。

【案例一】　某農機廠作業成本法實施案例

該企業是典型的國有企業，屬多品種小批量生產模式，產品以銷定產，傳統成本法下製造費用超過人工費用的 200%，成本控制不力，企業決定實施作業成本法。根據企業的工藝流程，確定了 32 個作業，以及各作業的作業動因，作業動因主要是

第八章　作業成本法與作業管理

人工工時，其他作業動因有運輸距離、準備次數、零件種類數、訂單數、機器小時、客戶數等，通過計算，發現了傳統成本法的成本扭曲：最大差異率達到46.5%。根據作業成本法提供的信息，為加強成本控制，針對每個作業制定目標成本，使得目標成本可以細化到班組，增加了成本控制的有效性。通過對成本信息的分析，發現生產協調、檢測、修理和運輸作業不增加顧客價值，這些作業的執行人員歸屬一個分廠管理，但是人員分佈在各個車間，通過作業分析，發現大量人力資源冗餘，可以裁減一半的人員，並減少相關的資源支出。通過分析還發現運輸作業由各個車間分別提供，但是都存在能力剩餘，將運輸作業集中管理，可以減少三四臺叉車。另外，正確的成本信息對於銷售的決策也有重要的影響，根據作業成本信息以及市場行情，企業修訂了部分產品的價格。

【案例二】某按鍵生產企業作業成本法實施案例

1. 企業背景及問題的提出

某公司為生產硅橡膠按鍵的企業，主要給遙控器、普通電話、移動電話、計算器和電腦等電器設備提供按鍵。1985年11月開始由新加坡廠商設廠生產，1999年為美國ITT工業集團控股。該公司年總生產品種約為6,000種，月總生產型號300多個，每月總生產數量多達2,000萬件，月產值為人民幣1,500萬元，員工約1,700人。企業的生產特點為品種多、數量大、成本不易精確核算。

該公司在成本核算和成本管理方面大致經過兩個階段：

第一階段（1980—1994年）：無控制階段。1994年以前，國內外硅橡膠按鍵生產行業的競爭很少，基本上屬於一個賣方市場，產品的質量和價格完全控制在生產商手裡，廈門三德興公司作為國內主要的硅橡膠按鍵生產商之一，在生產管理上最主要的工作是如何盡可能地增加產量，基本上沒有太多地考慮成本核算與成本管理的問題。

第二階段（1994—2000年）：傳統成本核算階段。從1994年開始，一方面，硅橡膠按鍵行業的競爭者增多，例如臺灣大洋、旭利等企業加入；另一方面，由於通信電子設備的價格下降，硅橡膠按鍵產品的價格也不斷下降，1994年硅橡膠按鍵價格下跌了近20%。硅橡膠按鍵行業逐漸變為買方市場。成本核算問題突出表現出來，此時公司才意識到成本核算問題的重要性。在這個階段，公司主要採用傳統成本法進行核算，即首先將直接人工和直接材料等打入產品的生產成本裡，再將各項間接資源的耗費歸集到製造費用帳戶，然後再以直接人工作為分配基礎對整個製造過程進行成本分配。

分配率的計算公式為：

分配率＝單種產品當月所消耗的直接人工÷當月公司消耗的總直接人工。

由此分配率可得到各產品當月被分配到的製造成本，再除以當月生產的產品數量，從中可以得到產品的單位製造成本，將單位製造成本與直接原材料和直接人工相加即得到產品的單位生產總成本。企業簡單地將產品的單位總成本與產品單價進

管理會計

行比較，從中計算出產品的盈虧水準。

1997年下半年的亞洲金融風暴造成整個硅橡膠按鍵市場需求量大幅度下降，硅橡膠按鍵生產商之間的競爭變得異常激烈，產品價格一跌再跌，已經處在產品成本的邊緣，稍不注意就會虧本，因此，對訂單的選擇也開始成為一項必要的決策。該公司的成本核算及管理變得非常重要和敏感。此時，硅橡膠按鍵已經從單純的生產過程轉向生產和經營過程。一方面，生產過程複雜化了，公司每月生產的產品型號多達數百個，且經常變化，每月不同，其中消耗物料達上千種，工時或機器臺時在各生產車間很難精確界定，已經無法按照傳統成本法對每個產品分別進行合理、準確的成本核算，也無法為企業生產決策提供準確的成本數據；另一方面，企業中的行政管理、技術研究、後勤保障、採購供應、行銷推廣和公關宣傳等非生產性活動大大增加，為此類活動而發生的成本在總成本中所占的比重不斷提高，而此類成本在傳統成本法下又同樣難以進行合理的分配。如此一來，以直接人工為基礎來分配間接製造費用和非生產成本的傳統成本法變得不適用，公司必須尋找其他更為合理的成本核算和成本管理方法。

2. 作業成本法在企業的實際運用

具體來說，公司實施的作業成本法包括以下三個步驟：

(1) 確認主要作業，明確作業中心

作業是企業內與產品相關或對產品有影響的活動。企業的作業可能多達數百種，通常只能對企業的重點作業進行分析。根據公司產品的生產特點，從公司作業中劃分出備料、油壓、印刷、加硫和檢查五種主要作業。其中，備料作業的製造成本主要是包裝物，油壓作業的製造成本主要是電力的消耗和機器的占用，印刷作業的成本大多為與印刷相關的成本與費用，加硫作業的製造成本則主要為電力消耗，而檢查作業的成本主要是人工費用。各項製造成本先後被歸集到上述五項作業中。

(2) 選擇成本動因，設立成本

公司備料、油壓、印刷、加硫和檢查五項主要作業的成本動因選擇如下：

備料作業。該作業很多工作標準或時間的設定都是以重量為依據。因此，該作業的製造成本與該作業產出半成品的重量直接相關，也就是說，產品消耗該作業的量與產品的重量直接相關。所以選擇「產品的重量」作為該作業的成本動因。

油壓作業。該作業的製造成本主要表現為電力的消耗和機器的占用，這主要與產品在該作業的生產時間有關，即與產品消耗該作業的時間有關。因此，選擇「油壓小時」作為該作業的成本動因。

印刷作業。從工藝特點來看，該作業主要與印刷的道數有關，因此，選擇「印刷道數」作為該作業的成本動因。

加硫作業。該作業有兩個特點：一方面，該作業的製造成本主要為電力消耗，而這與時間直接相關；另一方面，該作業產品的加工形式為成批加工的形式。因此，選擇該批產品的「加硫小時」作為該作業的成本動因。

第八章　作業成本法與作業管理

檢查作業。該公司的工資以績效時間為基礎，因此選擇「檢查小時」作為該作業的成本動因。

此外，公司還有包括工程部、品管部以及電腦中心等在內的基礎作業，根據公司產品的特點，產品直接材料的消耗往往與上述基礎作業所發生的管理費用沒有直接相關性，所以在基礎作業的分配中沒有選擇直接材料，而是以「直接人工」為基礎予以分配。

（3）最終產品的成本分配

根據所選擇的成本動因，對各作業的動因量進行統計，再根據該作業的製造成本求出各作業的動因分配率，將製造成本分配到相應的各產品中去。然後根據各產品消耗的動因量算出各產品的總作業消耗及單位作業消耗。最後將所算出的單位作業消耗與直接材料和直接人工相加得出各個產品的實際成本狀況。

由於公司總生產品種為6,000多種，月總生產型號達378種，所以主要列出該公司有代表性產品型號各自在傳統成本法與作業成本法下分配製造成本上的差別。

3. 傳統成本法與作業成本法實地研究結果的比較

根據上述步驟，選擇公司在2000年9月份的生產數據，對378種型號的產品分別進行計算。可以看出：

（1）傳統成本法對成本的核算與作業成本法對成本的核算有相當大的差異。作業成本法是根據成本動因將作業成本分配到產品中去，而傳統成本法則是用數量動因將成本分配到產品裡。按照傳統成本法核算出來的成本停止那些虧本產品型號的生產事實上可能是一個錯誤的決策。

（2）在傳統成本法下完全無法得到的各作業單位和各產品消耗作業的信息卻可以在作業成本法中得到充分的反應。公司從而可以分析在那些虧本的產品型號中，究竟是哪些作業的使用偏多，進而探討減少使用這些作業的可能。比如對於與傳統成本法相比較成本較高的「20578940」型號產品，可以看出其主要的消耗在油壓和加硫兩項作業上，這樣公司就可以考慮今後如何改進工藝，減少此類產品在這兩項作業上的消耗，從而減少產品成本。

（3）對於在傳統成本法中核算為虧本而在作業成本法下不虧本的產品型號，可以通過作業成本法來瞭解成本分配的信息。比如型號為「3DS06070ACAA」的產品在傳統成本法中分配到的每單位製造成本為0.014,99美元，而在作業成本法中每單位製造成本卻僅為0.000,54美元。此型號的各項作業消耗實際上都很小，主要是直接人工消耗相對較大，但按照傳統成本法以直接人工作為分配基礎，就導致該型號產品分攤到過多的並非其所消耗的製造成本，因而出現成本虛增，傳遞了錯誤的成本信號，容易導致判斷和決策上的失誤。

（4）通過作業成本法的計算，我們還可以瞭解到在公司總的生產過程中哪一類作業的消耗最多，哪一類作業的成本最高，從而知道從哪個途徑來降低成本、提高生產效率。

管理會計

油壓作業的單位動因成本最高，其作業的總成本也最大。印刷作業的成本動因量及作業總成本次之。因此，今後應對這兩個作業從不同的角度來考慮如何進行改善。比如，通過增加保溫，減少每小時電力消耗的方法來降低油壓作業每小時作業的成本；通過合併工序來減少印刷作業的動因量。如此，通過加強成本核算與成本管理把企業的管理水準帶動到作業管理層次上來。

【案例三】

S公司的兩條高產量生產線最近遇到了很強的競爭壓力，迫使管理層將其產品價格降至目標價格以下。經研究發現，是傳統的生產成本法扭曲了產品的價格，那具體問題出在什麼地方？

S公司製造三種複雜的閥門，這些產品分別稱為I號閥門、II號閥門、III號閥門。I號閥門是3種產品中最簡單的，該公司每年銷售10,000個I號閥門；II號閥門僅僅比I號閥門複雜一點，公司每年銷售20,000個II號閥門；III號閥門是最複雜的、低銷量產品，每年僅銷售4,000個。公司採用分批成本法計算每種產品的成本。相關的基礎數據如表9-12。

表9-12　　　　　　　　　　產品相關數據資料

產品 項目	I號閥門	II號閥門	III號閥門
產量	10,000	20,000	4,000
批次	1批，每批10,000個	4批，每批5,000個	10批，每批400個
直接材料	50元/個	90元/個	20元/個
直接人工	每個3小時	每個4小時	每個2小時
準備時間	每批10小時	每批10小時	每批10小時
機器時間	每個1小時	每個1.25小時	每個2小時

公司製造費用的預算額為3,894,000元，製造費用根據直接人工小時確定的預定分配率進行分配。直接人工和準備人工成本為每小時20元。資料如表9-13、表9-14所示。要求：

(1) 計算傳統成本法下每種產品的單位成本。

(2) 如果公司的目標售價為單位成本的125%，每種產品的目標售價為多少？

(3) 假如市場上I號閥門的售價為261.25元，II號閥門的售價為328元，III號閥門的售價為250元，對該公司有什麼影響？

(4) 問題出在哪裡？

第八章　作業成本法與作業管理

表 9-13　　　　　　　　　　　製造費用分配率

製造費用預算額	3,894,000
直接人工小時預算額：	
Ⅰ號閥門	30,000
Ⅱ號閥門	80,000
Ⅲ號閥門	8,000
合計	118,000
預算費用分配率	33（元/小時）

表 9-14　　　　　　　每種產品的單位成本、目標售價

	Ⅰ號閥門	Ⅱ號閥門	Ⅲ號閥門
直接材料	50	90	20
直接人工	60	80	40
製造費用	99	132	66
合計	209	302	126
目標售價	261.25	377.50	157.50
市場售價	261.25	328.00	250.00

S公司討論了作業成本法，將製造費用（3,894,000元）進一步按作業進行細分，辨認了8個作業成本庫，收集的相關數據如下：

機器成本庫：共計1,212,600元，包括與機器有關的各種製造費用，如維護、折舊、計算機支持、潤滑、電力、校準等，該成本與生產產品的機器小時有關。

生產準備成本庫：共計3,000元，包括為產品製造進行準備的各種費用，生產準備成本與批次有關。

收貨和驗收成本庫：共計200,000元，其中Ⅰ號閥門、Ⅱ號閥門、Ⅲ號閥門消耗的比例分別為25%、45%、30%。

材料處理成本庫：總計為600,000元，其中Ⅰ號閥門、Ⅱ號閥門、Ⅲ號閥門消耗的比例分別為7%、30%、63%。

質量保證成本庫：共計421,000元，其中Ⅰ號閥門、Ⅱ號閥門、Ⅲ號閥門消耗的比例分別為20%、40%、40%。

包裝和發貨成本庫：共計250,000元，其中Ⅰ號閥門、Ⅱ號閥門、Ⅲ號閥門消耗的比例分別為4%、30%、66%。

工程成本庫：共計700,000元，包括工程師的薪水、工程用料、工程軟件、工程設備折舊；該成本消耗比例同收貨和驗收成本。

機構（生產能力）成本庫：共計507,400元，包括工廠折舊、工廠管理、工廠

維護、財產稅、保險費等,該成本與直接人工有關。

(1) 機器成本庫成本的分配

分配率＝機器成本預算總額÷機器小時預算總額

＝1,212,600÷43,000＝28.2（元/機器小時）

Ⅰ號閥門分配：28.2×1 小時/件＝28.2 元/個

Ⅱ號閥門分配：28.2×1.25 小時/件＝35.25 元/個

Ⅲ號閥門分配：28.2×2 小時/件＝56.4 元/個

(2) 生產準備成本庫成本的分配

分配率＝生產準備成本預算總額÷批次預算總額

＝3,000÷15＝200（元/批）

Ⅰ號閥門分配：200÷10,000 個/批＝0.02 元/個

Ⅱ號閥門分配：200÷5,000 個/批＝0.04 元/個

Ⅲ號閥門分配：200÷400 個/批＝0.50 元/個

(3) 收貨和檢驗成本庫成本的分配

Ⅰ號閥門分配：200,000×6%÷10,000 個＝1.20 元/個

Ⅱ號閥門分配：200,000×24%÷20,000 個＝2.40 元/個

Ⅲ號閥門分配：200,000×70%÷4,000 個＝35 元/個

(4) 材料處理成本庫成本的分配

Ⅰ號閥門分配：600,000×7%÷10,000 個＝4.20 元/個

Ⅱ號閥門分配：600,000×30%÷20,000 個＝9.00 元/個

Ⅲ號閥門分配：600,000×63%÷4,000 個＝94.50 元/個

(5) 質量保證成本庫成本的分配

Ⅰ號閥門分配：421,000×20%÷10,000 個＝8.42 元/個

Ⅱ號閥門分配：421,000×40%÷20,000 個＝8.42 元/個

Ⅲ號閥門分配：421,000×40%÷4,000 個＝42.10 元/個

(6) 包裝和發貨成本庫成本的分配

Ⅰ號閥門分配：250,000×4%÷10,000 個＝1.00 元/個

Ⅱ號閥門分配：250,000×30%÷20,000 個＝3.75 元/個

Ⅲ號閥門分配：250,000×66%÷4,000 個＝41.25 元/個

(7) 工程成本庫成本的分配

Ⅰ號閥門分配：700,000×25%÷10,000 個＝17.50 元/個

Ⅱ號閥門分配：700,000×45%÷20,000 個＝15.75 元/個

Ⅲ號閥門分配：700,000×30%÷4,000 個＝52.50 元/個

(8) 機構成本庫成本的分配

分配率＝機構成本總額÷直接人工小時總額

＝507,400÷118,000＝4.3（元/直接人工小時）

第八章 作業成本法與作業管理

Ⅰ號閥門分配：4.3×3 直接人工小時/個＝12.9元/個
Ⅱ號閥門分配：4.3×4 直接人工小時/個＝17.2元/個
Ⅲ號閥門分配：4.3×2 直接人工小時/個＝8.6元/個

根據以上的分配結果，將三種產品單位成本匯總，見表9-15。

表9-15　作業成本法下M公司三種產品的單位成本

	Ⅰ號閥門	Ⅱ號閥門	Ⅲ號閥門
直接材料	50	90	20
直接人工	60	80	40
製造費用：			
機器	28.20	35.25	56.40
生產準備	0.02	0.04	0.50
收貨和檢驗	1.2	2.40	35.00
材料處理	4.20	9.00	94.50
質量保證	8.42	8.42	42.10
包裝和發貨	1.00	3.75	41.25
工程	17.50	15.75	52.50
機構	12.90	17.20	8.60
製造費用合計	73.44	91.81	330.85

三種產品的單位成本及目標售價見表9-16。

表9-16　每種產品的單位成本、目標售價

	Ⅰ號閥門	Ⅱ號閥門	Ⅲ號閥門
直接材料	50	90	20
直接人工	60	80	40
製造費用	73.44	91.81	330.85
單位成本	183.44	261.81	390.85
目標售價	229.30	327.26	488.56
市場售價	261.25	328.00	250.00

通過以上的計算結果可知，Ⅲ號閥門的成本遠遠超出其售價，出售該產品會發生虧損。而採用傳統的成本核算方法，出售Ⅲ號閥門會有90多元的毛利，與事實不符，成本失真比較嚴重。可見，採用作業成本法可以真實反應產品的成本，為企業做出正確決策提供依據。比如本例，如果沒有其他原因，S企業可以停止Ⅲ號閥門的生產，因為它是虧損產品。

管理會計

作業成本法的應用已非常廣泛。相關調查顯示，美國有超過50%的企業採用了作業成本法，中國香港地區也有超過20%的企業採用作業成本法。作業成本法不僅僅適用於製造行業，也適用於所有行業，如金融機構、保險機構、醫療衛生服務等公共部門，以及會計師事務所、財務公司、諮詢類社會仲介機構等。國內在非製造行業的典型應用案例就是計算鐵路運輸成本。隨著中國一些先進的製造企業開始推廣使用作業成本法，鐵路運輸、物流、教育、傳媒、航空、醫療、保險等行業或部門的企業也開始展開試點並取得了一些成功的經驗。作業成本法在企業具體應用過程中，也開始超越單一的精確計算成本的職能，在生產決策、企業定價決策、企業內部轉移價格的制定、供應商的選擇與評價、客戶關係管理等方面發揮著管理的職能，開始了多方位的作業成本管理的實踐探索。

隨著中國企業現代化程度的提高，實施作業成本法的條件日趨成熟，這種先進的成本核算模式一定會有更加廣闊的前景。

二、作業成本法的應用的關鍵點

（一）目標必須明確

作業成本法的目的就是能產生更精確的成本信息，所有作業成本法項目在實施過程中應牢記這一特殊目的。該目的能重新設計或改進生產過程，影響產品設計決定，使產品組合更合理，或更好地管理客戶關係。通過預先定義的目的，系統將確定生產線經理或部門，他們的行為方式和決定被認為是改變信息的結果。作業成本法模式應當是較簡單的，它的實施應當充分考慮成本效益關係。

（二）最高管理層統一指揮

作業成本法的實施也不能缺少最高管理層的支持。一個由各職能部門的主管所組成的最高管理層委員會能使這些支持制度化，每月定期開會討論項目過程，提出如何改進模式的建議，一旦該模式固定時將會對決策的制定產生重要影響。除了會計人員之外，該部門還應包括生產、市場（銷售）、工程和系統方面的人員。這樣，成本動因組織的專家們能夠合併於模式的設計和每一組織人員在他們的部門和組織內對項目進行支持。

（三）作業成本模式的設計要完善

一個既複雜又難以維護的作業成本法管理系統，對管理人員來說會難以理解和操作。因此，作業成本模式的設計應像任何其他設計和工程項目一樣，持續適當的權衡會使系統的基本功能以最小的附加成本完成任務。完善的作業成本模式設計能避免過於複雜的系統問題或無法辨認出成本項目（產品和顧客）、作業和資源之間的因果關係。

（四）要贏得全面的支持

雖然作業成本法比原有成本系統產生更精確的成本信息，更能指導生產經營，

第八章 作業成本法與作業管理

但並非所有管理人員都歡迎技術上的革新。個人和部門的抵制是因為害怕作業成本法的實施會暴露出無利潤的產品、無利潤的顧客、無效率的作業和過程及大量無用的生產能力。因此，贏得下屬的廣泛支持將是作業成本法順利實施的關鍵。

（五）推廣應用要個性化

經過多年的經濟高速增長後，中國的企業無論從產品的數量、質量，還是技術含量，都得到了很大提高。但就總體而言，中國大部分企業還處於大批量、低技術含量的勞動密集型生產階段。這些企業使用作業成本法的環境遠未成熟，如果一味推廣，必然是「拔苗助長」，欲速則不達。因此，作業成本法還只能在一些多品種、少批量生產的實行多元化經營的管理先進的企業推廣。

三、作業成本法的適用與局限性

與傳統成本計算方法相比，作業成本法的創新主要有兩點：一是在成本分配方法上引入了成本動因概念，將傳統的單一數量分配基準改為財務變量與非財務變量相結合的多元分配基準，增強了成本信息的準確性；二是它強調成本的全程戰略管理，將成本控制事業延伸到市場需求和設計階段，注重優化作業鏈和增加顧客價值，提升企業的管理層次。作業成本法的應用有其特定條件和環境，並非對每個企業都適用。採用作業成本法時應注意以下幾點：

（一）不是所有企業都適用作業成本法

作業成本法產生的背景是在新科技革命基礎上的高度自動化的適時制採購與製造系統，以及與其密切相關的零庫存、單元製造、全面質量管理等嶄新的管理觀念與技術。在現代化製造企業中，產品日趨多樣化和小批量生產，直接人工成本大大下降，固定製造費用大比例上升。而傳統的「數量基礎成本計算」使產品成本信息嚴重失真，導致作業成本法應運而生。因此，作業成本法的運用必須有一定的適用環境，即其並非適用於各種類型的企業，它的選擇必須考慮企業的技術條件和成本架構。

（二）採用作業成本法時要考慮其實施成本

任何一個成本系統都不是越準確越好，除了考慮其適用範圍，還須考慮其實施的成本和效益。作業成本法需要對大量的作業進行分析、確認、記錄和計量，增加了成本動因的確定、作業成本庫的選擇和作業成本的分配等額外工作，因此其實施的成本是比較高的。從成本效益平衡的角度出發，並非任何企業採用作業成本法所增加的效益都會大於實施成本。另外，工藝複雜的企業中，其作業通常多達幾十種，甚至上百種、上千種，對這些作業意義進行分析是不必要的。如果企業打算實施作業成本法，根據成本效益原則和重要性原則，只能對那些相對於顧客價值和企業價值而言比較重要的作業進行分析，企圖面面俱到只能得不償失。

（三）作業成本法本身存在不完善

作業成本法的計量和分配帶有一定的主觀性。成本動因的選擇並沒有給出嚴謹

管理會計

的判斷方法，需要靠執行者對作業理解的程度和經驗判斷加以確定，這不可避免地會影響成本信息的真實性；作業成本法並沒有解決諸如廠房折舊費、行政性工資費用等與作業活動無關的間接費用分配問題，仍然採用按機器工時分配廠房折舊，按人工工時分配行政性工資，這實際上仍未避免生產量對產品成本的影響，仍未完全解決傳統成本計算方法存在的問題。作業成本法所提供的歷史性的、具有內部導向性的信息價值的利用還沒有被揭示出來，該方法能否起到改善企業盈利水準的作用還未得到驗證，並且，這種方法實施細節繁瑣，計算結果又不見得與傳統方法有太大差別，因此，其新穎性、有用性受到人們的質疑。

作業成本法的產生與發展適應高新技術製造環境下正確計算產品成本的要求，它為改革間接費用的分配等問題提供了新的思路和方法。中國企業的國際化經營，拓寬了企業價值鏈的空間範圍，亦要求現代成本管理擴展空間範圍，為企業價值鏈優化提供有用信息，作業成本法正適應了這種世界經濟發展的需要。另外，作業成本將成本分為增值作業和非增值作業，有利於我們樹立顧客第一的經營思想。適時生產方式需要作業成本計算系統為其提供有效的相對準確的成本信息。多年來，中國成本會計學家始終在探索中國成本管理的模式，並取得了豐富的研究成果，有著深厚的理論累積。另外，通過近20年的教育和培養，中國會計人員的素質也在不斷地提高，加之多年來先進管理思想的導入，企業會計人員能很快理解並運用作業成本法，為作業成本管理的推廣打下了基礎。

隨著科學技術的飛速發展，中國企業的生產組織和生產技術條件正在發生深刻變化，這就為企業採用適時制生產方式和彈性製造系統、實施全面質量管理提供了物質條件，從而也為作業成本的推行提供了現實基礎。

本章小結

作業成本法（Activity Based Costing），簡稱ABC成本法，又稱為作業成本分析法、作業成本計算法、作業成本核算法等，是以「作業消耗資源，產品消耗作業」為基本原理，將企業消耗的資源按「資源動因」分配到作業，再將作業成本按「作業動因」分配給成本對象的成本計算方法。

作業成本法的基本指導思想就是：作業消耗資源，產品消耗作業。因而作業成本法將著眼點和重點放在對作業的核算上。其基本思想是在資源和產品（服務）之間引入一個仲介——作業，其關鍵是成本動因的選擇和成本動因率的確定。

與傳統的完全成本核算方法相比，作業成本法增加了作業層次，把間接成本的一次分配變為兩次分配，將單一的數量分配標準改變為按照實際消耗情況確定的多種成本動因的分配標準，因而能夠更為精細地核算產品成本，能夠比較真實地反應產品和作業對企業資源的實際消耗情況。

第八章　作業成本法與作業管理

綜合練習

一、思考題

1. 什麼是作業成本法？運用作業成本法有什麼意義？
2. 什麼是成本動因？其有哪些特徵？
3. 運用作業成本法計算產品成本要經過哪些步驟？
4. 解釋作業成本法的局限性。

二、實踐練習題

實踐練習 1

某企業生產甲、乙兩種產品，有關資料如表 9-17、表 9-18 所示：

表 9-17　　　　　　　　　產量及直接成本等資料表

項目	甲產品	乙產品
產量（件）	20,000	50,000
定購次數（次）	4	8
機器製造工時（小時）	40,000	150,000
直接材料成本（元）	2,200,000	2,500,000
直接人工成本（元）	300,000	750,000

表 9-18　　　　　　　　　製造費用明細及成本動因表

項目	製造費用金額	成本動因
材料驗收成本	36,000	定購次數
產品驗收成本	42,000	定購次數
燃料與水電成本	43,700	機器製造工時
開工成本	21,000	定購次數
職工福利成本	25,200	直接人工成本
設備折舊	32,300	機器製造工時
廠房折舊	20,300	產量
材料儲存成本	14,100	直接材料成本
車間管理人員工資	9,800	產量
合計	244,400	

要求：

（1）分別按傳統成本計算法與作業成本法求出甲、乙兩種產品所應負擔的製造

費用，其中傳統方法選擇按機器製造工時為比例分配製造費用；

（2）分別按傳統成本計算法與作業成本法計算甲、乙兩種產品的總成本和單位成本；

（3）比較兩種方法計算結果的差異，並說明其原因（表 9-19~表 9-21）。

表 9-19　　　　　　　　　　製造費用分配表
20××年 × 月 31 日　　　　　　　　　　　　　　單位：元

分配對象	分配標準（機器工時）	分配率	分配金額（元）
甲產品			
乙產品			
合計			

表 9-20　　　　　　　　　　作業成本分配表
20××年 × 月 31 日

作業成本庫	作業動因率	作業動因量 甲	作業動因量 乙	作業成本分配 甲	作業成本分配 乙	合計
合計						

表 9-21　　　　　　　　兩種方法產品成本計算結果比較
20××年 × 月 31 日

成本項目	傳統方法 甲產品	傳統方法 乙產品	作業成本法 甲產品	作業成本法 乙產品
直接材料				
直接人工				
製造費用				
合計				
單位成本				

實踐練習 2

某公司生產產品 X 使用的一種主要零部件 A 的價格上漲到每件 10.6 元，這種零件每年需要 10,000 件。由於公司有多餘的生產能力且無其他用途，只需再租用一

第八章　作業成本法與作業管理

臺設備即可製造這種零件，設備的年租金為40,000元。管理人員對零件自制或外購進行了決策分析。

（1）根據傳統成本計算法提供的信息，這種零件的預計製造成本如表9-22所示：

表9-22

項目＼成本	單位零件成本	成本總額
直接材料	0.6	
直接人工	2.4	
變動製造費用	2.6	
共耗固定成本		30,000

（2）經過作業成本計算，管理人員發現有一部分共耗固定成本可以歸屬到這種零件，其預計製造成本如表9-23所示：

表9-23

	成本動因	單位作業成本	作業量
裝配	機器小時（小時）	28.22	800
材料採購	訂單數量（張）	10.00	600
物料處理	材料移動（次數）	60.00	120
啓動準備	準備次數（次數）	0.20	200
質量控制	檢驗小時（小時）	21.05	100
產品包裝	包裝次數（次）	25.00	20

要求：分別採用傳統成本計算法和作業成本計算法對零件進行自制和外購的分析並做決策。

第九章　責任會計

學習目標

掌握：各責任中心的定義和特徵、內部轉移價格的類型和特點、各責任中心考核指標計算及應用

熟悉：責任會計定義、責任會計的內容與核算原則

瞭解：責任預算和責任報告的編製、員工激勵機制的方式和原則

關鍵術語

責任中心；投資中心；利潤中心；成本中心；內部轉移價格；市場價格；協商價格；雙重價格；成本轉移價格；責任預算；責任報告

第一節　責任會計及責任中心

一、責任會計的定義

責任會計是指以企業內部建立的各級責任中心為主體，以責、權、利的協調統一為目標，利用責任預算為控制的依據，通過編製責任報告進行業績評價的一種內部會計控制制度。

二、責任會計的內容

責任會計是現代分權管理模式的產物，它是通過在企業內部建立若干個責任中

第九章　責任會計

心，並對其分工負責的經濟業務進行規劃與控制，從而實現對企業內部各責任單位的業績考核與評價。責任會計的要點就在於利用會計信息對各分權單位的業績進行計量、控制與考核。其主要內容包括以下幾個方面：

1. 合理劃分責任中心，明確規定權責範圍

實施責任會計，首先要按照分工明確、責任易於區分、成績便於考核的原則，合理劃分責任中心。所謂責任中心，是指企業具有一定權力並承擔相應工作責任的各級組織和各個管理層次。其次必須依據各個責任中心生產經營的具體特點，明確規定其權責範圍，使其能在權限範圍內，獨立自主地履行職責。

2. 編製責任預算，確定各責任中心的業績考核標準

編製責任預算，使企業生產經營總體目標按責任中心進行分解、落實和具體化，作為它們開展日常經營活動和評價其工作成果的基本標準。業績考核標準應當具有可控性、可計量性和協調性等特徵。即其考核的內容只應為責任中心能夠控制的因素，考核指標的實際執行情況，要能比較準確地計量和報告，並能使各個責任中心在完成企業總的目標中，明確各自的目標和任務，以實現局部和整體的統一。

3. 區分各責任中心的可控費用和不可控費用

對各個責任中心工作成果的評價與考核，應限於能為其工作好壞所影響的可控項目，不能把不應由它負責的不可控項目列為考核項目。為此，要對企業發生的全部費用——判別責任歸屬，分別落實到各個責任中心，並根據可控制費用來科學地評價各責任中心的業績。

4. 合理制定內部轉移價格

為分清經濟責任，正確評價各個責任中心的工作成果，各責任中心之間相互提供的產品和勞務，應根據各責任中心經營活動的特點，合理地制定內部轉移價格並據以計價結算。所制定的內部轉移價格必須既有助於調動各個方面生產經營的主動性、積極性，又有助於實現局部和整體之間的目標一致。

5. 建立健全嚴密的記錄、報告系統

建立健全嚴密的記錄、報告系統就是要建立一套完整的日常記錄、計算和考核有關責任預算執行情況的信息系統，以便為計量和考核各責任中心的實際經營業績提供可靠依據，並能對實現責任中心的實際工作業績起反饋作用。一個良好的報告系統，應當具有相關性、適時性和準確性等特徵，即報告的內容要能適合各級主管人員的不同需要，只列示其可控範圍內的有關信息；報告的時間要適合報告使用者的需要；報告的信息要有足夠的準確性，保證評價和考核的正確性、合理性。

6. 制定合理而有效的獎懲制度

這是指要制定一套完整、合理、有效的獎懲制度，根據責任單位實際工作成果的好壞進行獎懲，做到功過分明、獎懲有據。如果一個責任中心的工作成果因其他責任單位的過失而受到損害，則應由責任單位賠償。該制度應有助於實現權、責、利的統一。

7. 評價和考核實際工作業績

根據原定業績考核標準對各責任中心的實際工作成績進行比較，據以找出差異、分析原因，判明責任，採取有效措施鞏固成績，改正缺點，及時通過信息反饋來保證生產經營活動沿著預定的目標進行。

8. 定期編製業績報告

通過定期編製業績報告，對各個責任中心的工作成果進行全面的分析、評價，並按成果的好壞進行獎懲，以促使各個責任中心相互協調並卓有成效地開展有關活動，共同為最大限度地提高企業生產經營的總體效益而努力。

三、責任會計的核算原則

責任會計是用於企業內部控制的會計，各個企業可以根據各自的不同特點確定其責任會計的具體形式。但是，無論採用何種責任會計形式，在組織責任會計核算時，都應遵循以下基本原則：

（一）責任主體原則

責任會計的核算應以企業內部的責任單位為對象，責任會計資料的收集、記錄、整理、計算對比和分析等項工作，都必須按責任單位進行，以保證責任考核正確進行。

（二）目標一致原則

企業責任單位內部權責範圍的確定、責任預算的編製以及責任單位業績的考評，都應始終注意與企業的整體目標保持一致，避免因片面追求局部利益而影響整體利益，促使企業內部各責任單位協調一致地為實現企業的總目標而努力工作。

（三）可控性原則

對各責任中心所賦予的責任，應以其能夠控制為前提。在責任預算和業績報告中，各責任中心只對其能夠控制的因素的指標負責。在考核時，應盡可能排除責任中心不能控制的因素，以保證責、權、利關係的緊密結合。

（四）激勵原則

責任會計的目的之一在於激勵管理人員提高效率和效益，更好地完成企業的總體目標。因此，責任目標和責任預算的確定應是合理的、切實可行的，經過努力完成目標後所得到的獎勵和報酬與所付出的勞動相比是值得的，這樣就可以不斷地激勵各責任中心為實現預算目標而努力工作。

（五）反饋原則

為了保證責任中心對其經營業績的有效控制，必須及時、準確、有效地反饋生產經營過程中的各種信息。這種反饋主要應包括兩個方面：一是向各責任中心反饋，使其能夠及時瞭解預算的執行情況，不斷調整偏離目標或預算的差異，實現規定的目標；二是向其上一級責任中心反饋，以便上一級責任中心能及時瞭解所轄範圍內的情況。

第九章 責任會計

四、責任中心的定義及特徵

(一) 責任中心的定義

責任中心（Responsibility Center），是指承擔一定經濟責任，並擁有相應管理權限和享受相應利益的企業內部責任單位的統稱。

企業為了保證預算的貫徹落實和最終實現，必須把總預算中確定的目標和任務，按照責任中心逐層進行指標分析分解，形成責任預算，使各個責任中心據以明確目標和任務；在此基礎上，進一步考核和評價責任預算的執行情況。由此可見，責任中心是責任會計核算的主體，科學地劃分不同責任層次，建立分工明確、關係協調的責任中心體系，是推行責任會計制度、確保其有效運作的前提。

(二) 責任中心的特徵

責任中心通常同時具備以下特徵：

1. 責任中心是一個責、權、利結合的實體

作為責任會計的主體，每個責任中心都要對一定的財務指標承擔完成的責任。同時，賦予責任中心與其所承擔責任的範圍和大小相適應的權力，並規定出相應的業績考核標準和利益分配標準。

2. 責任中心具有承擔經濟責任的條件

所謂具有承擔經濟責任的條件，有兩方面的含義：一是責任中心具有履行經濟責任中各條款的行為能力；二是責任中心一旦不能履行經濟責任，能對其後果承擔責任。每個責任中心所承擔的具體經濟責任必須能落實到具體的管理者頭上。

3. 責任中心所承擔的責任和行使的權力都應是可控的

每個責任中心只能對其責權範圍內可控的成本、收入、利潤和投資等相應指標負責，在責任預算和業績考核中也只應包括他們能控制的項目。可控是相對於不可控而言的，不同的責任層次，其可控的範圍不同。一般而言，責任層次越高，其可控範圍越大。

4. 責任中心具有相對獨立的經營業務和財務收支活動

它是確定經濟責任的客觀對象及責任中心得以存在的前提條件。

5. 責任中心便於進行責任核算、業績考核與評價

責任中心不僅要劃清責任而且要能夠進行單獨的責任核算。劃清責任是前提，單獨核算是保證。只有既劃清責任又能進行單獨核算的企業內部單位，才能作為一個責任中心。

(三) 責任中心的類型及考核指標

根據企業內部責任單位的權責範圍及業務活動的特點不同，可以將企業內部的責任中心分為成本中心、利潤中心和投資中心三大類型。

管理會計

1. 成本中心

（1）成本中心的含義

成本中心（Cost Center）是指只對其成本或費用承擔責任的責任中心，它處於企業的基礎責任層次。由於成本中心不會形成可以用貨幣計量的收入，因而不應當對收入、利潤或投資負責。

成本中心的範圍最廣，一般來說，凡企業內部有成本發生、需要對成本負責，並能實施成本控制的單位，都可以成為成本中心。工業企業上至工廠一級，下至車間、工段、班組，甚至個人都有可能成為成本中心。總之，成本中心一般包括負責產品生產的生產部門、勞務提供部門以及給予一定費用指標的管理部門。

（2）成本中心的類型

按照成本中心控制的對象的特點，可將成本中心分為技術性成本中心（Engineered Cost Center）和酌量性成本中心（Discretionary Cost Center）兩類。

①技術性成本中心

技術性成本中心又稱標準成本中心、單純成本中心或狹義成本中心，是指把生產實物產品而發生的各種技術性成本作為控制對象的成本中心。該類中心不需要對實際產出量與預算產量的變動負責，往往通過應用標準成本制度或彈性預算等手段來控制產品成本。

②酌量性成本中心

酌量性成本中心又稱費用中心，是指把為組織生產經營而發生的酌量性成本或經營費用作為控制對象的成本中心。該類中心一般不形成實物產品，不需要計算實際成本，往往通過加強對預算總額的審批和嚴格執行預算標準來控制經營費用開支。

（3）成本中心的特點

成本中心相對於其他層次的責任中心有其自身的特點，主要表現在：

①成本中心只考評成本費用不考評收益

成本中心一般不具有經營權和銷售權，其經濟活動的結果不會形成可以用貨幣計量的收入；有的成本中心可能有少量的收入，但從整體上講，其產出與投入之間不存在密切的對應關係。因而，這些收入不作為主要的考核內容，也不必計算這些貨幣收入。因此，成本中心只以貨幣形式計量投入，不以貨幣形式計量產出。

②成本中心只對可控成本承擔責任

成本（含費用）按其是否具有可控性（即其責任主體是否控制）可劃分為可控成本（Controllable Cost）與不可控成本（Uncontrollable Cost）兩類。

具體來說，可控成本必須同時具備以下四個條件：

第一，可以預計，即成本中心能夠事先知道將發生哪些成本以及在何時發生；

第二，可以計量，即成本中心能夠對發生的成本進行計量；

第三，可以施加影響，即成本中心能夠通過自身的行為來調節成本；

第四，可以落實責任，即成本中心能夠將有關成本的控制責任分解落實，並進

第九章　責任會計

行考核評價。

凡不能同時具備上述四個條件的成本通常為不可控成本。

屬於某成本中心的各項可控成本之和構成該成本中心的責任成本。從考評的角度看，成本中心工作成績的好壞，應以可控成本作為主要依據，不可控成本核算只有參考意義。在確定責任中心成本責任時，應盡可能使責任中心發生的成本成為可控成本。

成本的可控與不可控是以一個特定的責任中心和一個特定的時期作為出發點的，這與責任中心所處管理層次的高低、管理權限及控制範圍的大小和營運期間的長短有直接關係。因而，可控成本與不可控成本可以在一定的時空條件下相互轉化。

首先，成本的可控與否，與責任中心的權力層次有關。某些成本對於較高層次的責任中心來說是可控的，對於其下屬的較低層次的責任中心而言，可能是不可控的。對整個企業來說，幾乎所有的成本都是可控的，而對於企業下屬各層次、各部門乃至個人來說，則既有各自的可控成本，又有各自的不可控成本。

其次，成本的可控與否，與責任中心的管轄範圍有關。某項成本就某一責任中心來說是不可控的，而對另一個責任中心則可能是可控的，這不僅取決於該責任中心的業務內容，而且取決於該責任中心所管轄的業務內容的範圍。如產品試製費，從產品生產部門看是不可控的，而對新產品試製部門來說，就是可控的。但如果新產品試製也歸口由生產部門進行，則試製費又成為生產部門的可控成本。

再次，某些從短期看是不可控的成本，從較長的期間看，又成了可控成本。如現有生產設備的折舊，就具體使用它的部門來說，其折舊費用是不可控的，但是，當現有設備不能繼續使用，要用新的設備來代替它時，是否發生新設備的折舊費又成為可控成本了。

最後，隨著時間的推移和條件的變化，過去某些可控的成本項目，可能轉變為不可控成本。

一般說來，成本中心的變動成本大多是可控成本，而固定成本大多是不可控成本；各成本中心直接發生的直接成本大多是可控成本，其他部門分配的間接成本大多是不可控成本。但在實際工作中，必須從發展的眼光看問題，要具體情況具體分析，不能一概而論。

③成本中心只對責任成本進行考核和控制

責任成本（Responsibility Cost）是各成本中心當期確定或發生的各項可控成本之和，又可分為預算責任成本（Budgetary Responsibility Cost）和實際責任成本（Actual Responsibility Cost）。前者是指根據有關預算所分解確定的各責任中心應承擔的責任成本，後者是指各責任中心由於從事業務活動實際發生的責任成本。

對成本費用進行控制，應以各成本中心的預算責任成本為依據，確保實際責任成本不會超過預算責任成本；對成本中心進行考核，應通過各成本中心的實際責任成本與預算責任成本進行比較，確定其成本控制的績效，並採取相應的獎懲措施。

(4) 成本中心考核

一般是在事先編製的責任成本預算的基礎上，通過提交責任報告將責任中心發生的責任成本與其責任成本預算進行比較而實現的。實際數大於預算數的差異是不利差異，用「+」號表示；反之，用「-」號表示。

成本（費用）降低額＝預算責任成本－實際責任成本

成本（費用）降低率＝成本（費用）降低額／預算責任成本×100％

【例9-1】某成本中心的有關項目的實際指標如表9-1所示。要求：考核評價該中心的預算執行情況。

表9-1　　　　　　　　　某成本中心責任成本報告

項目	實際	預算	差異
下屬中心轉來的責任成本			
甲工段	11,400	11,000	+400
乙工段	13,700	14,000	-300
合計	25,100	25,000	+100
本中心的可控成本			
間接人工	1,580	1,500	+80
管理人員工資	2,750	2,800	-50
設備折舊費	2,440	2,400	+40
設備維修費	1,300	1,200	+100
合計	8,070	7,900	+170
本責任中心的責任成本合計	33,170	32,900	+270

由於本中心本身發生的可控成本超支170元（主要是因為設備維修費用超支了100元），甲工段超支了400元，它們都沒有完成責任預算，最終導致該中心責任成本超支了270元。乙工段節約300元成本，超額完成了預算。

2. 利潤中心

(1) 利潤中心的含義

利潤中心（Profit Center）是指對利潤負責的責任中心。由於利潤是收入與成本費用之差，因而，利潤中心既要對成本負責，還要對收入負責。

利潤中心往往處於企業內部的較高層次，是對產品或勞務生產經營決策權的企業內部部門，如分廠、分店、分公司等具有獨立的經營權的部門。

與成本中心相比，利潤中心的權力和責任都相對較大，它不僅要絕對地降低成本，而且更要尋求收入的增長，並使之超過成本的增長。通常利潤中心對成本的控制是結合對收入的控制同時進行的，它強調成本的相對節約。

(2) 利潤中心的類型

按照收入來源的性質不同，利潤中心可分為自然利潤中心（Physical Profit Center）與人為利潤中心（Suppositional Profit Center）兩類。

第九章　責任會計

①自然利潤中心

自然利潤中心是指可以直接對外銷售產品並取得收入的利潤中心。這類利潤中心雖然是企業內部的一個責任單位，但它本身直接面向市場，具有產品銷售權、價格制定權、材料採購權和生產決策權，其功能與獨立企業相近。最典型的形式就是公司內的事業部，每個事業部均有銷售、生產、採購的機能，有很大的獨立性，能獨立地控制成本、取得收入。

②人為利潤中心

人為利潤中心是只對內部責任單位提供產品或勞務而取得「內部銷售收入」的利潤中心。這種利潤中心一般不直接對外銷售產品。成立人為利潤中心應具備兩個條件：一是該中心可以向其他責任中心提供產品（含勞務）；二是能為該中心的產品確定合理的內部轉移價格，以實現公平交易、等價交換。

（3）利潤中心的成本計算

利潤中心要對利潤負責，需要以計算和考核責任成本為前提。只有正確計算利潤，才能為利潤中心業績考核與評價提供可靠的依據。對利潤中心的成本計算，通常有兩種方式可供選擇：

①利潤中心只計算可控成本，不分擔不可控成本，即不分攤共同成本

這種方式主要適用於共同成本難以合理分攤或無須進行共同成本分攤。按這種方式計算出來的盈利不是通常意義上的利潤，而是相當於「邊際貢獻總額」。企業各利潤中心的「邊際貢獻總額」之和，減去未分配的共同成本，經過調整後才是企業的利潤總額。採用這種成本計算方式的「利潤中心」，實質上已不是完整和原來意義上的利潤，而是邊際貢獻中心。人為利潤中心適合採取這種計算方式。

②利潤中心既計算可控成本，也計算不可控成本

這種方式適用於共同成本易於合理分攤或不存在共同成本分攤的情況。這種利潤中心在計算時，如果採用變動成本法，應先計算出邊際貢獻，再減去固定成本，才是稅前利潤；如果採用完全成本法，利潤中心可以直接計算出稅前利潤。各利潤中心的稅前利潤之和，就是企業的利潤總額。自然利潤中心適合採取這種計算方式。

（4）利潤中心的考核指標

利潤中心的考核指標為利潤，通過比較一定期間實際實現的利潤與責任預算所確定的利潤，可以評價其責任中心的業績。但由於成本計算方式不同，各利潤中心的利潤指標的表現形式也不相同。

①當利潤中心不計算共同成本或不可控成本時，其考核指標是：

利潤中心邊際貢獻總額 ＝ 該利潤中心銷售收入總額 － 該利潤中心可控成本總額（或變動成本總額）

值得說明的是，如果可控成本中包含可控固定成本，就不完全等於變動成本總額。但一般而言，利潤中心的可控成本大多只是變動成本。

②當利潤中心計算共同成本或不可控成本，並採取變動成本法計算成本時，其

203

管理會計

考核指標主要是以下幾種：

$$\text{利潤中心邊際貢獻總額} = \text{該利潤中心銷售收入總額} - \text{該利潤中心變動成本總額}$$

$$\text{利潤中心負責人可控利潤總額} = \text{該利潤中心邊際貢獻總額} - \text{該利潤中心負責人可控固定成本總額}$$

$$\text{利潤中心可控利潤總額} = \text{該利潤中心負責人可控利潤總額} - \text{該利潤中心負責人不可控固定成本總額}$$

$$\text{公司利潤總額} = \text{各利潤中心利潤總額之和} - \text{可控公司不可分攤的各種管理費用、財務費用}$$

為了考核利潤中心負責人的經營業績，應針對經理人員的可控成本費用進行考核和評價。這就需要將各利潤中心的固定成本進一步區分為可控的固定成本和不可控的固定成本。主要考慮某些成本費用可以劃歸、分攤到有關利潤中心，卻不能為利潤中心負責人所控制，如廣告費、保險費等。在考核利潤中心負責人業績時，應將其不可控的固定成本從中扣除。

【例9-2】利潤中心考核指標的計算

已知：某企業的第一車間是一個人為利潤中心。本期實現內部銷售收入600,000元，變動成本為360,000元，該中心負責人可控固定成本為50,000元，中心負責人不可控，但應由該中心負擔的固定成本為80,000元。

要求：計算該利潤中心的實際考核指標，並評價該利潤中心的利潤完成情況。

解：依題意

利潤中心邊際貢獻總額 = 600,000 - 360,000 = 240,000（元）

利潤中心負責人可控利潤總額 = 240,000 - 50,000 = 190,000（元）

利潤中心可控利潤總額 = 190,000 - 80,000 = 110,000（元）

評價：

計算結果表明該利潤中心各項考核指標的實際完成情況。為對其完成情況進行評價，需要將各指標與責任預算進行對比和分析，並找出產生差異的原因。

3. 投資中心

(1) 投資中心的含義

投資中心（Investment Center）是指對投資負責的責任中心。其特點是不僅要對成本、收入和利潤負責，還要對投資效果負責。

由於投資的目的是獲得利潤，因而，投資中心同時也是利潤中心，但它又不同於利潤中心。其主要區別有二：一是權利不同，利潤中心沒有投資決策權，它只能在項目投資形成生產能力後進行具體的經營活動；而投資中心則不僅在產品生產和銷售上享有較大的自主權，而且能相對獨立地運用所掌握的資產，有權購建或處理固定資產，擴大或縮減現有的生產能力。二是考核辦法不同，考核利潤中心業績時，不聯繫投資多少或占用資產的多少，即不進行投入產出的比較；而在考核投資中心

第九章 責任會計

的業績時，必須將所獲得的利潤與所占用的資產進行比較。

投資中心是處於企業最高層次的責任中心，它具有最大的決策權，也承擔最大的責任。投資中心的管理特徵是較高程度的分權管理。一般而言，大型集團所屬的子公司、分公司、事業部往往都是投資中心。在組織形式上，成本中心一般不是獨立法人，利潤中心可以是也可以不是獨立法人，而投資中心一般是獨立法人。

由於投資中心要對其投資效益負責，為保證其考核結果的公正、公平和準確，各投資中心應對其共同使用的資產進行劃分，對共同發生的成本進行分配，各投資中心之間相互調劑使用的現金、存貨、固定資產等也應實行有償使用。

(2) 投資中心的考核指標

投資中心考核與評價的內容是利潤及投資效果。因此，投資中心除了考核和評價利潤指標外，更需要計算、分析利潤與投資額的關係性指標，即投資利潤率和剩餘收益。

①投資利潤率

投資利潤率（Return on Investment，ROI）又稱投資報酬率，是指投資中心所獲得的利潤與投資額之間的比。其計算公式是：

投資利潤率＝利潤/投資額×100%

投資利潤率還可進一步展開：

投資利潤率＝銷售收入/投資額×利潤/銷售收入

　　　　　＝總資產週轉率×銷售利潤率

　　　　　＝總資產週轉率×銷售成本率×成本費用利潤率

以上公式中投資額是指投資中心可以控制並使用的總資產。所以，該指標也可以稱為總資產利潤率，它主要說明投資中心運用每一元資產對整體利潤貢獻的大小，主要用於考核和評價由投資中心掌握、使用的全部資產的盈利能力。

為了考核投資中心的總資產運用狀況，也可以計算投資中心的總資產息稅前利潤率，其計算公式為：

總資產息稅前利潤率＝息稅前利潤/總資產占用額×100%

值得說明的是，由於利潤或息稅前利潤是期間性指標，故上述投資額或總資產占用額應按平均投資額或平均占用額計算。

投資利潤率指標能反應投資中心的綜合盈利能力，具有橫向可比性。其不足是缺乏全局觀念。當一個投資項目的投資利潤率低於某投資中心的投資利潤率而高於整個企業的投資利潤率時，雖然企業希望能接受這個投資項目，但該投資中心可能拒絕它；反之，該投資中心會接受這個投資項目。

為了彌補這一指標的不足，使投資中心的局部目標與企業的總體目標保持一致，可採用剩餘收益指標來評價考核。

②剩餘收益

剩餘收益（Residual Income，RI）是一個絕對數指標，是指投資中心獲得的利

潤扣減最低投資收益後的餘額。最低投資收益是投資中心的投資額（或資產占用額）按規定的或預期的最低收益率計算的收益。其計算公式如下：

剩餘收益＝息稅前利潤－投資總額×規定的或預期的最低投資收益率

如果考核指標是總資產息稅前利潤率，則剩餘收益計算公式應做相應調整，其計算公式如下：

剩餘收益＝息稅前利潤－總資產占用額×規定或預期的總資產息稅前利潤率

這裡所說的規定或預期的最低收益率和總資產息稅前利潤率通常是指企業為保證其生產經營正常、持續進行所必須達到的最低收益水準，一般可按整個企業各投資中心的加權平均投資收益率計算。只要投資項目收益高於要求的最低收益率，就會給企業帶來利潤，也會給投資中心增加剩餘收益，從而保證投資中心的決策行為與企業總體目標一致。

剩餘收益指標具有兩個特點：

第一，體現投入產出關係。由於減少投資（或降低資產占用）同樣可以達到增加剩餘收益的目的，因而與投資利潤率一樣，該指標也可以用於全面考核與評價投資中心的業績。

第二，避免本位主義。剩餘收益指標避免了投資中心的狹隘本位傾向，即單純追求投資利潤而放棄一些有利可圖的投資項目。因為以剩餘收益作為衡量投資中心工作成果的尺度，可以促使投資中心盡量提高剩餘收益，即只要有利於增加剩餘收益絕對額，投資行為就是可取的，而不只是盡量提高投資利潤率。

【例9-3】投資中心考核指標的計算

已知：某企業有若干個投資中心，報告期整個企業的投資報酬率為14%，其中甲投資中心的投資報酬率為18%。該中心的經營資產平均餘額為200,000元，利潤為36,000元。預算期甲投資中心有一追加投資的機會，投資額為100,000元，預計利潤為16,000元，投資報酬率為16%，甲投資中心預期最低投資報酬率為15%。

要求：

（1）假定預算期甲投資中心接受了上述投資項目，分別用投資報酬率和剩餘收益指標來評價考核甲投資中心追加投資後的工作業績；

（2）分別從整個企業和甲投資中心的角度，說明是否應當接受這一追加投資項目。

解：（1）投資報酬率＝(36,000+16,000)/(200,000+100,000)×100%≈17.33%

剩餘收益＝16,000－100,000×14%＝2,000（元）

顯然，接受後，甲投資中心的投資報酬率降低了，但其剩餘收益為2,000元，表明其仍有利可投。

（2）從企業來看，該項目投資報酬率16%＞企業的投資報酬率14%，且剩餘收益為2,000元＞0。結論是：無論從哪個指標看，企業都應當接受該追加投資。

從甲投資中心來看，按投資報酬率指標，不應接受；但按剩餘收益，則可接受。

4. 成本中心、利潤中心和投資中心三者之間的關係

成本中心、利潤中心和投資中心彼此並非孤立存在的，每個責任中心都要承擔相應的經營責任。

最基層的成本中心應就經營的可控成本向其上層成本中心負責；上層的成本中心應就其本身的可控成本和下層轉來的責任成本一併向利潤中心負責；利潤中心應就其本身經營的收入、成本（含下層轉來成本）和利潤（或邊際貢獻）向投資中心負責；投資中心最終就其經管的投資利潤率和剩餘收益向總經理和董事會負責。

總之，企業各種類型和層次的責任中心形成一個「連鎖責任」網絡，這就促使每個責任中心為保證經營目標一致而協調運轉。

第二節　內部轉移價格

一、內部轉移價格的內涵及意義

內部轉移價格（Inter-company Transfer Price）簡稱內部價格，又稱內部轉讓價格或內部移動價格，是指企業內部各責任中心之間轉移中間產品或相互提供勞務而發生內部結算和進行內部責任結轉所使用的計價標準。

制定內部轉移價格，有助於明確劃分各責任中心的經濟責任，有助於在客觀、可比、公正的基礎上對責任中心的業績進行考核與評價，以便協調各責任中心的各種利益關係，調節企業內部的各項業務活動，便於企業經營者做出正確的決策。

二、內部轉移價格的作用

在責任會計系統中，內部轉移價格主要應用於內部交易結算和內部責任結轉。

（一）內部交易結算的含義

企業內部的各個責任單位在生產經營活動過程中，經常發生各種既相互聯繫又相互獨立的業務活動，在管理會計中，將一個責任中心向另一個責任中心提供產品或勞務服務而發生的相關業務稱為內部交易。內部交易結算是指在發生內部交易業務的前提下，由接受產品或勞務服務的責任中心向提供產品或勞務服務的責任中心支付報酬而引起的一種結算行為。

採用內部轉移價格進行內部交易結算，可以使企業內部的兩個責任中心處於類似於市場交易的買賣兩極，起到與外部市場相似的作用。責任中心作為賣方即提供產品或勞務的一方必須不斷改善經營管理，提高質量，降低成本費用，以其收入抵償支出，取得更多的利潤；而買方即產品或勞務的接受一方也必須在競價所形成的一定買入成本的前提下，千方百計降低自身的成本費用，提高產品或勞務的質量，爭取獲得更多的利潤。

管理會計

(二) 內部責任結轉的含義

內部責任結轉又稱責任成本結轉，簡稱責任結轉，是指在生產經營過程中，對於因不同原因產生的各種經濟損失，由承擔損失的責任中心對實際發生或發現損失的責任中心進行損失賠償的帳務處理過程。

利用內部轉移價格進行責任結轉有兩種情形：

一是各責任中心之間由於責任成本發生的地點與應承擔責任的地點往往不同，因而要進行責任轉帳。如生產車間所消耗原材料超定額是由採購部門所供應的原材料質量不合格所致，則應由購進部門負責，應將這部分超定額成本消耗的成本責任轉移至採購部門。

二是責任成本在發生的地點顯示不出來，需要在下道工序或環節才能發現，這也需要轉帳。如前後兩道工序都是成本中心，後道工序加工時，才發現前道工序轉來的半成品是次品。針對這些次品所進行的篩選、整理、修補等活動而消耗的材料、人工和其他費用，均應由前一道工序負擔。至於這些次品使企業發生的產品降價、報廢損失，則應分析原因，分別轉到有關責任中心的帳戶中去。

三、內部轉移價格變動對有關方面的影響

很明顯，在其他條件不變的情況下，內部轉移價格的變化，會使交易雙方當事人的責任中心的成本或收入發生相反方向的變化。但是從整個企業角度看，一方增加的成本可能正是另一方增加的收入，反之亦然。一增一減，數額相等，方向相反。因此，在理論上看，內部轉移價格無論怎樣變動，都不會改變企業的利潤總額，所改變的只是企業內部各責任中心的收入或利潤的分配份額。

四、制定內部轉移價格的原則

制定內部轉移價格，必須遵循以下原則：

(一) 全局性原則

制定內部轉移價格必須強調企業的整體利益高於各責任中心的利益。內部轉移價格直接關係到各責任中心的經濟利益的大小，每個責任中心必然會最大限度地為本責任中心爭取最大的價格好處。在局部利益彼此衝突的情況下，企業和各責任中心應本著企業利潤最大化的要求，合理地制定內部轉移價格。不能以鄰為壑、在價格上互相傾軋。

(二) 公平性原則

內部轉移價格的制定應公平合理，應充分體現各責任中心的工作態度和經營業績，防止某些責任中心因價格優勢而獲得額外的利益、某些責任中心因價格劣勢而遭受額外損失。所謂公平性，就是指各責任中心所採用的內部轉移價格能使其努力經營的程度與所得到的收益相適應。

第九章 責任會計

(三) 自主性原則

在確保企業整體利益的前提下，只要可能，就應通過各責任中心的自主競爭或討價還價來確定內部轉移價格，真正在企業內部實現市場模擬，使內部轉移價格能為各責任中心所接受。企業最高管理當局不宜過多地採取行政干預措施。

(四) 重要性原則

重要性原則即內部轉移價格的制定應當體現「大宗細緻、零星從簡」的要求，對原材料、半成品、產成品等重要物資的內部轉移價格制定從細，而對勞保用品、修理用備件等數量繁多、價值低廉的物資，其內部轉移價格制定從簡。

五、內部轉移價格的類型

內部轉移價格主要包括市場價格、協商價格、雙重價格和成本轉移價格四種類型。

(一) 市場價格

1. 市場價格的定義

市場價格（Market Price）是根據產品或勞務的市場價格作為基價的內部轉移價格。以市場價格作為內部轉移價格的方法，是假定企業內部各部門都在獨立自主的基礎之上，它們可以自由地決定從外界或內部進行購銷。同時，產品有競爭性市場，可以提供一個客觀的外在市場價格。其理論基礎是：對於獨立的企業單位進行評價，就看它們在市場上買賣的獲利能力。以市場為基礎制定內部轉移價格，沒有必要考慮消除由市價帶來的競爭壓力。

2. 市場價格的優點及應遵循的原則

以正常的市場價格作為內部轉移價格有一個顯著的優點，就是供需雙方的部門都能按照市場價格買進或賣出它們所供和所需的產品。供需雙方的部門經理在相互交易時，同外部人員一樣進行交易。從公司的觀點看，只要供應一方是按生產能力提供產品，也可將之視為在市場中進行交易。另外，一個公司的兩個責任中心相互交易，不管市場上是否存在同樣的貨物，內部進行買賣具有質量、交貨期等易於控制，可以節省談判成本等優點。因此，公司管理當局為了全公司的整體利益，應當鼓勵進行內部轉移。

採用市場價格制定轉移價格時應遵循的基本原則為：除非責任中心有充分理由說明外部交易更為有利，否則各責任中心之間應盡量進行內部轉移。具體表現為：

(1) 購買的責任單位可以同外界購入相比較。如果內部單位要價高於市價，則可以捨內求外，而不必為此支付更多的代價。

(2) 銷售的責任單位不應從內部單位獲得比向外界銷售更多的收入。

這是正確評價各個利潤（投資）中心的經營成果，並更好地發揮生產經營活動的主動性和積極性的一個重要條件。但必須注意的是，購買部門向外界購入，將會

使企業的部分生產能力閒置,但同時又從向外界購入得到一定的益處。此時,就應將其向外界購買所得到的收益與企業生產能力閒置而受的損失進行比較,如果前者能抵補後者,則允許向外界購入;否則,次優方案必須服從最優方案。

直接以市價作為內部轉移價格的主要困難在於:部門間提供的中間產品常常很難確定它們的市價,而且市場價格往往變動較大,或市場價格沒有代表性。從業績評價來說,以市價為內部轉移價格,將對銷售部門有利。這是因為,產品由企業內部供應,可以節省許多銷售、商業信用方面的費用。而直接以市價為轉移價格,則這方面所節約的費用將全部表現為銷售單位的工作成果,購買單位得不到任何好處,因而會引起它們的不滿。

3. 市場價格的適用範圍

以市場價格為基礎制定的內部轉移價格適於利潤中心或投資中心採用,當產品有外部市場,「購」「銷」雙方都有權自由對外銷售產品和採購產品時,以市場價格作為轉移價格仍不失為一種有效的方法。另外,企業的中間產品應該有完全競爭的市場的市場價格為參考。

【例9-4】甲公司是一家集團公司,其擁有20個分權性投資中心。這些投資中心具有較大的自主權,包括產品定價、自主產品銷售權。甲公司對這些投資中心按剩餘收益(RI)指標進行業績考評。甲公司的A分部生產某一零部件,既可以外售又可以內售給B分部。甲公司B分部將A分部出售給它的零部件進一步加工成工業產品出售。現做如下假定:

(1) 從短期進行分析,忽略長期因素。
(2) 在短期內,轉移定價的確定不影響固定成本。
(3) 各分部都自覺地追求自身貢獻毛益最大化和剩餘收益最大化。
(4) 各分部管理當局是理性的,即各分部都立足於獨立自主的基礎上,公平地與公司內部其他部門以及外部企業進行交易。
(5) 產品需要量預測以及成本、定價是準確的。

有關資料如表9-2所示。

表9-2　　　　　　　　　　　基本資料表

項目	A 分部	B 分部
單價(元)	50	100
單位變動成本(元)	20	30
生產能力(件)	2,200	400

其結果如表9-3所示。

第九章　責任會計

表 9-3　　　　　　　　　完全競爭條件下的轉移定價　　　　　　　　單位：元

項目	出售方（A 分部）	購買方（B 分部）	公司整體
轉移數量（件）	400	400	
總收入	400×50＝20,000	400×100＝40,000	40,000
變動成本總額	400×20＝8,000	400×30＝12,000	20,000
轉移價格或外購價格		400×50＝20,000	
邊際貢獻	12,000	8,000	20,000

　　從以上的計算可以看出，轉移定價實際上是將公司整體的貢獻毛益在不同部分之間進行了分配。以市場價格為轉移定價時，購買方沒有得到內部轉移所帶來節約的好處，其業績仍與從外部採購時一樣，此時容易引發抵觸情緒，導致其不從內部而從外部採購。此時可以考慮按市場價格扣減適當銷售費用的節約額作為轉移定價，從而使銷售和購買方的業績都能得到比較準確的反應。

　　另外，在進行產品由企業自制或外購及是否淘汰某一產品的決策時，以市場價格作為轉移價格幾乎完全無用。因為從企業作為一個整體的觀點來看，這些決策應以邊際成本或差異成本方法為基礎來制定。儘管以市場為內部轉移價格還有這樣或那樣的缺點，但由於以市場價格為轉移價格適合於利潤中心和投資中心組織，且有利於每一部分的業績評價，故在產品有外界市場、購銷雙方可以自由購買或銷售產品的情況下，以市場價格作為轉移價格仍不失為一種有效的方法。

（二）協商價格

1. 協商價格的定義

　　協商價格（Negotiated Price）也稱為議價，是指在正常市場價格的基礎上，由企業內部責任中心通過定期共同協商所確定的供求雙方都能夠接受的價格。

　　採用協商價格的前提是責任中心轉移的產品應在非競爭性市場上具有買賣的可能性，在這種市場內買賣雙方有權自行決定是否買賣這種中間產品。

2. 對協商價格的干預

　　如果發生以下四種情況之一，企業高一級的管理層需要出面進行必要的干預：

（1）價格不能由買賣雙方自行決定；

（2）當協商的雙方發生矛盾而又不能自行解決時；

（3）雙方協商確定的價格不符合企業利潤最大化要求時。

　　這種干預應以有限、得體為原則，不能使整個協商談判變成上級領導包辦，完全決定一切。

3. 協商價格水準的上下限範圍

　　協商價格通常要比市場價格低。其最高上限是市價，下限是單位變動成本。

　　當交易的產品或勞務沒有適當的市價時，只能採用議價方式來確定。在這種情況下，可以通過各相關責任中心之間的討價還價，形成企業內部的模擬「公允市價」，以此作為計價的基礎。

211

4. 以協商價格作為內部轉移價格的優缺點

以協商價格作為內部轉移價格的優點是：在協商價格確定的過程中，供求雙方當事人都可以在模擬的市場環境下討價還價，充分發表意見，從而可調動各方的積極性、主動性。

以協商價格作為內部轉移價格的缺點是：首先，在協商定價的過程中要花費人力、物力和時間；其次，協商定價的各方往往會因各持己見而相持不下，需要企業高層領導做出裁決，這樣，弱化了分權管理的作用。

5. 協商價格的適用範圍

在中間產品有非競爭性市場，生產單位有閒置的生產能力以及變動生產成本低於市場價格，且部門經理有討價還價權利的情況下，可採用協商價格作為內部轉移價格。

【例9-5】續例9-4的有關資料，假定A分部將其產品（零部件）賣給B分部而不是賣給企業外部，則可以節省運輸費等，平均每件產品可以節省變動成本2元。該節約額在A、B分部之間平分，因此轉移定價確定為市場價格減節約的成本的1/2，即50-1=49元，其結果如表9-4所示。

表9-4　　　　以經過協商的市場價格為基礎的轉移定價　　　　單位：元

項目	出售方（A分部）	購買方（B分部）	公司整體
轉移數量（件）	400	400	
總收入	400×49=19,600	400×100=40,000	40,000
變動成本總額	400×18=7,200	400×30=12,000	19,200
轉移價格或外購價格		400×49=19,600	
邊際貢獻	12,400	8,400	20,800

比較表9-3、表9-4可以看出，A分部與B分部在企業內部進行交易的結果是使企業整體貢獻毛益增加800元（400件×2元/件）。

內部交易形成的貢獻毛益額應由A、B兩個部門分享。如果以50元的市場價格定價，則企業內部交易形成的差額貢獻毛益將全部表現為A分部的業績，這會引起B分部的不滿，由此也會影響企業整體業績。相反，如果以48元（50-2）的價格定價，則內部交易所帶來的節省額或差額貢獻毛益將全部體現在B分部業績中，這也會引起A分部的不滿。比較合理的做法是：A、B雙方經過理性的談判，使價格定為48~50元，由此使差額貢獻毛益由雙方分享。如本例中雙方經過協商，將轉移價格定為49元，將使雙方都從中受益。

（三）雙重價格

1. 雙重價格的定義

雙重價格（Dual Price）就是針對供需雙方分別採用不同的內部轉移價格而制定的價格。例如，對產品（半成品）的出售單位，按協商的市場價格計價；而對購買

第九章　責任會計

單位，則按出售單位的變動成本計價。

2. 雙重價格的優缺點

雙重價格有利於產品（半成品）接受單位正確地進行經營決策，避免因內部定價高於外界市場價格，接受單位向外界進貨而不從內部購買，使企業內部產品（半成品）供應單位的部分生產能力由此閒置，而無法充分利用的情況出現；同時也有利於提高供應單位在生產經營中充分發揮主動性、積極性。這一方法可以促使接受單位從企業整體的立場出發做出正確的經營決策，較好地適應不同方面的實際需要，從而很好地解決目標一致性、激勵等問題。

缺點在於：價格標準過多，在應用過程中，會因處理由此而形成的差異而出現一定的麻煩。

3. 雙重價格制度的適用範圍

這種方法只有在任何單一內部轉移價格均無法達到目標一致及激勵目的，中間產品有外部市場，生產（供應）單位生產能力不受限制，且變動成本低於市場價格的情況下，才行之有效，並對企業有利。

（四）成本轉移價格

1. 成本轉移價格的概念

成本轉移價格就是以產品或勞務的成本為基礎而制定的內部轉移價格。用產品成本作為轉移價格，是制定轉移價格最簡單的方法。

2. 成本轉移價格的種類及特點

由於人們對成本概念的理解不同，成本轉移價格也包括多種類型，其中用途較為廣泛的成本轉移價格有以下三種：

（1）標準成本。它是以產品（半成品）或勞務標準成本作為內部轉移價格。它適用於成本中心之間的產品（半成品）轉移的結算。其優點是將管理和核算工作結合起來，可以避免供應方成本高低對使用方的影響，做到責任分明，有利於調動供需雙方降低成本的積極性。

（2）標準成本加成。它是按產品（半成品）或勞務的標準成本加計一定的合理利潤作為計價的基礎。當內部交易價格涉及利潤中心或投資中心時，可將標準成本加上一定利潤作為轉移價格。其優點是能分清相關責任中心的責任，有利於成本控制。但確定加成利潤率時，應由管理當局妥善制定，避免主觀隨意性。

（3）標準變動成本。它是以產品（半成品）或勞務的標準變動成本作為內部轉移價格，能夠明確揭示成本與產量的性態關係，便於考核各責任中心的業績，也利於經營決策。不足之處是產品（半成品）或勞務中不包含固定成本，不能反應勞動生產率變化對固定成本的影響，不利於調動各責任中心提高產量的積極性。

（五）共同成本的分配

共同成本（Common Costs），也稱服務成本，它是由作為成本中心的服務部門，如動力部門、維修部門等服務部門為生產部門提供服務所發生的成本。由於這些服

管理會計

務使各生產部門共同受益,需由各受益部門共同負擔,故稱為共同成本。

對於這些共同成本是否需要分配,應該分別對待。企業內部服務部門所發生的變動成本應該選擇合適的分配標準分配給各受益的責任中心。一般情況下,對於服務部門所發生的固定成本和上級責任中心發生的管理費用和營業費用,各個共同受益的責任中心無法控制,企業可根據管理要求,將其分配給各受益責任中心,也可不予分配。

在共同成本的分配中,分配基礎的選擇極為重要。間接成本分配的任何價值都只來自對成本分配賴以進行各種活動變量的計量,而沒有任何價值來自成本分配本身。如果在分配的基礎上存在特定的偏差(選擇的分配基礎不合理),則往往會對有關方面的行為產生嚴重影響。這種嚴重影響的結果有時往往會阻礙目標一致性的實現。共同成本的分配,作為內部轉移價格的一種具體表現形式,是責任會計中最複雜的問題之一,滲透責任會計中的一些行為問題的考慮,使它難以得出一般的結論。某一分配基礎在某種情況(或某種服務項目)下可以導致所期望的行為,因而是可取的;而在另一種情況(或另一種服務項目)下,則可能引起行為上相反的結果。因此,試圖找出一種適合任何情況的最佳分配基礎是不現實的。

共同成本分配基礎歸納起來主要有三類:①以能反應成本因果關係的使用量作為分配基礎;②以使用者的受益程度作為分配基礎;③以使用部門對間接成本的承擔能力大小作為分配基礎。以下結合實例對以使用量為標準的共同成本分配做出分析。

以實際使用服務量為基礎對實際發生的共同成本進行分配,是最常用的分配方式。這種分配基礎的理論依據在於其同成本與服務量之間有較明確的因果關係。這一分配基礎的優點是:有利於使用服務的部門對提供服務部門的工作效率進行監督。由於提供服務部門的效率高低會直接影響受益部門的業績水準,這就為監督服務部門的工作提供了有效的監督工具。儘管如此,這一分配基礎同時也存在以下不足:首先,其所分配的是實際成本,而不是預算成本;使服務部門的低效率轉嫁給受益部門。因為對服務提供部門來說,節約和浪費一樣,全部成本總是分配無餘,而不會對控制成本的業績進行考核,故這一分配基礎對於服務部經理完成其職責缺乏激勵作用。其次,按實際使用量分配固定成本,從而會使這一受益部門負擔的服務成本受其他受益部門的使用服務量多少的影響,易使受益部門的經理採取不利於實現企業整體目標的不良行為。下面以維修部門成本的分析為例予以說明。

【例9-6】假定某企業有一個運輸部門為其兩個生產部門(製造部門和裝配部門)服務,當年有關資料如表9-5所示。

第九章 責任會計

表 9-5　　　　　　　　　　　基本資料

生產部門	使用運輸服務的里程（千米）
製造	50,000
裝配	30,000
合計	80,000

本年運輸部門發生的成本為 560,000 元，運輸成本分配情況如表 9-6 所示。

表 9-6　　　　　　　　　共同費用分配

	運輸里程	分配率	運輸成本（元）
製造	50,000		350,000
裝配	30,000		210,000
合計	80,000	7	560,000

現假定第二年裝配部門仍用 30,000 千米，而製造部門使用的運輸里程數從原來的 50,000 千米降為 40,000 千米。運輸第二年所發生的維修成本與第一年相同，則運輸成本的分配情況如表 9-7 所示。

表 9-7　　　　　　　　　共同費用分配

	運輸里程（千米）	分配率	運輸成本（元）
製造	40,000		320,000
裝配	30,000		240,000
合計	70,000	8	560,000

由表 9-7 可以看出，儘管裝配部門所使用的運輸里程數與第一年相同，但它所分擔的維修成本卻比第一年多 30,000 元。這是由於製造部門的經理用了較少的運輸服務，從而使兩個生產部門之間使用運輸服務的里程比率發生了變化，即裝配部門與製造部門的里程比率由原來的 3∶5 變為 3∶4，裝配部門多負擔了一部分運輸成本。由此可見，這一分配基礎會使一部門的業績受另一部門使用服務量多少的影響，即部門經理人員可以採用少使用服務項目的辦法將共同成本轉移給其他受益部門，由此導致經理人員少利用服務項目的趨勢。然而，某些必要勞務的耗用不足，會損害企業的長遠利益。例如，機器設備的到期維修被延緩，使機器設備帶病運轉，由此造成企業後勁不足，從而使企業長期利益受到損害。

第三節　責任預算與責任報告

一、責任預算

（一）責任預算的含義

責任預算（Responsibility Budget）是以責任中心為主體，以其可控的成本、收入、利潤和投資等為對象所編製的預算。

（二）責任預算的指標構成

責任預算由各種責任指標組成。這些指標可分為主要責任指標和其他責任指標。

主要責任指標是指特定責任中心必須保證實現，並能夠反應各種不同類型的責任中心之間的責任和相應區別的責任指標。在上節所述及的有關責任中心的各項考核指標都屬於主要指標的範疇。

其他責任指標是根據企業其他總目標分解而得到的或為保證主要責任指標完成而確定的責任指標，這些指標包括勞動生產率、設備完好率、出勤率、材料消耗率和職工培訓等內容。

（三）編製責任預算的意義

通過編製責任預算可以明確各責任中心的責任，並與企業的總預算保持一致，以確保企業目標的實現。責任預算既為各責任中心提供了努力目標和方向，也為控制和考核各責任中心提供了依據。在企業實踐中，責任預算是企業總預算的補充和具體化，只有將各責任中心的責任預算與企業的總預算有機地融為一體，才能較好地達到責任預算的效果。

（四）責任預算的編製程序

責任預算的編製程序有兩種：

1. 自上而下的程序

本程序是以責任中心為主體，將企業總預算目標自上而下地在各責任中心之間層層分解，進而形成各責任中心責任預算的一種常用程序。其優點在於：可以使整個企業在編製各部門責任預算時，實現一元化領導，便於統一指揮和調度。其不足之處在於：可能會限制基層責任中心的積極性和創造性的發揮。

2. 由下而上的程序

本程序是由各責任中心自行列示各自的預算指標、層層匯總，最後由企業專門機構或人員進行匯總和協調，進而編製出企業總預算的一種程序。該程序的優點在於：便於充分調動和發揮各基層責任中心的積極性。其不足之處在於：由於各責任中心往往只注意本中心的具體情況或多從自身利益角度考慮，容易造成彼此協調上的困難、互相支持少，以致衝擊企業的總體目標，層層匯總的工作量比較大，協調的難度大，可能影響預算質量和編製時效。

第九章　責任會計

(五) 不同經營管理方式下責任預算編製程序的選擇

責任預算的編製程序與企業組織機構設置和經營管理方式有著密切關係。在集權管理制度下，企業通常採用自上而下的預算編製方式；在分權管理制度下，則企業往往採用自下而上的預算編製方式。

在集權組織結構形式下，公司的總經理大權獨攬，對企業的所有成本、收入、利潤和投資負責。公司往往是唯一的利潤中心和投資中心。而公司下屬各部門、各工廠、各工段、各地區都是成本中心，它們只對其權責範圍內控制的成本負責。因此，在集權組織結構形式下，首先要按照責任中心的層次，從上至下把公司總預算（或全面預算）逐層向下分解，形成各責任中心的責任預算；然後建立責任預算執行情況的跟蹤系統，記錄預算執行的實際情況，並定期由下至上把責任預算的實際執行數據逐層匯總，直到高層的利潤中心或最高層的投資中心。

在分權組織結構形式下，經營管理權分散在各責任中心，公司下屬各部門、各工廠、各地區等與公司自身一樣，可以同時是利潤中心和投資中心，它們既要控制成本、收入、利潤，也要對所占用的全部資產負責。在分權組織結構形式下，首先也應按責任中心的層次，將公司總預算（或全面預算）從最高層向最底層逐級分解，形成各責任單位的責任預算。然後建立責任預算的跟蹤系統，記錄預算實際執行情況，並定期從最基層責任中心把責任成本的實際數，以及銷售收入的實際數，通過編製業績報告逐層向上匯總，一直到最高的投資中心。

隨著預算數據的逐級分解，預算的責任中心的層次越來越低，預算目標越來越具體。這意味著公司總預算被真正落實到責任單位或個人，使預算的實現有了可靠的組織保障，也意味著公司總預算被分解到了具體的項目上，使預算的實現有了客觀的依據。

二、責任報告

(一) 責任報告的含義

責任會計以責任預算為基礎，通過對責任預算的執行情況的系統反應，確認實際完成情況同預算目標的差異，並對各個責任中心的工作業績進行考核與評價。責任中心的業績考核和評價是通過編製責任報告來完成的。

責任報告（Performance Report）亦稱業績報告、績效報告，是指根據責任會計記錄編製的反應責任預算實際執行情況，揭示責任預算與實際執行差異的內部會計報告。

(二) 責任報告與責任預算的關係

責任報告是對各個責任中心責任預算執行情況的系統概括和總結。根據責任報告，可進一步對責任預算執行差異的原因和責任進行具體分析，以充分發揮反饋作用，以使上層責任中心和本責任中心對有關生產經營活動實行有效控制和調節，促

使各個責任中心根據自身特點，卓有成效地開展有關活動以實現責任預算。

（三）責任報告的形式與側重點

責任報告主要有報表、數據分析和文字說明等幾種形式。將責任預算、實際執行結果及其差異用報表予以列示是責任報告的基本形式。在揭示差異時，還必須對重大差異予以定量分析和定性分析。其中，定量分析旨在確定差異的發生程度，定性分析旨在分析差異產生的原因，並根據這些原因提出改進建議。在現實工作中，往往將報表、數據分析和文字說明等幾種形式結合起來使用。

在企業的不同管理層次上，責任報告的側重點應有所不同。最低層次的責任中心責任報告應當最詳細，隨著層次的提高，責任報告的內容應以更為概括的形式來表現。這一點與責任預算的由上至下分解過程不同，責任預算是由總括到具體，責任報告是由具體到總括。責任報告應能突出產生差異的重要影響因素，為此應遵循「例外管理原則」，突出重點，使報告的使用者能把注意力集中到少數嚴重脫離預算的因素或項目上來。

（四）責任報告的編製程序及會計核算工作的組織方式

責任中心是逐級設置的，責任報告也必須逐級編製，但通常只採用自下而上的程序逐級編報。

為了編製各責任中心的責任報告，必須以責任中心為對象組織會計核算工作，具體做法包括「雙軌制」和「單軌制」兩種。

（1）雙軌制是指將責任會計核算與財務會計核算分別按兩套核算體系組織。在組織責任會計核算時，由各責任中心指定專人把各中心日常發生的成本、收入以及各中心相互間的結算和轉帳業務記入單獨設置的責任會計的編號帳戶內，根據管理需要，定期計算盈虧。

（2）單軌制指將責任會計核算與財務會計核算統一在一套核算體系中。為簡化日常核算，在組織責任會計核算時，不另設專門的責任會計帳戶，而是在傳統財務會計的各明細帳戶內，為各責任中心分別設戶進行登記、核算。

● 第四節　業績考核及員工激勵機制

一、業績考核

（一）業績考核的含義

業績考核（Performance Measurement）是以責任報告為依據，分析、評價各責任中心責任預算的實際執行情況，找出差距，查明原因，借以考核各責任中心工作成果，實施獎罰，促使各責任中心積極糾正行為偏差，完成責任預算的過程。

第九章 責任會計

(二) 業績考核的分類

1. 狹義的業績考核和廣義的業績考核

按照責任中心的業績考核的口徑為分類標誌，可將業績考核劃分為狹義的業績考核和廣義的業績考核兩類。

狹義的業績考核僅指對各責任中心的價值指標，如成本、收入、利潤以及資產占用等的完成情況進行考評。

廣義的業績考核除這些價值指標外，還包括對各責任中心的非價值責任指標的完成情況進行考核。

2. 年終的業績考核與日常的業績考核

按照責任中心的業績考核的時間為分類標誌，可將業績考核劃分為年終的業績考核與日常的業績考核兩類。

年終的業績考核通常是指一個年度終了（或預算期終了）對責任預算執行結果的考評，旨在進行獎罰和為下年（或下一個預算期）的預算提供依據。

日常的業績考核通常是指在年度內（或預算期內）對責任預算執行過程的考評，旨在通過信息反饋、控制和調節責任預算的執行偏差，確保責任預算的最終實現。業績考核可根據不同責任中心的特點進行。

(三) 成本中心業績的考核

成本中心沒有收入來源，只對成本負責，因而也只考核其責任成本。由於不同層次成本費用控制的範圍不同，計算和考評的成本費用指標也不盡相同，越往上一層次計算和考評的指標越多，考核內容也越多。

成本中心業績考核是以責任報告為依據，將實際成本與預算成本或責任成本進行比較，確定兩者差異的性質、數額以及形成的原因，並根據差異分析的結果，對各成本中心進行獎罰，以督促成本中心努力降低成本。

(四) 利潤中心業績的考核

利潤中心既對成本負責，又對收入和利潤負責，在進行考核時，應以銷售收入、貢獻毛益和息稅前利潤為重點進行分析、評價。特別是應通過一定期間實際利潤與預算利潤進行對比，分析差異及其形成原因，明確責任，借以對責任中心的經營得失和有關人員的功過做出正確評價，獎罰分明。

在考核利潤中心業績時，也只是計算和考評本利潤中心權責範圍內的收入和成本。凡不屬於本利潤中心權責範圍內的收入和成本，儘管已由本利潤中心實際收進或支付，仍應予以剔除，不能作為本利潤中心的考核依據。

(五) 投資中心業績的考核

投資中心不僅要對成本、收入和利潤負責，還要對投資效果負責。因此，投資中心業績考核，除收入、成本和利潤指標外，考核重點應放在投資利潤率和剩餘收益兩項指標上。

從管理層次看，投資中心是最高一級的責任中心，業績考核的內容或指標涉及

219

管理會計

各個方面，是一種較為全面的考核。考核時通過將實際數與預算數的比較，找出差異，進行差異分析，查明差異的成因和性質，一併進行獎罰。由於投資中心層次高，涉及的管理控制範圍廣，內容複雜，考核時應力求深入進行原因分析，依據確鑿，責任落實具體，這樣才可以達到考核的效果。

二、員工激勵機制

(一) 激勵機制的定義及意義

激勵機制（Motivate Mechanism）是現代企業制度的重要組成部分，它包括績效評價系統和相應的獎勵制度。激勵，是指運用各種有效手段激發人的熱情，啟動人的積極性、主動性、發揮人的創造精神和潛能，使其行為與組織目標保持一致。激勵機制，是通過一套理性化的制度來反應激勵主體與激勵客體相互作用的方式。

激勵機制，是企業對員工進行業績考核的手段。對於組織而言，運用激勵機制的終極目標就是提高組織績效。建立獎勵績效掛鈎的完善制度體系，是保證激勵有效性的重要前提。企業內部激勵制度是在業績考核結果出來後對業績考核結果中表現突出的員工給予激勵，而這種內部激勵不僅僅是純粹意義上的完善內部業績考核，更在於激勵機制的最終目標是通過激勵制度激勵員工，讓他們對自己的企業產生信任感，培養員工的忠誠度，同時激勵業績比較優秀的員工會為企業帶來積極的企業文化氛圍，讓員工知道只要為企業目標做出自己的貢獻就會有收穫。企業內部業績考核是一個過程，而企業內部激勵制度是將業績考核作用發揮出來的手段。

企業內部業績考核與激勵制度的實施相互促進，有助於工作改進和業績提高。通過企業內部業績考核來掌握員工的業績，再通過行之有效的激勵制度激勵員工業績持續改進。良好的激勵制度會給員工帶來努力完成業績計劃的動力。企業內部業績考核與激勵制度是企業人力資源管理的一個核心內容，很多企業已經認識到考核的重要性，並且在業績考核工作上投入了較大的精力來完善，與此同時，也制定出相應的機制，而且在制定企業內部激勵制度時考慮到員工個體業績差別，這就意味著良好的業績考核與行之有效的激勵制度配套實施相互促進，形成良性循環。只有好的激勵制度，而企業內部業績考核不能公平公正地實施，或者只有好的業績考核制度而沒有有效的激勵制度與之配套，企業整體的業績計劃都將難以實現。

企業內部業績考核是對員工工作結果的客觀反應，企業內部激勵制度是對這個結果的完善處理方式，從而使業績考核的結果能夠說明問題並產生影響。在執行業績管理的過程中，如果只做業績考核而忽視激勵制度的激勵作用以及企業內部人力資源管理的其他環節，企業面臨的結果必將是失敗。因此，在企業內部業績考核後，應有合理的企業內部激勵制度使之完善，二者相互依存，缺一不可。

(二) 激勵機制的形式

為更好發揮激勵機制的作用，企業應制定一系列制度，如薪酬制度、晉升制度、

第九章　責任會計

獎懲制度、員工參與管理制度等，並採取多方面的激勵途徑和方式與之相適應，在「以人為本」的員工管理模式基礎上建立企業的激勵機制。

（1）行政激勵，指按照公司的規章制度及規定給予的具有行政權威性的獎勵和處罰。

（2）物質激勵，指公司按照規章制度及規定以貨幣和實物的形式給予員工良好行為的一種獎勵方式，或者對其不良行為給予的一種處罰方式。

（3）升降激勵，指公司按照規章制度及規定通過職務和級別的升降來激勵員工的進取精神。

（4）調遷激勵，指公司按照規章制度及規定通過調動幹部和員工去重要崗位、重要部門擔負重要工作或者去完成重要任務，使幹部和員工有一種被信任感、被尊重感和親密感，從而調動其積極性，產生一種正強化激勵作用。

（5）榮譽激勵，指公司按照規章制度及規定對幹部和員工或單位授予的一種榮譽稱號，或是對幹部和員工或單位在一段時間的工作的全面肯定，或是對幹部和員工或單位在某一方面的突出貢獻予以表彰。

（6）示範激勵，指公司按照規章制度及規定通過宣傳典型、樹立榜樣而引導和帶動一般的激勵方式。

（7）尊重激勵，指尊重各級員工的價值取向和獨立人格，尤其尊重企業的小人物和普通員工，達到一種知恩必報的效果。

（8）參與激勵，指建立員工參與管理、提出合理化建議的制度和職工持股計劃，提高員工主人翁參與意識。

（9）競爭激勵同，指提倡企業內部員工之間、部門之間的有序平等競爭以及優勝劣汰。

（10）日常激勵，指公司按照規章制度及規定程序通過經常地、隨時地對幹部和員工的行為做出是與非的評價，或進行表揚與批評、贊許與制止，以激勵幹部和員工的一種方法。

（三）激勵機制應遵循的原則

1. 激勵要因人而異

由於不同員工的需求不同，所以，相同的激勵政策起到的激勵效果也會不盡相同。即便是同一位員工，在不同的時間或環境下，也會有不同的需求。由於激勵取決於內因，是員工的主觀感受，所以，激勵要因人而異。在制定和實施激勵政策時，首先要調查清楚每個員工真正需要的是什麼。將這些需要整理、歸類，然後制定相應的激勵政策幫助員工滿足這些需求。

2. 獎勵適度

獎勵和懲罰不適度都會影響激勵效果，同時增加激勵成本。獎勵過重會使員工產生驕傲和滿足的情緒，失去進一步提高自己的慾望；獎勵過輕會起不到激勵效果，或者使員工產生不被重視的感覺。懲罰過重會讓員工感到不公，或者失去對公司的

認同，甚至產生怠工或破壞的情緒；懲罰過輕會讓員工輕視錯誤的嚴重性，從而可能還會犯同樣的錯誤。

3. 公平性

企業在選拔、評定職稱和任用人才的過程中，在實施獎勵的過程中，要做到公開、公平、公正，不憑主觀意志、個人好惡判斷一個人的工作表現、得失成敗，而是「憑政績論英雄，靠能力坐位置」，建立一套科學、公正的制度化、規範化的測評標準，切實做到人盡其才。公平性是員工管理中一個很重要的原則，員工感到的任何不公的待遇都會影響他的工作效率和工作情緒，並且影響激勵效果。取得同等成績的員工，一定要獲得同等層次的獎勵；同理，犯同等錯誤的員工，也應受到同等層次的處罰。如果做不到這一點，管理者寧可不獎勵或者不處罰。

管理者在處理員工問題時，一定要有一種公平的心態，不應有任何的偏見和喜好。雖然某些員工可能讓你喜歡，有些你不太喜歡，但在工作中，一定要一視同仁，不能有任何不公的言語和行為。

4. 以人為本

員工是企業最寶貴的資源，為此，不論對組織還是對個人，有利於人力資源開發和管理的激勵機制必須體現以人為本的原則，把尊重人、理解人、關心人、調動人的積極性放在首位。機制的設計不是束縛手腳、禁錮思想、沒有生機和活力，而是承認並滿足人的需要，尊重並容納人的個性，重視並實現人的價值，開發並利用人的潛能，統一併引導人的思想，把握並規範人的行為，獎勵並獎賞人的創造，營造並改善人的環境。

5. 靈活性與穩定性統一

一個激勵機制的確定是有一個過程的，因此其發揮作用也應有一段時間；如果激勵措施內容、方法變動頻繁，則被激勵人難以適應，激勵效果反而不好。因此，激勵機制應有一定的穩定性，同時也應考慮到環境的不斷變化，因此必須要求有靈活性，以適應激勵機制環境的變化。

本章小結

責任會計是指以企業內部建立的各級責任中心為主體，以責、權、利的協調統一為目標，利用責任預算為控制的依據，通過編製責任報告進行業績評價的一種內部會計控制制度。其主要內容包括：劃分責任中心、規定權責範圍、編製責任預算、制定內部轉移價格、建立健全記錄和報告系統、制定獎懲制度、評價和考核實際工作業績、定期編製業績報告。

責任中心，是指承擔一定經濟責任，並擁有相應管理權限和享受相應利益的企業內部責任單位的統稱。責任中心分為成本中心、利潤中心和投資中心三個層次類

第九章 責任會計

型。成本中心是指只對其成本或費用承擔責任的責任中心，它處於企業的基礎責任層次；利潤中心是指對利潤負責的責任中心，往往處於企業內部的較高層次，是對產品或勞務生產經營決策權的企業內部部門；投資中心是指對投資負責的責任中心、處於企業最高層次的責任中心，它具有最大的決策權，也承擔最大的責任。

內部轉移價格，是指企業內部各責任中心之間轉移中間產品或相互提供勞務而發生內部結算和進行內部責任結轉所使用的計價標準。內部轉移價格主要包括市場價格、協商價格、雙重價格和成本轉移價格四種類型。責任預算是以責任中心為主體，以其可控的成本、收入、利潤和投資等為對象所編製的預算。責任報告，是指根據責任會計記錄編製的反應責任預算實際執行情況，揭示責任預算與實際執行差異的內部會計報告。責任報告是對各個責任中心責任預算執行情況的系統概括和總結，促使各個責任中心根據自身特點，開展有關活動以實現責任預算。

業績考核，是以責任報告為依據，分析、評價各責任中心責任預算的實際執行情況，找出差距，查明原因，借以考核各責任中心工作成果，實施獎罰，促使各責任中心積極糾正行為偏差，完成責任預算的過程。考核時，成本中心只考核其責任成本；利潤中心既考核成本，又考核收入和利潤；投資中心不僅考核成本、收入和利潤，還考核投資效果。激勵機制，是通過一套理性化的制度來反應激勵主體與激勵客體相互作用的方式。它是企業對員工進行業績考核的手段，有助於工作改進和業績提高。激勵包括行政激勵、物質激勵、升降激勵、調遷激勵、榮譽激勵、示範激勵、尊重激勵、參與激勵、競爭激勵、日常激勵等形式。

綜合練習

一、單項選擇題

1. 以下不屬於責任會計核算原則的是（　　）。
   A. 責任主體原則　B. 可控性原則　C. 反饋原則　D. 重要性原則
2. 以下關於成本中心的說法不準確的是（　　）。
   A. 成本中心的範圍最廣
   B. 成本中心只考評成本費用不考評收益
   C. 成本中心既考評成本費用又考評收益
   D. 成本中心只對可控成本承擔責任
3. 某利潤中心本期實現內部銷售收入 600,000 元，變動成本為 360,000 元，該中心負責人可控固定成本為 50,000 元，中心負責人不可控，但應由該中心負擔的固定成本為 80,000 元。則該利潤中心可控利潤總額是（　　）元。
   A. 240,000　　B. 110,000　　C. 190,000　　D. 160,000
4. 關於協商價格，以下說法正確的是（　　）。

223

A. 協商價格的下限為單位變動成本　B. 可以節省談判成本

C. 協商價格的下限為標準變動成本　D. 客觀性較強

5. 以下不屬於成本轉移價格類型的是（　　）。

A. 標準成本　　B. 標準成本加成　　C. 標準變動成本　D. 單位變動成本

6. 公司按照規章制度及規定程序通過經常地、隨時地對幹部和員工的行為做出是與非的評價，並據此進行表揚與批評、贊許與制止，此激勵機制屬於（　　）。

A. 行政激勵　　B. 示範激勵　　C. 榮譽激勵　　D. 日常激勵

二、多項選擇題

1. 以下屬於責任會計內容的有（　　）。

A. 劃分責任中心，規定權責範圍

B. 編製責任預算，制定內部轉移價格

C. 建立健全記錄和報告系統，制定獎懲制度

D. 評價和考核實際工作業績，定期編製業績報告

2. 以下屬於責任中心特徵的有（　　）。

A. 責任中心是一個責、權、利結合的實體

B. 責任中心具有承擔經濟責任的條件

C. 責任中心所承擔的責任和行使的權力都應是可控的

D. 責任中心具有相對獨立的經營業務和財務收支活動

3. 可控成本必須同時（　　）。

A. 可以預計　　B. 可以計量　　C. 可以施加影響　D. 可以落實責任

4. 關於投資利潤率，其計算公式正確的有（　　）。

A. 投資利潤率＝利潤/投資額

B. 投資利潤率＝總資產週轉率×銷售利潤率

C. 投資利潤率＝總資產週轉率×銷售成本率×成本費用利潤率

D. 投資利潤率＝總資產週轉率×權益乘數

5. 內部轉移價格一般包括以下形式：（　　）。

A. 市場價格　　B. 協商價格　　C. 雙重價格　　D. 成本轉移價格

6. 責任預算自上而下編製程序的優點是（　　）。

A. 便於充分調動各基層責任中心的積極性

B. 可以實現一元化領導

C. 便於統一指揮和調度

D. 節省編製的時間

7. 編製責任報告的具體做法包括（　　）。

A. 雙軌制　　B. 單軌制　　C. 結合制　　D. 並軌制

8. 對投資中心業績考核的指標有（　　）。

A. 收入、成本　　B. 利潤　　C. 投資利潤率　　D. 剩餘收益

第九章　責任會計

三、判斷題

1. 由於成本中心不會形成可以用貨幣計量的收入，因而不應當對收入、利潤或投資負責。（　）
2. 技術性成本中心一般不形成實物產品，不需要計算實際成本。（　）
3. 人為利潤中心是只對內部責任單位提供產品或勞務而取得「內部銷售收入」的利潤中心。（　）
4. 投資中心可以是也可以不是獨立法人。（　）
5. 用剩餘收益指標考核投資中心可以避免本位主義。（　）
6. 以市場價格作為內部轉移價格，企業的中間產品應該有完全競爭的市場的市場價格為參考。（　）
7. 自上而下本責任預算編製程序，是由各責任中心自行列示各自的預算指標、層層匯總，最後由專門機構或人員進行匯總和協調，進而編製出企業總預算的一種程序。（　）
8. 激勵機制的以人為本原則，就是把尊重人、理解人、關心人、調動人的積極性放在首位。（　）

四、實踐練習題

實踐練習1

已知：某企業的第二車間是一個人為利潤中心。本期實現內部銷售收入500,000元，變動成本為300,000元，該中心負責人可控固定成本為40,000元，中心負責人不可控，但應由該中心負擔的固定成本為60,000元。

要求：計算該利潤中心的實際考核指標，並評價該利潤中心的利潤完成情況。

實踐練習2

某公司有A、B兩個投資中心。A投資中心的投資額為1,000萬元，營業利潤為70萬元；B投資中心的投資額為2,000萬元，營業利潤為320萬元。該公司最低投資報酬率為10%。現在A投資中心有一投資項目，需要投資500萬元，項目投產後年營業利潤為40萬元。該公司將投資報酬率作為投資中心業績評價唯一指標。

要求：從A投資中心和總公司兩個角度考察，來決定是否接受該投資項目。

實踐練習3

某公司有A、B兩個投資中心，平均營業資產、年營業利潤和該公司可要求的最低投資報酬率分別如表9-8所示。

表9-8　　　　　A、B兩個投資中心資料　　　　　單位：萬元

	A投資中心	B投資中心
營業資產	10,000	100,000
營業利潤	2,000	12,000
最低投資報酬率	10%	10%
剩餘收益	1,000	2,000

要求：計算兩個投資中心的剩餘收益，並對其進行分析。

實踐練習 4

某公司下設 A 和 B 兩個投資中心，該公司要求的平均最低投資收益率為 10%。公司擬追加 30 萬元的投資。有關資料如表 9-9 所示。

表 9-9　　　　　　　　投資中心考核指標計算　　　　　　　單位：萬元

項目		投資額	利潤	投資利潤率	剩餘收益
追加投資前	甲投資中心	40	2		
	乙投資中心	60	9		
	公司	100	11		
甲投資中心追加投資 30 萬元	甲投資中心	40+30	2+2.2		
	乙投資中心	60	9		

要求：根據表中資料，分別採用投資利潤率和剩餘收益兩項指標計算 A 和 B 兩個投資中心的經營業績，並做出追加投資的決策。

第十章 戰略管理會計

學習目標

掌握：平衡計分卡和經濟增加值的核心內容和應用程序
熟悉：企業價值鏈分析、戰略管理會計的主要方法和應用環境
瞭解：戰略管理會計的目標、原則、應用體系

關鍵術語

戰略管理；戰略管理會計；戰略定位；價值鏈分析；成本動因分析；競爭對手分析；作業成本管理；產品生命週期分析；平衡計分卡；經濟增加值

第一節 戰略、戰略管理與戰略管理會計

一、戰略管理會計的概念

（一）企業戰略和戰略管理的內涵

1. 企業戰略的內涵

戰略原為軍事用語。顧名思義，戰略就是作戰的謀略。《現代漢語辭海》中將戰略一詞定義為「指導戰爭全局的方略，泛指工作中帶全局性的指導方針」[1]。將戰

---

[1] 《現代漢語辭海》編委. 現代漢語辭海 [Z]. 北京：光明日報出版社，2002：1489.

管理會計

略思想運用於企業經營管理之中，便產生了企業戰略這一概念。目前尚無一個大家一致公允的企業戰略定義。定義眾多，主要列示以下幾種：

安德魯斯（K. Andrews）：美國哈佛商學院教授安德魯斯對戰略的定義是，通過一種模式把企業的目的、方針、政策和經營活動有機地結合起來，使企業形成自己的特殊戰略屬性和競爭優勢，將不確定的環境具體化，以便較容易地著手解決這些問題。

魁因（J. B. Quinn）：美國達梯萊斯學院管理學教授魁因對戰略的定義是，通過一種模式或計劃將一個組織的主要目的、政策與活動按照一定的順序結合成一個緊密的整體。企業組織運用戰略根據自身的優勢和劣勢、環境中的預期變化，以及競爭對手可能採取的行動而合理地配置自己的資源。

安索夫（H. I. Ansoff）：美國著名的戰略學家安索夫對戰略的定義是，企業通過分析自身的「共同的經營主線」把握企業的經營方向，同時企業正確地運用這條主線，恰當地指導自己的內部管理。

亨利·明茨伯格（H. Mintzberg）：加拿大麥吉爾大學管理學教授亨利·明茨伯格借鑑市場行銷學中的產品、價格、地點、促銷四要素，認為戰略至少應有五種定義。

第一，戰略是一種計劃。這是指戰略是一種有意識的、有預謀的行動，一種處理某種局勢的方針，具有事前制定和有意識、有目的地制定兩個本質屬性。第二，戰略是一種計策。這是指在特定的環境下，企業把戰略作為威懾和戰勝競爭對手的一種手段或計策。第三，戰略是一種模式。這是指戰略反應企業的一系列行動。第四，戰略是一種定位。這是指一個組織在自身環境中所處的位置。第五，戰略是一種觀念。這是指戰略體現組織中人們對客觀世界固有的認識方式。

通過以上分析可以看出，亨利·明茨伯格的企業戰略五種定義是相輔相成的，不是相互矛盾的。這說明了企業戰略應包括戰略背景、戰略內容和戰略過程三個方面：戰略背景是指企業所處的環境狀況；戰略內容是指「企業做什麼」，是作為企業在市場上所處地位的戰略；戰略過程是指戰略內容決定產生的方式，即「企業怎樣決定做什麼」，說明戰略作為企業內部的決策和控制方法。因此，本書可以綜合地對企業戰略做以下定義：企業戰略是指企業根據自身所處的環境狀況，運用一定計策或手段，對自身的目標進行定位，以及為實現該目標所採取的一系列一致性行動。

2. 企業戰略管理的內涵

關於企業戰略管理的含義，國外管理學界形成了10個流派：①設計學派：將戰略形成看作一個概念作用的過程。②計劃學派：將戰略形成看作一個正式的過程。③定位學派：將戰略形成看作一個分析的過程。④企業家學派：將戰略形成看作一個預測的過程。⑤認識學派：將戰略形成看作一個心理的過程。⑥學習學派：將戰略形成看作一個應急的過程。⑦權力學派：將戰略形成看作一個協商的過程。⑧文

第十章　戰略管理會計

化學派：將戰略形成看作一個集體思維的過程。⑨環境學派：將戰略形成看作一個反應的過程。⑩結構學派：將戰略形成看作一個變革的過程。

其中①~③為說明型學派，④~⑨為實際制定與執行過程學派，⑩為綜合型學派。上述10個流派雖然探討的是同一事物和過程，但由於學派根基、預期要點、戰略內容和戰略過程、戰略應用環境等方面的差異，導致看問題的視角不同，因而對戰略形成的見解和揭示也就存在著差異。

可以從廣義和狹義兩個方面對企業戰略管理的內涵進行界定：廣義的企業戰略管理是指運用戰略管理思想對整個企業進行管理；狹義的企業戰略管理是指對企業戰略的選擇、實施和評價進行管理。大部分書籍所研究的戰略管理，通常是指一般意義上的狹義戰略管理，本書也是如此。戰略管理包括戰略選擇、戰略實施和戰略評價三個主要元素。

（二）戰略管理會計的產生

戰略管理思想產生後，管理會計學家們將這種思想引入到管理會計研究之中，由此產生了戰略管理會計理論。西蒙茲教授將戰略管理會計定義為「收集和分析企業及其競爭者管理會計數據」。從這個定義可以看出，戰略管理會計與傳統管理會計最大的區別在於它不再只是關注企業自身的問題，而是將視野擴展到企業與競爭者之間的相互對比，收集競爭者信息的同時，對比發現自身需要改進的地方。

（三）戰略管理會計的內涵

戰略管理會計是以取得企業長期競爭優勢為主要目標，以戰略管理觀念審視企業外部和內部信息，強調財務與非財務信息，並重視數量與非數量信息，為企業戰略戰術的制定、執行和考評，提供全面、相關和多元化信息而形成的管理會計與戰略管理融為一體的一門學科。戰略管理會計是傳統管理會計在新的市場環境和企業管理環境下的發展，是管理會計與戰略管理相結合的產物，是戰略管理的管理會計。它的出現使會計從服務於企業內部管理擴展到內部、外部的全方位管理，進一步發揮了會計在企業管理中的能動作用。但是戰略管理會計並沒有改變管理會計的性質和職能，而只是其觀念和方法的更新、拓展。

（四）戰略管理會計的外延

首先，這是由戰略管理會計的內涵決定的。戰略管理會計的核心意義在於運用一系列的識別工具尋找顧客真正需要的價值所在，進而相應地改進企業自身發展戰略。因此，企業在運用戰略管理會計理論時，最重要的一個環節就是發現顧客真正的需求。顧客的需求也就是顧客真正需要的價值。由此，當戰略管理會計的外延拓展到顧客價值時，我們發現原來這正是企業想要解決的問題的癥結所在，這樣我們就真正把基於傳統管理會計發展而來的戰略管理會計與行銷學中的顧客價值理論結合在一起了。

其次，戰略管理會計可以用於分析競爭者、金融環境、市場環境等，做如此多準備工作的目的都是希望不斷地優化企業自身，使企業不斷提供符合顧客價值需要

的產品和服務，因此戰略管理會計的觸角自然就延伸到了研究和分析顧客偏好和價值需求問題上來。

戰略管理會計包含的內容十分豐富，它主要用於分析競爭者、市場環境、供應商和顧客等利益相關者，所有的分析都圍繞著一個核心概念，這就是價值。企業希望自己提供的產品價值優於競爭對手，希望以更低的價格從供應商那裡獲得更有價值的原材料供應，希望提供給顧客更多的價值，這些都是戰略管理會計的重要內容。

二、戰略管理會計的特徵

戰略管理會計的發展並沒有改變管理會計的性質及職能，但其觀念和方法得以更新。這些新的觀念和方法使戰略管理會計具有不同於傳統管理會計的基本特徵。

(一) 戰略管理會計著眼於長遠目標，注重整體性和全局利益

現代管理會計以單個企業為服務對象，著眼於有限的會計期間，在「利潤最大化」的目標驅使下，追求企業當前的利益最大化。它所提供的信息是對促進企業進行近期經營決策、經營管理起到作用，注重的是單個企業價值最大和短期利益最優。

戰略管理會計適應形勢的要求，超越了單一會計期間的界限，著重從多種競爭地位的變化中把握企業未來的發展方向，並且以最終利益目標作為企業戰略成敗的標準，而不在於某一個期間的利潤達到最大。它的信息分析完全基於整體利益，有時更為了顧全大局而支持「棄車保帥」的決策。戰略管理會計放眼長期經濟利益，在會計主體和會計目標方面進行大膽的開拓，將管理會計帶入了一個新境界。戰略管理是制定、實施和評估跨部門決策的循環過程，要從整體上把握其過程，既要合理制定戰略目標，又要求企業管理的各個環節密切合作，以保證目標實現。相應地，戰略管理會計應從整體上分析和評價企業的戰略管理活動。

(二) 戰略管理會計重視企業和市場的關係，具有開放系統的特徵

傳統的管理會計主要針對企業內部環境，如提供的決策分析信息主要依據企業內部生產經營條件，業績評價主要考慮本身的業績水準等，因此構成了一個封閉的內部系統。而戰略管理會計要考慮到市場的顧客需求及競爭者實力，正宗市場觀念一方面表現為管理會計信息收集與加工涉及面的擴大及控制角度的擴展，市場觀念使管理會計的視角由企業內部轉向企業外部；另一方面，戰略管理會計倡導的市場觀念的核心是以變應變，在確定的戰略目標要求下，企業的經營和管理要適應動態市場的需要及時調整。這種「權變」管理的思想對管理會計的方法體系同樣產生了深遠的影響，它要求戰略管理會計在變動的外部環境下進行各項決策分析。

(三) 戰略管理會計重視企業組織及其發展，具有動態系統特徵

企業戰略目標的確定是和特定的內外部環境相適應的，在環境發生變化時還要相應地做出調整，所以戰略管理是一種動態管理。處於不同發展階段的企業，必然要採取不同的企業組織方式和不同的戰略方針，並且要根據市場環境及企業本身實

第十章 戰略管理會計

力的變化相應地做出調整。例如，比較處於發展期和處於成熟期的企業，前者可能注重行銷戰略以迅速占領擴大中的市場，企業組織相應較為簡單，內部控制較為鬆散；而後者一般規模較大，組織結構複雜，面對的是成熟的市場，因此必須通過加強內部控制來降低成本、增強競爭優勢，同時注重新產品的開發。這種和企業組織發展階段相對應的戰略定位又必然隨著企業由發展期向成熟期過渡而做出調整。

（四）戰略管理會計拓展了管理會計人員的職能範圍和素質要求

在傳統管理會計下，由於信息範圍狹小，數據處理方法有限，使管理會計人員難以從戰略的高度提出決策建議，只能是計算財務指標、傳遞財務數據，跳不出單個企業財務分析的範圍。

在戰略管理會計下，管理會計人員不局限於財務信息的提供，還要求他們能夠運用多種方法，對包括財務信息在內的各種信息進行綜合分析與評價，向管理層提供全部信息的分析結論和決策建議。在戰略管理會計中，管理會計人員將以提供具有遠見的管理諮詢服務為其基本職能。隨著職能的發展，管理會計人員就總體素質而言，不僅應熟悉本企業所在行業的特徵，而且更要通曉經濟領域其他各個方面，具有戰略的頭腦、開闊的思路以及準確的判斷力，善於抓住機遇，從整體發展的戰略高度認識和處理問題，是一種具有高智能、高創造力的人才。

三、戰略管理會計的目標

戰略管理會計的目標，又可以分為基本目標和具體目標兩個層次。

（一）長期、持續地提高整體經濟效益是戰略管理會計的基本目標

戰略管理會計目標是在戰略管理會計網絡體系中，起主導作用的目標，它是引導戰略管理會計行為的航標，是戰略管理會計系統運行的動力和行為標準。戰略管理會計的基本目標是長期持續提高企業整體經濟效益，從概念和性質上它與會計基本目標相一致，從內容上又有別於會計基本目標。它從自身體系的角度提出了更具體、更符合自身發展要求的基本目標，這使它從本質上有別於財務會計、管理會計、社會責任會計等分支體系。戰略管理會計基本目標的定義，就決定了戰略管理會計研究的方向、研究內容，並在此基礎上奠定了戰略管理會計的行為準則。根據這個基本目標，戰略管理會計的宗旨就是要為企業獲得長期、持續的整體經濟效益服務。

（二）提供內外部綜合信息是戰略管理會計的具體目標

具體目標是在其基本目標的制約下，體現會計本質屬性的目標。會計具體目標具有如下特徵：①直接有用性，它是會計管理最直接的目標。②可測性，指作為具體目標的經濟和社會信息必須在量上能測度，能夠用一定的會計方法加工、製造出來。③相容性，會計的具體目標應該與基本目標密切相關，具體目標是基本目標的具體體現，它受制於基本目標，它是基本目標得以實現的基礎。④可傳輸性，會計是為內部和外部決策服務的，它必須用一定的形式，通過一定的途徑傳輸給服務

管理會計

對象。

綜合戰略管理會計的基本目標和會計具體目標的特徵，戰略管理會計的具體目標可以概述如下：①通過統計、會計方法，收集、整理、分析涉及企業經營的內外部環境數據、資料。②提供盡可能多的有效的內外部信息幫助企業做好戰略決策工作。戰略管理會計基本目標和具體目標二者之間的關係是相輔相成的。基本目標對具體目標起著指導與制約作用，具體目標服從於基本目標；具體目標體現了戰略管理會計具體的職能作用。

四、戰略管理會計的原則

戰略管理會計的原則可以概括為戰略原則，具體又分為基本原則和一般原則。

（一）基本原則

戰略管理會計的基本原則貫穿戰略管理會計的始終，具體包括：

（1）全局性原則。一是每個責任中心的目標、決策、計劃，既要實現本責任中心的效益，也要協調與相關責任中心有關指標的關係，更要與企業總體目標一致。二是當前利益要服從長遠利益。

（2）外向性原則。不僅考察企業自身的信息，而且注重考察企業外部的相關信息，特別是市場信息、競爭對手的有關信息等。

（3）信息的成本效益原則。根據信息成本和信息收益的比較結果來確定是否要加工輸出信息。因為任何成本大於收益的行為都是不可取的。

（4）相關性原則。注重提供與企業戰略目標密切相關的非財務指標，以及超出本企業範圍、聯繫競爭者對本企業的競爭優勢產生影響等的信息。

（5）及時性原則。根據企業內外部環境的變化，及時加工和傳輸各種與企業管理相關的信息。時間就是金錢，在知識經濟時代表現尤其突出。

（二）一般原則

戰略管理會計的一般原則包括：

（1）規劃與決策會計所遵循的一般原則，即目標管理原則、價值實現原則、合理使用資源原則。

（2）控制與業績評價會計所遵循的一般原則，即權責利相結合原則、例外管理原則、反饋性原則等。

五、戰略管理會計的基本內容

戰略管理會計是戰略管理的管理會計，其內容與其目標密切相關。由於戰略管理會計注重企業未來的發展，因此，戰略管理會計的內容不能局限於企業內部，還要研究企業的外部環境；同時，戰略管理會計的內容不能局限於企業的價值信息，也要考慮一些非價值方面的信息對企業戰略管理產生的影響。基於此，戰略管理會

第十章　戰略管理會計

計的內容是對企業戰略決策和戰略實施有重要影響的各種信息資源，即戰略管理會計不僅要對企業內部經營環境進行研究，還要考慮外部市場及其競爭對手的情況。

戰略管理會計的研究內容應按照戰略管理循環，劃分為戰略選擇階段的戰略管理會計、戰略實施階段的戰略管理會計和戰略評價階段的戰略管理會計。

企業戰略選擇階段是企業確定經營宗旨和經營目標，分析內、外部環境及本企業的業務組合，並選擇具體戰略的階段，在這一階段應結合企業內外部的各種財務和非財務數據，對企業目前狀況進行詳細的分析，選擇相應的戰略，以保持企業的競爭力；戰略實施階段是戰略方案轉化為企業戰略性績效的重要過程，這一階段的任務就是根據企業已經選定的戰略，實施選定的戰略並進行控制，以確保戰略目標的實現；戰略的評價階段是戰略管理中的一個重要環節，在這一階段，企業可以運用科學的戰略業績評價系統對其戰略實施效果進行評價，及時發現戰略的實際執行情況與戰略目標的差異，一併採取有效措施，保證戰略目標的實現。

● 第二節　戰略管理會計的主要方法

戰略管理會計的方法有很多，本書在此僅簡單介紹戰略定位分析、價值鏈分析、成本動因分析、競爭對手分析、作業成本管理、產品生命週期分析、平衡計分卡、經濟增加值等八種主要方法。

一、戰略定位分析

（一）戰略定位的定義

戰略定位就是使企業的產品、形象、品牌等在預期消費者的頭腦中占據有利的位置，它是一種有利於企業發展的選擇，也就是說它指的是企業如何吸引人。對企業而言，戰略是指導或決定企業發展全局的策略，它需要回答以下四個問題：企業從事什麼業務；企業如何創造價值；企業的競爭對手是誰；哪些客戶對企業是至關重要的，哪些是必須放棄的。

企業戰略定位的核心理念是遵循差異化。差異化的戰略定位，不但決定著能否使你的產品和服務同競爭者的區別開來，而且決定著企業能否成功進入市場並立足市場。著名的戰略學專家邁克爾·波特早在其20年前的名著《競爭戰略》中就指出了差異化戰略是競爭制勝的法寶，他提出的三大戰略——成本領先、差異化、專注化都可以歸結到差異化上來。差異化就是做到與眾不同，並且以這種方式提供獨特的價值。這種競爭方式為顧客提供了更多的選擇，為市場提供了更多的創新。

管理會計

(二) 戰略定位分析的核心內容

1. 企業內外環境的分析

企業的內外環境在一定的意義上對企業的經營起著決定作用，所以，在成本戰略規劃子系統構建之前，必須對企業所處的環境做較為詳細的瞭解。企業的外部環境通常包括政治、法律、經濟、技術、社會、文化等宏觀環境和規模、吸引力、細分市場、競爭者、替代品、潛在進入者、顧客、供應商等行業環境；內部環境包括戰略、生產、財務、行銷、人力資源、組織、信譽等。企業管理當局通過選擇 PEST 分析法、腳本法和 SWOT 分析法等工具對企業的內外部環境進行分析，主要從成本方面找出企業的威脅、機會、優勢和劣勢，為成本戰略規劃子系統構建提供支持。

2. 行業層面的戰略定位

通過對企業內外部環境的分析，特別是對企業的宏觀環境和行業環境的分析，從行業層面對戰略進行選擇。在選擇時，採用價值鏈、成本動因、行業生命週期、五種力量分析等分析工具，進行行業的選擇。通過對行業所處的生命週期階段的分析，以及現有和潛在的競爭對手、客戶、供應商、替代品、價值鏈和成本動因的分析，可以瞭解自身在行業中的成本優勢，以決定自己是否進入或固守或退出某個行業，以及根據總體競爭戰略（發展型的競爭戰略、穩定型的競爭戰略和緊縮型的競爭戰略）採用什麼樣的行業競爭戰略，在行業層面為戰略定位提供支持。

3. 市場層面的戰略定位

在確定了自身應該進入或固守的行業以後，通過對企業產品所處的市場環境和自身能力的分析，對市場層面的戰略進行選擇，即對企業將要生產的產品進行市場定位。只有對產品進行正確的定位，才能正確地制定出產品的市場競爭戰略。在選擇時，採用 BCG 矩陣分析法、GE 矩陣分析法和產品壽命週期分析法等工具對某個產品進行市場定位。比如用 BCG 法可以分析出產品屬於明星產品或問號產品或金牛產品或瘦狗產品；用 GE 法或產品壽命週期分析法可以分析出產品在市場上的地位，在市場層面為戰略定位提供支持。

4. 產品層面的戰略定位

任何企業都是「在一個特定產業內的各種活動的組合」，是「用來進行設計、生產、行銷、交貨以及對產品起輔助作用的各種活動的組合」[1]。所以，在進行市場定位以後，通過對企業產品所處的市場環境、產品的生命週期以及自身能力的分析，對產品層面的戰略進行選擇，即對某種產品的具體競爭戰略進行抉擇，進而從生產的角度對生產作業系統進行戰略決策，即制定生產作業系統的目標、產品決策、生產作業戰略方案的確定以及產品的設計。從產品生產的層面看，這些決策是產品的決策和設計；從成本的層面看，這些決策是對產品成本的決策和設計。在設計時，首先，採用價值鏈和成本動因分析法對企業自身和競爭對手進行分析；其次，採用

---

[1] 邁克爾·波特. 競爭戰略 [M]. 陳小悅, 譯. 北京：華夏出版社，1997：36.

第十章　戰略管理會計

成本企劃和作業成本管理確定產品的目標成本；最後，採用預算管理和責任成本管理對成本進行有效控制。在產品層面為戰略定位提供支持。

二、價值鏈分析

（一）價值鏈分析的定義

價值鏈分析法是由美國哈佛商學院教授邁克爾‧波特提出來的，是一種尋求確定企業競爭優勢的工具。企業有許多資源、能力和競爭優勢，如果把企業作為一個整體來考慮，又無法識別這些競爭優勢，這就必須把企業活動進行分解，通過考慮這些單個的活動本身及其相互之間的關係來確定企業的競爭優勢。其具有以下特點：

（1）價值鏈分析的基礎是價值，其重點是價值活動分析。各種價值活動構成價值鏈。價值是買方願意為企業提供給他們的產品所支付的價格，也是代表著顧客需求滿足的實現。價值活動是企業所從事的物質上和技術上的界限分明的各項活動。它們是企業製造對買方有價值的產品的基石。

（2）價值活動可分為基本活動和輔助活動兩種。基本活動是涉及產品的物質創造及其銷售、轉移給買方和售後服務的各種活動。輔助活動是輔助基本活動並通過提供外購投入、技術、人力資源以及各種公司範圍的職能以相互支持。

（3）價值鏈列示了總價值。價值鏈除價值活動外，還包括利潤，利潤是總價值與從事各種價值活動的總成本之差。

（4）價值鏈的整體性。企業的價值鏈體現在更廣泛的價值系統中。供應商擁有創造和交付企業價值鏈所使用的外購輸入的價值鏈（上游價值），許多產品通過渠道價值鏈（渠道價值）到達買方手中，企業產品最終成為買方價值鏈的一部分，這些價值鏈都在影響企業的價值鏈。因此，獲取並保持競爭優勢不僅要理解企業自身的價值鏈，而且也要理解企業價值鏈所處的價值系統。

（5）價值鏈的異質性。不同的產業具有不同的價值鏈。在同一產業，不同的企業的價值鏈也不同，這反應了它們各自的歷史、戰略以及實施戰略的途徑等方面的不同，同時也代表著企業競爭優勢的一種潛在來源。

（二）價值鏈分析的核心內容

（1）把整個價值鏈分解為與戰略相關的作業、成本、收入和資產，並把它們分配到「有價值的作業」中。

（2）確定引起價值變動的各項作業，並根據這些作業，分析形成作業成本及其差異的原因。

（3）分析整個價值鏈中各節點企業之間的關係，確定核心企業與顧客和供應商之間作業的相關性。

（4）利用分析結果，重新組合或改進價值鏈，以更好地控制成本動因，產生可持續的競爭優勢，使價值鏈中各節點企業在激烈的市場競爭中獲得優勢。

三、成本動因分析

(一) 成本動因的定義

成本動因是指引起成本發生的原因，是作業成本法的前提。多個成本動因結合起來便決定一項既定活動的成本。企業的特點不同，具有戰略地位的成本動因也不同。因此，識別每項價值活動的成本動因，明確每種價值活動的成本地位形成和變化的原因，為改善價值活動和強化成本控制提供有效途徑。20世紀80年代中後期以來，由美國著名會計學教授卡普蘭等所倡導的作業成本計算法，在美國、加拿大的許多先進製造企業成功應用，結果發現這一方法不僅解決了成本扭曲問題，而且它提供的相關信息為企業進行成本分析與控制奠定了很好的基礎。雖然，成本動因是作業成本計算法的核心概念，但並不專屬於作業成本計算法模式。因為從戰略成本管理的高度來看，成本動因不僅包括這一模式下圍繞企業的作業概念展開的、微觀層次上的執行性成本動因，而且包括決定企業整體成本定位的結構性成本動因。分析這兩個層次的成本動因，有助於企業全面把握其成本動態，並發掘有效路徑來獲取成本優勢。

(二) 成本動因分析的核心內容

1. 執行性成本動因分析

執行性成本動因分析包括對每項生產經營活動所進行的作業動因和資源動因分析。作業動因是指作業貢獻於最終產品的方式與原因，如購貨作業動因是發送購貨單數量。可通過分析作業動因與最終產出的聯繫，來判斷作業的增值性：為生產最終產品所需的且不可替代的作業或為最終產品提供獨特價值的作業為增值作業；反之，則為非增值作業。一般企業的購貨加工、裝配等均為增值作業，而大部分的倉儲、搬運、檢驗，以及供、產、銷環節的等待與延誤等，由於並未增加產出價值，為非增值作業，應減少直至消除，以使產品成本在保證產出價值的前提下得以降低。資源動因是指資源被各作業消耗的方式和原因，它是把資源成本分配到作業的基本依據。如購貨作業的資源動因是從事這一活動的職工人數。對資源動因的分析，有利於反應和改進作業效率。在確定作業效率高低時，可將本企業的作業與同行業類似作業進行比較，然後通過資源動因的分析與控制，尋求提高作業效率的有效途徑，尤其應注意分析與控制在總成本中佔有重大比例或比例正在逐步增長的價值活動的資源動因。如可通過減少作業人數、降低作業時間、提高設備利用率等措施來減少資源消耗，提高作業效率，降低產品成本。

2. 結構性成本動因分析

結構性成本動因分析，當我們將視角從企業的各項具體活動轉向企業整體時，就會發現大部分企業成本在其具體生產經營活動展開之前就已被確定，這部分成本的影響因素即稱結構性成本動因。波特認為，影響企業價值活動的十種結構性成本

第十章　戰略管理會計

驅動因素分別是規模經濟、學習、生產能力利用模式、聯繫、相互關係、整合、時機選擇、自主政策、地理位置和機構因素。結構性成本動因從深層次上影響企業的成本地位，如產業政策、規模是否適度、廠址的選擇、關於市場定位、工藝技術與產品組合的決策等，將會長久地決定其成本地位。為了創建長期成本優勢，應比競爭對手更有效地控制這類成本動因。如美國西南航空公司為了應對激烈的競爭，將其服務定位在特定航線而非全面航線的短途飛行，避免從事大型機場業務，採取取消用餐、定座等特殊服務，以及設立自動售票系統等措施來降低成本。結果其每日發出的眾多航班與低廉的價格吸引了眾多的短程旅行者，成本領先優勢得以建立。

四、競爭對手分析

(一) 競爭對手的界定

任何一個企業都難以有足夠的資源和能力，也沒有必要與行業內企業全面為敵、四面出擊，它必須處理好主要的競爭關係，即與直接競爭對手的關係。直接競爭對手是指那些向相同的顧客銷售基本相同的產品或提供基本相同的服務的競爭者。競爭的激烈程度是指為了謀求競爭優勢各方採取的競爭手段的激烈程度。與市場細分類似，行業也可以細分為不同的戰略群組。戰略群組（亦稱戰略集團）就是一個行業中沿著相同的戰略方向，採用相同或相似的戰略的企業群。只有處於同一戰略群組的企業才是真正的競爭對手。因為它們通常採用相同或相似的技術，生產相同或相似的產品，提供相同或相似的服務，採用相互競爭性的定價方法，因而其間的競爭要比與戰略群組外的企業的競爭更直接、更激烈。

(二) 競爭對手分析的核心內容

在確立了重要的競爭對手以後，就需要對每一個競爭對手做出盡可能深入、詳細的分析，揭示出每個競爭對手的長遠目標、基本假設、現行戰略和能力，並判斷其行動的基本輪廓，特別是競爭對手對行業變化以及當受到競爭對手威脅時可能做出的反應。

1. 競爭對手的長遠目標

對競爭對手長遠目標的分析可以預測競爭對手對目前的位置是否滿意，由此判斷競爭對手會如何改變戰略，以及他對外部事件會採取什麼樣的反應。

2. 競爭對手的戰略假設

每個企業所確立的戰略目標，其根本是基於他們的假設之上的。這些假設可以分為三類：其一，競爭對手所信奉的理論假設；其二，競爭對手對自己企業的假設；其三，競爭對手對行業及行業內其他企業的假設。實際上，對戰略假設，無論是對競爭對手，還是對自己，都要仔細檢驗，這可以幫助管理者識別對所處環境的偏見和盲點。可怕的是，許多假設是尚未清楚意識到或根本沒有意識到的，甚至是錯誤的；也有的假設過去正確，但由於經營環境的變化而變得不正確了，但企業仍在沿

用過去的假設。

3. 競爭對手的戰略途徑與方法

戰略途徑與方法是具體的、多方面的,應從企業的行銷戰略、產品策略、價格戰略等各個方面去分析。

4. 競爭對手的戰略能力

目標也好,途徑也好,都要以能力為基礎。在分析研究了競爭對手的目標與途徑之後,還要深入研究競爭對手是否具有能力採用其他途徑實現其目標。這就涉及企業如何規劃自己的戰略以應對競爭。如果較之競爭對手本企業具有全面的競爭優勢,那麼則不必擔心在何時何地發生衝突。如果競爭對手具有全面的競爭優勢,那麼只有兩種辦法:或是不要觸怒競爭對手,甘心做一個跟隨者,或是避而遠之。如果不具有全面的競爭優勢,而是在某些方面、某些領域具有差別優勢,則可以在自己具有的差別優勢的方面或領域把文章做好,但要避免以己之短碰彼之長。

五、產品生命週期分析

(一) 產品生命週期的定義

產品生命週期(Product Life Cycle,簡稱 PLC),是產品的市場壽命,即一種新產品從開始進入市場到被市場淘汰的整個過程。美國哈佛大學教授雷蒙德·弗農(Raymond Vernon)認為:產品生命是指市場的行銷生命,產品和人的生命一樣,要經歷形成、成長、成熟、衰退這樣的週期。就產品而言,也就是要經歷一個開發、引進、成長、成熟、衰退的階段。而這個週期在不同的技術水準的國家裡,發生的時間和過程是不一樣的,其間存在一個較大的差距和時差,正是這一時差,表現為不同國家在技術上的差距,它反應了同一產品在不同國家市場上的競爭地位的差異,從而決定了國際貿易和國際投資的變化。產品生命週期理論是弗農 1966 年在其《產品週期中的國際投資與國際貿易》一文中首次提出的。

(二) 產品生命週期分析的內容

1. 引入期

引入期是指產品從設計投產直到投入市場進入測試階段。新產品投入市場,便進入了介紹期。此時產品品種少,顧客對產品還不瞭解,除少數追求新奇的顧客外,幾乎無人實際購買該產品。生產者為了擴大銷路,不得不投入大量的促銷費用,對產品進行宣傳推廣。該階段由於生產技術方面的限制,產品生產批量小,製造成本高,廣告費用大,產品銷售價格偏高,銷售量極為有限,企業通常不能獲利,反而可能虧損。

2. 成長期

當產品進入引入期,銷售取得成功之後,便進入了成長期。成長期是指產品通過試銷效果良好,購買者逐漸接受該產品,產品在市場上站住腳並且打開了銷路。

第十章　戰略管理會計

這是需求增長階段，需求量和銷售額迅速上升。生產成本大幅度下降，利潤迅速增長。與此同時，競爭者看到有利可圖，將紛紛進入市場參與競爭，使同類產品供給量增加，價格隨之下降，企業利潤增長速度逐步減慢，最後達到生命週期利潤的最高點。

3. 成熟期

成熟期是指產品走入大批量生產並穩定地進入市場銷售，經過成長期之後，隨著購買產品的人數增多，市場需求趨於飽和。此時，產品普及並日趨標準化，成本低而產量大。銷售增長速度緩慢直至轉而下降，由於競爭加劇，同類產品生產企業之間不得不加大在產品質量、花色、規格、包裝服務等方面加大投入，在一定程度上增加了成本。

4. 衰退期

衰退期是指產品進入了淘汰階段。隨著科技的發展以及消費習慣的改變等原因，產品的銷售量和利潤持續下降，產品在市場上已經老化，不能適應市場需求，市場上已經有其他性能更好、價格更低的新產品，足以滿足消費者的需求。此時成本較高的企業就會由於無利可圖而陸續停止生產，該類產品的生命週期也就陸續結束，以至最後完全撤出市場。

第三節　平衡計分卡

一、平衡計分卡及其關聯的四個方面

科萊斯平衡記分卡（Careersmart Balanced Score Card），源自哈佛大學教授羅伯特·卡普蘭（Robert S. Kaplan）與諾朗頓研究院（Nolan Norton Institute）的戴維·諾頓（David P. Norton）於20世紀90年代所從事的「未來組織績效衡量方法」——一種績效評價體系。當時該計劃的目的在於找出超越傳統以財務量度為主的績效評價模式，以使組織的策略能夠轉變為行動；經過將近20年的發展，平衡計分卡已經發展為集團戰略管理的工具，在集團戰略規劃與執行管理方面發揮非常重要的作用。

平衡計分卡是從財務、客戶、內部營運、學習與成長四個層面，將組織的戰略落實為可操作的衡量指標和目標值的一種新型績效管理體系。這幾個角度分別代表企業三個主要的利益相關者：股東、顧客、員工。其中每一個層面，都有其核心內容：

1. 財務層面

財務業績指標可以顯示企業的戰略及其實施和執行是否對改善企業盈利做出貢獻。財務目標通常與獲利能力有關，其衡量指標有營業收入、資本報酬率、經濟增加值等，也可能是銷售額的迅速提高或創造現金流量。

2. 客戶層面

在平衡記分卡的客戶層面，管理者確立了其業務單位將競爭的客戶和市場，以及業務單位在這些目標客戶和市場中的衡量指標。客戶層面指標通常包括客戶滿意度、客戶保持率、客戶獲得率、客戶盈利率，以及在目標市場中所占的份額。客戶層面使業務單位的管理者能夠闡明客戶戰略和市場戰略，從而創造出出色的財務回報。

3. 內部經營流程層面

在這一層面，管理者要確認組織擅長的關鍵的內部流程，這些流程幫助業務單位提供價值主張，以吸引和留住目標細分市場的客戶，並滿足股東對卓越財務回報的期望。

4. 學習與成長層面

它確立了企業要長期成長和改善就必須建立的基礎框架，確立了未來成功的關鍵因素。平衡記分卡的前三個層面一般會揭示企業的實際能力與實現突破性業績所必需的能力之間的差距，為了彌補這個差距，企業必須投資於員工技術的再造，理順組織程序和日常工作，這些都是平衡記分卡學習與成長層面追求的目標。如員工滿意度、員工保持率、員工培訓和技能等，以及這些指標的驅動因素。

一份結構嚴謹的平衡記分卡應當包含一系列相互聯繫的目標和指標，這些指標不僅前後一致，而且互相強化。例如，投資回報率是平衡記分卡的財務指標，這一指標的驅動因素可能是客戶的重複採購和銷售量的增加，而這二者是客戶的滿意度帶來的結果。因此，客戶滿意度被納入記分卡的客戶層面。通過對客戶偏好的分析顯示，客戶比較重視按時交貨率這個指標，因此，按時交付程度的提高會帶來更高的客戶滿意度，進而引起財務業績的提高。於是，客戶滿意度和按時交貨率都被納入平衡記分卡的客戶層面。而較佳的按時交貨率又通過縮短經營週期並提高內部過程質量來實現，因此這兩個因素就成為平衡記分卡的內部經營流程指標。進而，企業要改善內部流程質量並縮短週期的實現又需要培訓員工並提高他們的技術，員工技術成為學習與成長層面的目標。這就是一個完整的因果關係鏈，貫穿平衡記分卡的四個層面（圖10-1）。

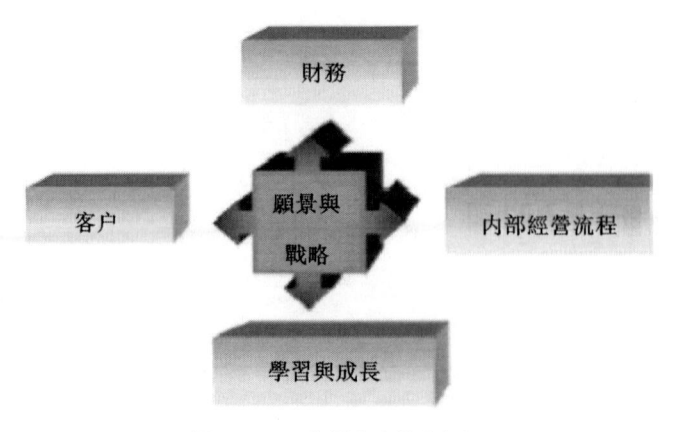

圖10-1　平衡計分卡基本框架

第十章　戰略管理會計

二、戰略地圖

（一）定義

戰略地圖是以平衡計分卡的四個層面（財務、客戶、內部流程、學習與成長層面）目標為核心，通過分析這四個層面目標的相互關係而繪製的企業戰略因果關係圖。

戰略地圖的作用，就是避免企業經營中的短期行為偏差，發掘與利用無形資產。它提供了一個框架，說明了戰略如何將無形資產與價值創造流程聯繫起來。戰略地圖的本質，是要讓企業明確經營中的邏輯關係——如何創造價值以及為誰創造價值。

值得注意的是，財務、客戶、內部流程和學習與成長這四個層面僅僅是一個範例，一個企業的戰略地圖究竟分成多少個層面，是需要企業根據自己的實際情況進行分解和建立的。

（二）起源

戰略地圖由羅伯特・卡普蘭（Robert S. Kaplan）和戴維・諾頓（David P. Norton）提出。他們是平衡記分卡的創始人，在對實行平衡計分卡的企業進行長期的指導和研究的過程中，兩位大師發現，企業由於無法全面地描述戰略，管理者之間及管理者與員工之間無法溝通，對戰略無法達成共識。平衡計分卡只建立了一個戰略框架，而缺乏對戰略進行具體而系統、全面的描述。2004 年 1 月，兩位創始人的第三部著作《戰略地圖——化無形資產為有形成果》出版。

（三）演變

戰略地圖是在平衡計分卡的基礎上發展而來的，與平衡計分卡相比，它增加了兩個層次的東西：一是顆粒層（Granularity），是對各個維度按空間佈局的具體分解，每一個層面下都可以分解為很多要素；二是動態層（Detail），是對各個維度按時間順序的動態展開，也就是說戰略地圖是動態的，可以結合戰略規劃過程來繪製。

（四）應用

戰略地圖的核心內容包括：企業通過運用人力資本、信息資本和組織資本等無形資產（學習與成長），才能創新和建立戰略優勢和效率（內部流程），進而使公司把特定價值帶給市場（客戶），從而實現股東價值（財務）。

化戰略為行動是一個從宏觀到微觀、從抽象到具體的過程，目標、指標、目標值、行動方案是財務、客戶、內部流程、學習與成長四個層面的具體構成要素，是落實戰略必不可少的四個關鍵詞。

「目標」：在每一個層面裡達成的目標是什麼。

「指標」：衡量這個目標的指標是什麼，目標一定要可衡量。例如，在財務層面要實現的一個目標是「增加銷售收入」，那麼「銷售收入增長率」就是一個可選的指標。

「目標值」：這項指標所應達到的一個度。比如說「每年的銷售收入增長率是10%」，這是目標值。目標值有長期、中期、短期，甚至更短的季度和月份目標值。

「行動方案」：指為了完成某一項指標的特定目標值，應該採取的行動。比如說為了使銷售收入增長率達到每年 10%的增長速度，在行銷方面、內部研發方面應該採取什麼樣的行動，這即是行動方案。

（五）六步繪製企業戰略地圖

企業戰略地圖的繪製如圖 10-2 所示。

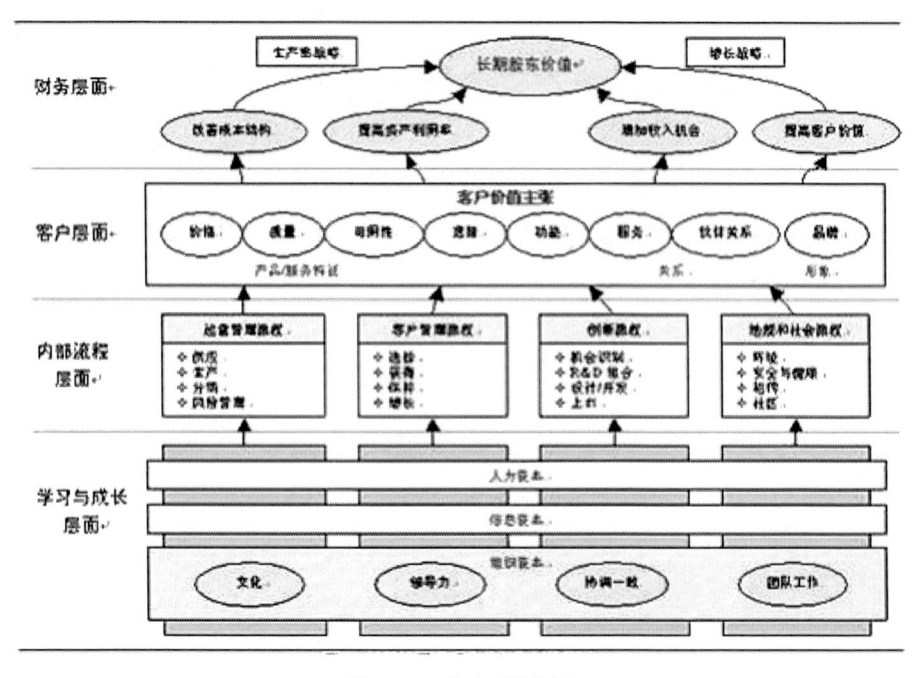

圖 10-2　戰略地圖模板

第一步，確定股東價值差距（財務層面），比如說股東期望五年之後銷售收入能夠達到五億元，但是現在只達到一億元，距離股東的價值預期還差四億元，這個預期差就是企業的總體目標。

第二步，調整客戶價值主張（客戶層面）。要彌補股東價值差距，要實現四億元銷售額的增長，對現有的客戶進行分析，調整你的客戶價值主張。客戶價值主張主要有四種：第一種是總成本最低，第二種強調產品創新和領導，第三種強調提供全面客戶解決方案，第四種是系統鎖定。

第三步，確定價值提升時間表。針對五年實現四億元股東價值差距的目標，要確定時間表，第一年提升多少，第二年、第三年多少，將提升的時間表確定下來。

第四步，確定戰略主題（內部流程層面），要找關鍵的流程，確定企業短期、中期、長期做什麼。有四個關鍵內部流程：營運管理流程、客戶管理流程、創新流

第十章　戰略管理會計

程、社會流程。

第五步，提升戰略準備度（學習和成長層面），分析企業現有無形資產的戰略準備度，是否具備支撐關鍵流程的能力，如果不具備，找出辦法予以提升。企業無形資產分為三類，即人力資本、信息資本、組織資本。

第六步，形成行動方案。根據前面確定的戰略地圖以及相對應的不同目標、指標和目標值，再來制訂一系列的行動方案，配備資源，形成預算。

三、平衡計分卡的戰略管理

突破性成果＝戰略地圖＋平衡計分卡＋戰略中心型組織企業

企業要想獲得突破性的成果，或者要想使戰略得到有效執行，上面這個等式給出了完整的指導。

戰略地圖的核心是如何「描述」戰略，平衡計分卡強調如何「衡量」戰略，戰略中心型組織的重點則在「管理」戰略（圖10-3）。

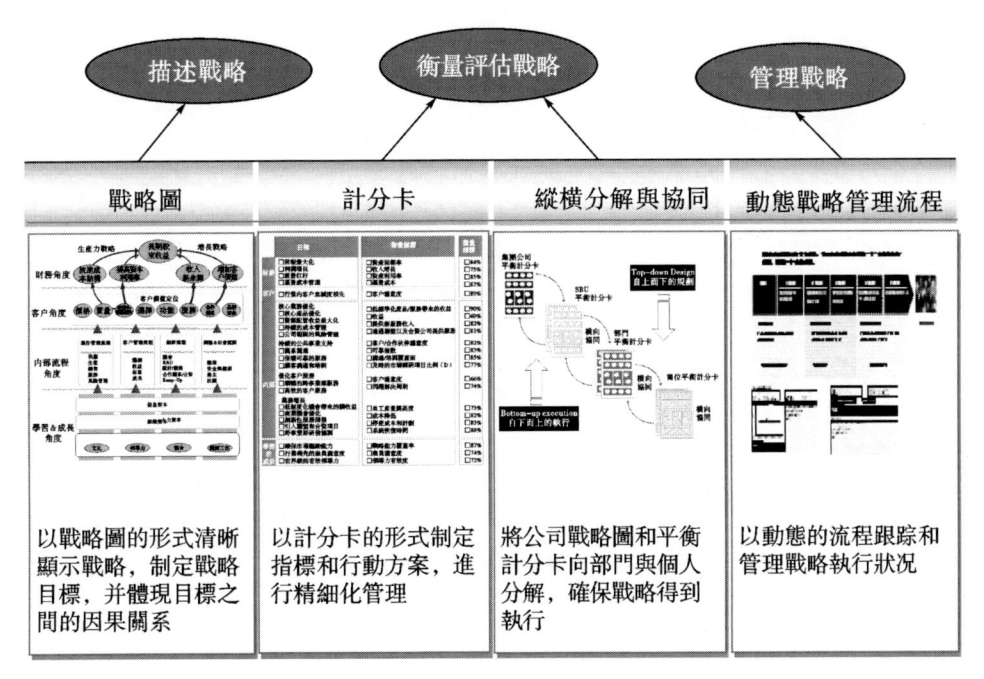

圖10-3　平衡計分卡戰略管理

等式右邊三個關鍵要素之間的關係是：「無法描述，則無法衡量；無法衡量，則無法管理」。這是平衡計分卡理論的核心和精髓所在。

（一）平衡計分卡實施戰略的優缺點

相對於其他戰略實施工具來說，基於平衡計分卡的企業戰略管理具有以下三個優勢：

1. 有利於加強企業的戰略管理能力

在實際工作中能否有效實施企業戰略，關鍵在於對戰略實施的有效管理。平衡計分卡把企業的戰略目標轉化成可操作的具體執行目標，使企業的長遠目標與近期目標緊密結合，並努力使企業的戰略目標滲透整個企業的架構中，成為人們關注的焦點和核心，實現企業行為與戰略目標的一致與協調。

2. 加強溝通，注重團隊合作

戰略實施中的溝通障礙給眾多企業的發展帶來很大的負面影響。平衡計分卡從企業的戰略出發，並從流程績效對戰略的驅動力推導指標，將其層層分解到公司、部門和員工。這樣既能幫助企業形成縱向的目標鏈，又能要求企業考慮目標的橫向聯繫。同時，在制訂目標的行動計劃時要求充分考慮部門之間的協作，促使高層管理者在總的經營目標與不同經營單位存在分歧的領域建立共識和團隊精神。因此平衡計分卡把企業總體戰略與各個經營單位局部行動方案建立成一個系統的整體網絡，促使企業上下齊心協力實施企業戰略。

3. 能促進經營者追求企業的長期利益和長遠發展

隨著市場經濟的進一步發展，僅憑財務指標決定企業競爭勝負已遠遠不夠，建立包含非財務指標在內的綜合評價體系比單一的財務指標評價體系更能及時地反應企業經營情況。平衡計分卡注重非財務指標的運用，如根據客觀需要選擇客戶滿意度、市場佔有率等作為評價指標。同時還將財務指標與非財務指標有機結合，綜合評價企業長期發展能力。這有利於把企業現實的業績和長期獲利能力聯繫在一起，增強企業的整體競爭能力和發展能力，有效避免為了追求短期業績而出現的短期行為。

（二）企業構建戰略實施系統應注意的問題

切勿照搬其他企業的模式和經驗；科學分解戰略目標；不斷調整和維護平衡計分卡指標；在企業內部要進行充分的交流與溝通。

第四節 經濟附加值

一、經濟附加值的概念

EVA 是經濟增加值（Economic Value Added）的英文縮寫。它是由美國思騰思特（Stern Stewart）管理諮詢公司在 20 世紀 90 年代初提出的，同時在 1993 年 9 月《財富》雜誌上完整地將其表述出來。它基於的邏輯前提是企業所運用的所有資本，其來源無論是借貸資金還是募股資金都有其成本，甚至捐贈資金也有機會成本，也就是說無論是股權投資還是債權投資都有其成本（Stewart, 1991）。只有企業創造的利潤超過所有成本，包括股權和債務成本之後的結餘才創造了價值，這就是 EVA。它可以幫助投資者瞭解目標公司在過去和現在是否創造了真正的價值，是否實現了

第十章　戰略管理會計

對投資者高於投資成本的超額回報。在數值上，EVA 等於稅後經營淨利潤減去所使用的資金成本（包括債務和股權成本）後的餘額（葉曉銘，2004）。用公式表示為：

EVA = 調整後的稅後淨經營利潤 − 資本總額 × 加權平均資本成本率

由公式可知，EVA 的計算從經營利潤開始，首先對經營利潤進行一系列的調整，得到稅後淨營業利潤（NOPAT）；然後，用資本總額乘以加權平均資本成本（WACC）計算出占用資本的成本；最後，用 NOPAT 減去占用資本的成本就得到了 EVA。

EVA 全面考慮了公司資產負債表和損益表的管理，改變了報表上無資本成本的缺陷，使管理者開始關注資本運行的有效性、資本收益性，從而提高資本配置效率。透過經濟附加值（EVA）方法，人們可以判斷企業是在創造價值還是在毀滅價值，企業經理人是價值的創造者還是毀滅者（趙立三，康愛民，2003）。值得注意的是當期會計淨利潤的上升未必就會使 EVA 也上升，有時反而下降，這就說明經營者在表面創造當期會計利潤的同時，實質上卻減少了股東的投資價值。不難發現，EVA 指標強調企業任何資源的使用都必須考慮所有投入資本包括債務資本和權益資本的使用成本，從而改變許多管理者認為權益資本是「免費的午餐」的思想（謝銘杰，2004）。而且，由於 EVA 充分考慮了企業資本成本等相關信息，所以 EVA 能夠全面、正確地反應企業的獲利能力（龍雲飛，2004）。

二、經濟附加值的經濟學解釋

實際上 EVA 與西方經濟學中的利潤概念也是一致的。經濟學家哈密爾頓（Hamilton）曾提出，一個公司要為股東創造財富，就必須獲得比其債務資本成本和權益資本成本更高的報酬。另外，英國著名經濟學家阿爾弗雷德·馬歇爾（Alfred Marshall）定義了經濟利潤這個概念。馬歇爾指出企業在任意期間內所創造的價值，即經濟利潤，不僅要考慮會計核算中的費用支出，還要考慮經營活動中所用資本的機會成本（曹萍，2005）。經濟學家們將公司經營的總成本分為兩部分：一部分作為顯性成本，指在計算會計利潤時所扣除的全部經營成本和費用；另一部分是全部投入資本的機會成本，這是隱性成本。公司的真正盈利在於其創造的總收益必須足以彌補顯性成本和機會成本，這樣的盈利才能給公司帶來真實價值的增長。

雖然經濟利潤的概念由來已久，然而，在 EVA 產生之前，各個公司都極少用經濟利潤來衡量業績，很少公司管理者真正瞭解它。但當經濟利潤再度流行並被冠以 EVA 的名稱時，它出現了三個顯著特徵：

（1）EVA 吸收了早期利用經濟利潤思想的人們所不具備的各種資本市場理論，建立了公司權益資本的可靠計算方法。這是基於金融經濟學的最新發展，尤其是借助於資本資產定價模型（Capital Asset Pricing Model，CAPM）推導出了體現行業風險特徵的資本成本，從而擴展了傳統的經濟利潤方法。

管理會計

(2) EVA 是在對因財務報告的需要而被公認會計準則曲解的信息做出調整後計算得出的，這在某種意義上使得 EVA 從通用會計準則中「釋放」出來。傳統的經濟利潤計算方法接受的是會計經營利潤的概念。EVA 的倡導者則認為任何建立在通用會計準則基礎上的利潤數字，包括經濟利潤，都極有可能使人們對公司產生嚴重的錯覺。因此 EVA 對稅後利潤和權益兩個要素進行了改進。EVA 考慮到了不同會計政策選擇對收益計算的影響，它以會計利潤為基礎進行調整，從而減弱了會計利潤容易被人為操縱，容易導致短期行為等缺點，使業績評價指標的噪音得到控制。從而提供了比未經調整的經濟利潤更為可靠的業績衡量方法。

(3) 在將業績、薪酬和管理結合方面，EVA 比早期的經濟利潤走得更遠。將管理者的薪酬和 EVA 聯繫，從而當 EVA 增長時，表明管理者為不參與管理的股東們創造了更多的財富，所以管理者也可以得到更多報酬。正是這樣的評價激勵機制，使得 EVA 還能夠成為戰略執行過程的中心，企業財務管理的各方面如戰略計劃、資本配置、經營預算、業績評價、薪酬激勵都可以用統一的指標加以聯繫和溝通。

三、經濟附加值的會計調整

（一）會計調整的原因

傳統指標是根據會計報表信息計算出來的，而會計報表編製的穩健性原則可能使報表低估企業的業績（鄭玉歆，李雙杰，2002）。穩健性原則要求公司確認收入和費用時應採取保守的態度，盡量多確認費用、少確認收入。這樣就有可能低估公司的資產和利潤。會計準則從債權人和監管者的角度出發，要求公司在編製報表時遵循穩健性原則，這一點無可厚非。但站在公司股東和管理者的角度，則需要更精確、更客觀地評價公司的經營業績。無論是低估資本還是低估利潤都會使經營者的行為發生畸變，偏離為股東創造最大價值的正確方向。因此，用 EVA 方法進行計算時需要進行會計調整，而這些調整都有利於改進對所用資本和稅後淨經營利潤的度量。

1. EVA 方法對常規會計保守的傾向進行調整

這也是 EVA 調整中最關鍵的部分。舉例來說，從股東和管理層的角度來看，研究開發費用是企業的一項長期投資，有利於企業在未來提高勞動生產率和經營效益，因此應該和其他長期投資一樣列為企業的資產項目。同樣，市場開拓費用對於企業未來的市場份額也會產生深遠的影響，從性質上講也屬於長期資產，而長期資產應該在受益年限內分期攤銷。但是，根據會計制度穩健性原則的規定，企業必須在研究開發費用和市場開拓費用發生的當年列作期間費用一次性核銷，這種處理方法實際上否認了這兩種費用對企業未來發展的作用，而把它們同一般期間費用等同起來。這種處理方法的最大弊端就是誘使管理層為了獲得短期業績減小對這兩項費用的投入，這將會影響企業長遠的發展。類似的調整還包括提取的各項資產減值準備、重

第十章 戰略管理會計

組費用、遞延稅款等。

2. 對不能反應企業運用資本所產生的經營業績的部分進行調整

對資產負債表中不占用企業資本成本的資產部分也進行調整，比如企業負債中的商業信用負債是無息負債，不占用資本成本，在計算資本成本時要去掉這一部分，而對資產負債表外用於企業實際經營、占用企業資本成本的部分則應加入所用資本中去，計算資本成本，如經營性租賃資產。

3. 對由於採用 EVA 方法帶來的不良影響進行處理

比如新添一項固定資產，當採用平均折舊法進行折舊計算時，初期由於累計折舊少計算出來的資本成本很高，後期由於累計折舊多計算的資本成本低，從而影響不同時期企業的 EVA，這顯然不能反應企業經營業績變化的結果。這種計算方法的後果是企業不願購置新資產。EVA 方法對此的處理方法是：對固定資產採用沉澱資金法進行折舊，使提取的累計折舊與採用 EVA 方法扣除的資本成本每年保持不變。此外，EVA 方法對於有些初期 EVA 為負，但長遠效益良好的新投資（戰略性投資）的處理方法為：在沒有收益的年份不計算資金成本，暫時用一個臨時帳戶「擱置」起來，待有收益時再考慮資金成本。這樣做也避免了管理層的短視行為。

（二）會計調整的原則

常規會計由於會計準則保守的偏向及一些不盡合理的核算方法扭曲了真實的利潤，只有經過必要的調整，即由於消除了權責發生制和會計謹慎性原則對經營業績評價所造成的扭曲性影響，EVA 能真實地反應企業的經營業績（李波，2005）。Stewart 的研究表明：為了使 EVA 更好地提供企業的經營業績情況，要進行 160 多項調整，企業在實際操作中如果調整這麼多的項目，其工作量和成本可想而知（王宏新，2004）。而在實際應用中並不必如此複雜，在大多數情況下，10 項左右的調整就可達到相當的準確程度（A. L. 埃巴，2001）。當企業在選擇調整項目時應遵循的原則有：①重要性原則；②可控制性原則；③可獲得性原則；④現金收支原則；⑤易理解性原則；⑥一貫性原則。

四、經濟附加值在中國的應用

國務院國資委宣布從 2010 年開始中央企業（以下簡稱央企）全面實行經濟附加值考核。

由於傳統考核（即利潤總額與淨資產收益率）難以客觀、全面地對央企進行考核，以致央企在經營過程中出現了一系列問題。首先，部分央企通過無限制的資本擴張去片面追求規模的增長，但這種增長或利潤是以資產的低質量（低收益率）、高資產負債率（高風險資本結構）、投資的低回報為代價的；其次，央企在片面追求規模擴張的同時，往往忽略了專注於主營業務，忽略了盲目多元化這種投機型的業務擴張所導致的經營風險，以至於收入及利潤中的主要部分來源於非主營業務，

管理會計

這與國家對央企集中發展主業、進行產業升級的要求背道而馳；最後，以提升企業核心競爭力為目的的研究支出，因為要讓路於利潤指標，始終在投入上處於較低的比例，損害了企業的發展能力。

根據央企的特殊性，國資委對經濟附加值進行了調整：第一，將資本成本率基準設為5.5%；第二，鼓勵加大研發投入，將研究開發費用視同利潤來計算考核；第三，鼓勵為獲取戰略資源進行的風險投入，將企業投入的較大的勘探費用按一定比例視同研究開發費用；第四，鼓勵可持續發展投入，對符合主業的在建工程從資本成本中予以扣除；第五，凡通過非主營或非經常性業務獲得的收入（益），可以增加利潤並相應增加利潤指標的考核得分和高管薪酬水準，但不能全額增加經濟附加值。

● 第五節 戰略管理會計的應用體系[①]

戰略管理會計的研究內容應按照戰略管理循環，劃分為戰略選擇階段的戰略管理會計、戰略實施階段的戰略管理會計和戰略評價階段的戰略管理會計，其應用體系應包括戰略選擇、戰略實施與戰略業績評價三部分。

一、戰略選擇階段的戰略管理會計

企業戰略的選擇，決定了企業資源配置的取向和模式，影響著企業經營活動的行為與效率。企業戰略的選擇必須著眼於企業的地位、競爭對手、生命週期等影響企業生存和發展的關鍵因素，及時地對企業戰略進行調整，以保持企業的競爭優勢。

（一）基於管理會計視角的戰略定位分析

戰略定位分析就是企業通過調查分析，瞭解其所處的外部環境以及自身條件，做到知己知彼，並取得競爭優勢的過程。知己知彼的基本要求就是，企業要認真審視其內外部環境。

企業的外部環境是處於企業之外但對企業發生影響的因素，主要包括宏觀環境、產業環境以及經營環境。這些因素彼此關聯、相互影響，決定了企業面臨的主要機會和威脅。對企業外部環境的分析，最主要的是對其競爭對手和顧客的分析。其中，對競爭對手的分析，可以明確企業與競爭對手相比的成本態勢、資本結構、經營決策、投資決策等；對顧客的分析，可以明確其已有和潛在顧客的偏好、信用、經濟實力等，從而有針對性地採取戰略，以利用外部環境的機會，並盡可能消除環境威脅對企業的影響。

[①] 顧維維. 戰略管理會計學科體系的構建 [D]. 大連：東北財經大學，2010（12）：25-32.

第十章 戰略管理會計

內部環境是指企業自身資源及其經營活動,其中企業自身資源是企業所擁有或控制的有效因素的總和,如專有技術、人力資源等,通過對這些資源的構成、數量和特點的分析,可以識別企業在資源方面的優勢和劣勢;而企業的經營活動可以看作原材料供應、生產、產品出售以及售後服務等一連串相關活動的總和,通過量本利分析,可以對經營的保本點、保利點、產品定價、企業利潤與價格的關係等方面加以考察並找出企業經營中的優勢及劣勢。針對這些優勢和劣勢,企業可以採取相應的戰略,利用優勢,化解劣勢,從而為企業股東和相關利益者創造更多的財富。

內外部的環境分析對於企業而言是必不可少的,它有助於企業清楚地看到自己所面臨的優勢、劣勢、機會和威脅,並幫助企業選擇相匹配的管理戰略,通過不同類型的戰略組合,如發展戰略、分散戰略、退出戰略和防衛戰略,最大限度地利用企業的內部優勢和環境機會,降低企業內部劣勢和環境威脅的影響。

(二) 基於管理會計視角的競爭對手分析

與競爭對手進行比較是當代競爭戰略建立的基礎,只有準確地判斷競爭對手,才能制定出可行的競爭戰略。競爭對手分析則可以通過重點分析競爭對手的財務信息,如價格信息、成本信息等,以及一定的非財務信息,判斷競爭對手的經營策略、優勢劣勢,最後選擇能使企業保持相對競爭優勢、獲取超額利潤的戰略。

對競爭對手的分析,可以通過估計競爭者成本、監測競爭者地位以及評價競爭者的財務報告進行。估計競爭者成本是指企業通過定期地評估競爭者的生產設備、規模經濟性、政府關係、技術、產品設計、供應商、客戶以及員工等方面的情況,判斷競爭者產品的單位成本;監測競爭者地位是通過估計和監視競爭者的銷售額、市場份額、產量、單位成本和價格等指標的變化趨勢,分析行業中競爭者的地位;評價競爭者財務報告是指通過對競爭者利潤水準、現金收支水準以及資產負債結構的監視,分析競爭者競爭優勢的來源。

(三) 基於管理會計視角的產品生命週期分析

生命週期這種劃分方法在一定程度上解決了傳統會計掩蓋了企業發展不同階段、不同產品對企業價值增值所做的貢獻這一問題,並從戰略的角度、用全局性的眼光,以企業整體最優為原則整合企業的各種資源,制定和完善企業的經營戰略和財務戰略。

在產品初創期,由於產品剛剛投入市場,缺乏知名度,導致此階段實際購買產品的人較少,生產成本與費用通常較高,企業通常不能獲利,現金淨流量基本上為負值。因此,在該階段,企業可以採取奪取和滲透的經營策略;盡量避免負債融資,以降低相應的財務風險,將總風險控制在可接受的範圍。在企業成長期,企業的現金流入量和流出量趨於平衡,經營風險雖有所降低但仍然很高。因此,企業可以通過改進產品質量、進行市場細分以及適當降低價格等策略提高競爭力;通過維持較高的收益留存比率和吸收新的權益資本進行籌資,從而使企業能抓住現有的成長機會,維持高速的市場增長率。在企業成熟期,企業盈利能力達到最大,獲利水準相

管理會計

對穩定，經營風險大大降低，企業有足夠的實力進行債務融資，以利用財務槓桿達到節稅和提高權益報酬率的目的，因此，企業可以通過發展產品的新用途、開闢新市場，提高產品的銷售量和利潤率、改良產品的特性，以滿足消費者的需求，延長企業成熟期。在企業衰退期，科技的發展、新產品和替代品的出現以及消費習慣的改變導致產品的銷售量迅速下降，產品已無利可圖，再投入大量的資金以維持其規模是不明智的，因此處於該階段的產品常採用立刻放棄策略、逐步放棄策略和自然淘汰策略陸續停止該產品的生產，使其退出市場。

（四）基於管理會計視角的結構性戰略成本動因分析

所謂結構性成本動因是指與企業基礎經濟結構有關的成本驅動因素，一般包括構成企業的規模、業務範圍、經驗累積、技術和廠址等。在此僅從企業規模及經驗累積兩個角度研究企業戰略的選擇。

從企業規模角度看，當企業規模在某一臨界點以下時，規模越大，由於分攤固定成本的業務量較大，產品的單位成本越低。所以，當企業規模較小時，由於企業很難形成規模效應，降低單位成本，導致其競爭力較弱，同時，小企業擁有的資源、獲利機會以及資金有限，所以，從企業發展的角度來看，小企業多通過盈利再投入、增加債務、募集資本等方式實現企業的發展；當企業規模擴大時，企業極容易實現規模效益，降低產品成本，並且企業有足夠的資本和實力進行擴張。因此，大企業也可通過市場行為擁有或控制其他法人企業，從而實現企業發展。

從經驗累積角度看，經驗累積越多，操作越熟練，成本降低的機會就越多。對於企業戰略的選擇而言，經驗的累積來自企業的決策次數。企業持續發展的關鍵是企業有一個不斷完善的慣域，從這一角度說，企業在完成了數次相似的決策之後，在以後制定決策的過程中，也更傾向於採用相似的決策。也就是說，如果企業曾經多次選擇相同決策，由於企業對該種決策方式比較熟悉，因此，在沒有較強的外界衝突的情況下，企業的決策是很難發生變化的。

二、戰略實施階段的戰略管理會計

制定戰略只是企業戰略管理的開始，將戰略構想轉化為戰略行動才是最關鍵的階段。戰略實施是戰略管理會計過程的行動階段，在這個轉化過程之前，企業除了要考慮建立與戰略相適應的組織結構外，還要對企業資源進行合理的配置，使企業戰略真正進入企業日常的經營管理活動中，以保證戰略的順利實施。

（一）基於目標成本分析的成本控制

目標成本分析是指在保證目標利潤的基礎上，通過各種途徑實現目標成本的一種方法，其本質是一種對企業未來利潤進行戰略性管理的技術。實施目標成本分析通常要經過三個步驟：一是確定目標成本；二是運用價值工程識別降低產品成本的途徑；三是通過改善成本和經營控制進一步降低成本。由於目標成本是企業目標體

第十章 戰略管理會計

系的一個重要組成部分,且其與企業的其他目標是相互依存、相互制約、相互影響、相互促進的,因此確定目標成本是企業進行目標成本分析的基礎,企業只要將待開發產品的預計售價扣除期望利潤,即可得到目標成本。目標成本確定後要分解到各部門,各部門通過制定相應營運標準,並通過考核和監督來保證該標準得到貫徹和實施。

(二) 基於全面質量管理的成本控制

質量管理是指導和控制一個組織與質量有關的相互協調的活動。全面質量管理的本質在於以最經濟的方法生產出用戶最滿意的產品,以盡可能少的消耗,創造出盡可能大的使用價值。全面質量管理關注的是預防成本、鑒定成本、內部故障成本和外部故障成本四種成本。質量和成本的關係是相輔相成的,必要的預防成本、鑒定成本的支出,可以減少故障成本所造成的損失,確保產品或服務的質量,維護企業及其品牌的聲譽。因此,企業在質量方面追求的目標應該是盡可能做到防患於未然,縮小故障成本的支出,力求以盡可能低的成本,確保質量的要求,為企業開拓和占領市場奠定基礎。

(三) 基於價值鏈以及成本動因分析的成本控制

企業價值鏈中的每一項活動都是相互影響的,通過瞭解企業有哪些增值活動,處於什麼樣的分佈狀態,就可以找出能降低企業成本的作業活動,並最大限度地消除不增值作業,減少浪費,降低成本,優化企業經營過程。

第一,企業需要確定其價值鏈。企業無論選擇何種決策,總是要在一定的行業內進行生產經營的,而任何行業都是由一系列具有顯著特徵的作業組成,所以,要對企業生產經營決策進行管理,就要先定義行業的價值鏈,將企業生產經營過程中的成本、收入和資產分配到各種作業上。

第二,找出統御每個作業的成本動因。我們已經知道成本動因可以分為結構性成本動因以及執行性成本動因,而影響各個價值作業的主要是執行性成本動因。對於企業而言,影響其作業的執行性成本動因主要包括能力利用、時機等因素。其中,能力利用是指企業生產經營過程中,其員工、機器和管理能力是否得到充分利用,以及各種能力的組合是否最優;時機的選擇會影響企業的生產經營成本,例如率先將新產品投放市場的行動者可以獲得許多優勢,所以恰當選擇時機可以帶給企業短期甚至持久的成本優勢,從而改變企業的成本地位。

總而言之,價值鏈分析不僅能為信息使用者提供較為客觀、真實的成本信息,而且能動態地跟蹤和反應所有作業活動,以便有效地控制企業擴張過程中發生的成本。這樣,就可以使管理者更好地根據企業戰略目標實施戰略,從而降低企業成本,改善經營效率,提高企業的競爭地位。

三、戰略評價階段的戰略管理會計

隨著戰略管理理論的發展,戰略業績評價成為戰略管理會計中的重要環節。管

理者可以用戰略業績評價的信息來激勵員工,制定和修訂戰略,是連接戰略目標和日常經營活動的橋樑。平衡計分卡為管理者提供了全面的框架,它以企業的戰略為中心,從財務、顧客、內部流程以及學習和成長四個維度評價企業的戰略業績,也就是說要獲得組織最終目標——財務上的成功,必須使顧客滿意,使顧客滿意只能優化內部價值創造過程,優化內部過程,只能通過學習和提高員工個人能力。

由於企業的戰略目標仍然是價值最大化,這就要求我們在評價企業價值時充分考慮企業的權益資本成本,而經濟附加值則滿足這一要求。因此,我們可以將經濟附加值作為平衡計分卡財務層面的主要評價指標,以此建立一個基於經濟附加值的作為平衡計分卡的綜合戰略業績評價體系。該綜合業績評價體系以企業戰略目標——企業價值最大化為出發點,以平衡計分卡為框架,將企業的戰略分解為財務、顧客、內部流程、學習和成長四個維度,最後與經濟附加值結合選擇恰當的業績指標對企業擴張前後的成果進行評價。

(一) 財務維度的戰略業績評價

財務維度是評價企業戰略業績的一個重要組成部分,由於企業戰略的目標是價值最大化,因此該層面需要反應企業過去可計量業務的經營狀況,反應企業的經營戰略、經營業績對實現企業價值最大化的影響,以及企業的經營戰略是否能為企業的價值增值做出貢獻,並且體現股東及利益相關者的利益。這樣,也許經濟附加值就是最合適的績效評價指標,除此之外,企業可以根據企業生命週期的不同階段選擇其他財務指標。例如,處於成長期的企業各方面的資金需求比較大,而由於市場和銷售渠道還處於初始狀態,此時的投資回報會比較低,因此該階段可以選取的財務指標主要有收入增長率、新產品收入占總收入的比率等;成長期企業的銷售額迅速增加,成本大幅度降低,利潤增加,因此該階段可以將市場佔有率、投資週轉率、研發費占銷售額百分比等作為其財務指標。成熟期企業主要致力於收穫利潤,無須擴大生產能力,不需要進行大量投資,因此主要的財務指標可以是現金流量、營運資本、市場佔有率、銷售利潤率等。衰退期企業的財務指標可選擇單位成本、現金淨流入、投資回收期等。

(二) 顧客維度的戰略業績評價

顧客維度關注的是顧客價值的實現。這就需要我們致力於吸引客戶、保留客戶和加深顧客關係等,以此增加顧客價值。提高顧客價值可以通過經營優勢、顧客關係和產品領先三方面進行。追求經營優勢的企業需要在定價、產品質量、訂單完成速度、及時送貨等方面取勝;通過充分和額外的服務加強與顧客之間的關係。而可以衡量顧客價值的典型指標通常包括顧客滿意程度、顧客保持程度、市場份額、新客戶的獲得、客戶獲利能力等。

(三) 內部流程維度的戰略業績評價

內部流程維度影響顧客需求的滿足,關係到企業的業績狀況。一般而言,企業中一般有三個流程:創新流程、經營流程和售後流程。創新流程是整個內部流程的

第十章　戰略管理會計

關鍵,它主要負責開發新產品和服務,並深入新的市場和客戶群;經營流程關注產品的成本、質量、週轉時間、效率、資產利用、能力管理等,保證企業能夠為顧客提供卓越的產品和服務;售後服務是很重要的輔助流程,企業通過完美的售後服務,為客戶使用產品和服務提供更高的價值。這個層面的衡量指標可以包括:新產品占銷售額的比率、專利產品占總收入的比率、新產品開發週期、成本指標等。

（四）學習和成長維度的戰略業績評價

學習和成長維度是企業成長和進步的基礎。在全球競爭日趨激烈的情況下,企業只有不斷學習與創新,才能創造持久的競爭力。在該層面的指標主要有:新產品開發、研究與開發能力及效率、培訓支出、員工滿意程度、員工流動率、信息傳遞和反饋所需時間、員工受激勵程度、企業文化、信息系統的更新程度等。

通過對上述四個層面的評價,該戰略評價體系兼顧了戰略和戰術業績、短期和長期目標、財務和非財務信息、內部和外部指標之間的平衡,這樣,一些看似不相關的指標有機地結合在一起,提高了管理效率,為企業未來的成功奠定了堅實的基礎。

本章小結

企業戰略是指企業根據自身所處的環境狀況,運用一定計策或手段,對自身的目標進行定位,以及為實現該目標所採取的一系列一致性行動;企業戰略管理是指對企業戰略的選擇、實施和評價進行管理,戰略管理包括戰略選擇、戰略實施和戰略評價三個主要元素;戰略管理會計是戰略管理的管理會計,內容與其目標密切相關。由於戰略管理會計注重企業未來的發展,因此,戰略管理會計的內容不能局限於企業內部,還要研究企業的外部環境;同時,戰略管理會計的內容不能局限於企業的價值信息,也要考慮一些非價值方面的信息對企業戰略管理產生的影響;戰略管理會計的研究內容應按照戰略管理循環,劃分為戰略選擇階段的戰略管理會計、戰略實施階段的戰略管理會計和戰略評價階段的戰略管理會計。同時,戰略管理會計的方法有很多,戰略定位分析、價值鏈分析、成本動因分析、競爭對手分析、作業成本管理、產品生命週期分析、平衡計分卡、經濟增加值等是其主要的方法。

平衡計分卡是從財務、客戶、內部營運、學習與成長四個層面,將組織的戰略落實為可操作的衡量指標和目標值的一種新型績效管理體系。這幾個角度分別代表企業三個主要的利益相關者:股東、顧客、員工。

EVA 是經濟附加值（Economic Value Added）的英文縮寫,它基於的邏輯前提是企業所運用的所有資本,其來源無論是借貸資金還是募股資金都有其成本,甚至捐贈資金也有機會成本,也就是說無論是股權投資還是債權投資都有其成本（Stewart, 1991）。只有企業創造的利潤超過所有成本,包括股權和債務成本之後的

結餘才是創造了價值，這就是EVA。它可以幫助投資者瞭解目標公司在過去和現在是否創造了真正的價值，是否實現了對投資者高於投資成本的超額回報。在數值上，EVA等於稅後經營淨利潤減去所使用的資金成本（包括債務和股權成本）後的餘額。

綜合練習

一、單項選擇題

1. 以下不屬於戰略管理會計特徵的是（　　）。
   A. 戰略管理會計著眼於長遠目標，注重整體性和全局利益
   B. 重視企業和市場的關係，具有開放系統的特徵
   C. 重視企業組織及其發展，具有動態系統特徵
   D. 重視生產管理和客戶管理，具有時效系統的特徵

2. 以下不屬於戰略管理會計基本原則的是（　　）。
   A. 全局性原則   B. 重要性原則
   C. 信息的成本效益原則   D. 相關性原則

3. 邁克爾·波特在《競爭戰略》中指出（　　）戰略是競爭制勝的法寶。
   A. 成本領先   B. 差異化   C. 專注化   D. 顧客至上

4. 以下不屬於價值鏈分析特點的是（　　）。
   A. 價值鏈分析的基礎是價值   B. 價值鏈的整體性
   C. 價值鏈的異質性   D. 價值鏈的特殊性

5. 涉及產品的物質創造及其銷售、轉移給買方和售後服務的各種活動，是屬於（　　）。
   A. 生產活動   B. 銷售活動   C. 基本活動   D. 輔助活動

6. 以下關於成本動因分析錯誤的是（　　）。
   A. 是作業成本法的前提
   B. 成本動因分析的內容之一為執行性成本動因分析
   C. 不同企業具有相同的成本動因
   D. 成本動因分析內容包括結構性成本動因分析

7. 以下不屬於行業環境內容的是（　　）。
   A. 細分市場   B. 潛在進入者
   C. 顧客和供應商   D. 人力資源

8. 以下關於產品成長期的說法錯誤的是（　　）。
   A. 市場需求趨於飽和   B. 需求量和銷售額迅速上升
   C. 生產成本大幅度下降   D. 利潤迅速增長

第十章　戰略管理會計

9. 以下不屬於產品生命週期分析的初創期應該採取的策略或特點的是（　　）。
   A. 採取奪取和滲透的經營策略　　B. 盡量採用負債融資
   C. 盡量避免負債融資　　　　　　D. 現金淨流量基本上為負值

10.「銷售增長速度緩慢直至轉而下降，企業在產品質量、花色、規格、包裝服務等方面加大投入，在一定程度上增加了成本」，這一特徵反應企業處於（　　）階段。
   A. 引入期　　B. 成長期　　C. 成熟期　　D. 衰退期

二、多項選擇題

1. 以下屬於戰略管理會計具體目標特徵的有（　　）。
   A. 直接有用性　B. 可測性　C. 相容性　D. 可傳輸性

2. 企業進行戰略定位分析的內容有（　　）。
   A. 企業內外環境的分析　　B. 行業層面的戰略定位
   C. 市場層面的戰略定位　　D. 產品層面的戰略定位

3. 企業進行外部環境分析時常用的工具包括（　　）。
   A. PEST 分析法　　　　　　B. 腳本法
   C. 產品壽命週期分析法　　D. SWOT 分析法

4. 價值鏈分析的核心內容是（　　）。
   A. 把整個價值鏈分解為與戰略相關的作業、成本、收入和資產，並把它們分配到「有價值的作業」中
   B. 確定引起價值變動的各項作業，並根據這些作業，分析形成作業成本及其差異的原因
   C. 確定核心企業與顧客和供應商之間作業的相關性
   D. 利用分析結果，重新組合或改進價值鏈

5. 競爭對手分析的核心內容包括（　　）。
   A. 競爭對手的長遠目標　　B. 競爭對手的戰略假設
   C. 競爭對手的戰略途徑與方法　　D. 競爭對手的戰略能力

6. 產品生命週期一般包括（　　）階段。
   A. 引入期　　B. 成長期　　C. 成熟期　　D. 衰退期

7. 平衡計分卡分析具體包括以下（　　）層面。
   A. 財務層面　　　　　　B. 客戶層面
   C. 內部經營流程層面　　D. 學習和成長層面

8. 以下關於企業外部環境分析說法正確的有（　　）。
   A. 企業外部環境分析主要包括宏觀環境、產業環境以及經營環境分析
   B. 對企業外部環境的分析，最主要的是對其競爭對手和顧客的分析
   C. 對競爭對手的分析可以明確企業與競爭對手相比的優勢和劣勢
   D. 對顧客的分析，可以明確其已有和潛在顧客的相關情況

9. 以下屬於作業成本管理核心內容的有（　　）。

255

A. 分析累積顧客價值的最終商品的各項作業，建立作業中心
B. 歸類匯總企業相對有限的各種資源，並將資源合理分配給各項作業
C. 對生產經營的最終商品或勞務分類匯總，明確成本對象
D. 發掘成本動因，加強成本控制

10. 基於管理會計視角的產品生命週期分析中，要延長成熟期，企業可以採取的措施包括（　　　）。
A. 發展產品的新用途　　　　　　B. 開闢新市場
C. 提高產品的銷售量和利潤率　　D. 改良產品的特性

11. 實施目標成本分析通常要經過的步驟有（　　　）。
A. 確定目標成本　　　　　　　　B. 識別降低產品成本的途徑
C. 降低成本　　　　　　　　　　D. 成本評價

12. 全面質量管理關注的成本包括（　　　）。
A. 預防成本　　B. 鑒定成本　　C. 內部故障成本　D. 外部故障成本

三、判斷題

1. 廣義的企業戰略管理是指對企業戰略的選擇、實施和評價進行管理。（　　）
2. 戰略管理會計的核心意義在於運用一系列識別工具尋找顧客真正需要的價值所在，進而相應地改進企業自身發展戰略。（　　）
3. 企業戰略定位的核心理念是遵循專注化。（　　）
4. 價值鏈分析的基礎是價值，其重點是價值活動分析。（　　）
5. 為生產最終產品所需的且不可替代的作業或為最終產品提供獨特價值的作業為非增值作業。（　　）
6. 戰略群組競爭要比與戰略群組外的企業的競爭更直接、更激烈。（　　）
7. 作業成本管理（ABCM）是以提高客戶價值、增加企業利潤為目的，基於作業成本法的新型集中化管理方法。（　　）
8. 對企業外部環境的分析，最主要的是對其競爭對手和顧客的分析。（　　）
9. 企業處於成熟期階段的產品常採用逐步放棄策略和自然淘汰策略陸續停止該產品的生產，使其退出市場。（　　）
10. 從企業規模角度看，當企業規模在某一臨界點以下時，規模越大，由於分攤固定成本的業務量較大，產品的單位成本越低。（　　）
11. 制定戰略是企業戰略管理的是最關鍵的階段。（　　）
12. 成本動因可以分為結構性成本動因以及執行性成本動因，而影響各個價值作業的主要是結構性成本動因。（　　）
13. 成熟期企業主要致力於收穫利潤，無須擴大生產能力，不需要進行大量投資，因此主要的財務指標可以是現金流量、營運資本等。（　　）
14. 企業中一般有三個流程——創新流程、經營流程和售後流程，創新流程是整個內部流程的關鍵。（　　）

第十章 戰略管理會計

四、實踐練習

實踐練習1

沿海某企業從上年初起，把平衡計分卡作為公司的一項考核制度，開始在這家擁有2,000人規模、年產值數億元的企業內實施，李君作為人力資源部的績效經理直接負責平衡計分卡的推廣事宜。然而，將近一年的時間過去了，平衡計分卡的推行並沒有順利實施，反而在公司內部上上下下有不少抱怨和懷疑。甚至有人說「原來的考核辦法就像是一根繩子拴著我們，現在想用四根繩子，還不就是拴得再緊點，為少發獎金找借口。」「其實，我們發現有些公司遇到的情況和我們現在差不多。因此，我不知道這到底是我們的問題，還是因為平衡計分卡真的不適合中國企業。」李君說起這些，顯得頗有些無奈。

要求：根據案例資料指出該公司在實施平衡計分卡上遭遇尷尬的原因並做深入剖析，同時為其走出困境提出合理的建議。

實踐練習2

1999年財政部聯合國家經貿委、人事部、國家計委頒布《國有資本金效績評價規則》及《國有資本金效績評價操作細則》，也是中國企業業績評價指標體系的第三次變革，初步形成了財務指標與非財務指標相結合的業績評價指標體系。該體系以定量分析為基礎、以定性分析為輔助，實行定量分析與定性分析的相互校正，以此形成企業績效的評價綜合結論。《國有資本金效績評價》體系包括的指標及權重安排具體見表10-1：

表10-1　　　　　《國有資本金效績評價》體系

指標類別（100）	財務績效定量指標（權重70%）					管理績效定性指標（權重30%）	
	基本指標（100）		修正指標（100）			評議指標（100）	
一、盈利能力狀況（34）	淨資產收益率 總資產報酬率	20 14	銷售（營業）利潤率 盈餘現金保障倍數 成本費用利潤率 資本收益率	10 9 8 7	戰略管理 發展創新 經營決策 風險控制 基礎管理 人力資源 行業影響 社會貢獻	18 15 16 13 14 8 8 8
二、資產質量狀況（22）	總資產週轉率 應收帳款週轉率	10 12	不良資產比率 流動資產週轉率 資產現金回收率	9 7 6		
三、債務風險狀況（22）	資產負債率 已獲利息倍數	12 10	速動比率 現金流動負債比率 帶息負債比率 或有負債比率	6 6 5 5		
四、經營增長狀況（22）	銷售（營業）增長率 資本保值增值率	12 10	銷售（營業）利潤增長率 總資產增長率 技術投入率	10 7 5		

管理會計

要求：請結合平衡計分卡理論體系及相關內容，指出該績效評價體系尚存的問題並提出改進建議。

實踐練習 3

東方汽車是國內首家推行 EVA 薪酬改革的公司，2001 年 5 月，東風汽車宣布要實施以 EVA 為基礎的崗位績效工資。同其他企業業績評價指標相比，EVA 最大的不同是加入了資金成本這一因素。資金成本是 EVA 體系一個最重要的理論支撐點。

其基本計算公式是：EVA＝企業當年經營淨利潤－資金成本。

因此，EVA 比任何傳統的指標都更能體現投資者的利益和企業的運作狀況。東風汽車認識到，隨著中國加入 WTO，外資大量湧入，人才的爭奪戰愈演愈烈，企業要吸引和保留優秀人才，必須進一步深化薪酬分配制度改革。在改革中，他們將薪酬分配由過去的以保險功能為主向以激勵功能為主轉變，盡量做到薪酬設計科學化、薪酬分配市場化、薪酬管理規範化。但該項改革卻遇到了阻力，引發了諸多爭議，更引起了關於 EVA 中國化的各種深度思考。要求：

(1) 結合本案例分析 EVA 指標本身的局限性；
(2) 結合本案例分析外部環境對實施 EVA 的約束。

實踐練習 4

國務院國資委宣布從 2010 年開始中央企業（以下簡稱央企）全面實行經濟附加值考核。

由於傳統考核（即利潤總額與淨資產收益率）難以客觀、全面地對央企進行考核，致使央企在經營過程中出現了一系列問題。首先，部分央企通過無限制的資本擴張去片面追求規模的增長，但這種增長或利潤是以資產的低質量（低收益率）、高資產負債率（高風險資本結構）、投資的低回報為代價的；其次，央企在片面追求規模擴張的同時，往往忽略了專注於主營業務，忽略了盲目多元化這種投機型的業務擴張所導致的經營風險，以至於收入及利潤中的主要部分來源於非主營業務，這與國家對央企集中發展主業、進行產業升級的要求背道而馳；最後，以提升企業核心競爭力為目的的研究支出，因為要讓路於利潤指標，始終在投入上處於較低的比例，損害了企業的發展能力。

根據央企的特殊性，國資委對經濟附加值進行了調整：第一，將資本成本率基準設為 5.5%；第二，鼓勵加大研發投入，對研究開發費用視同利潤來計算考核；第三，鼓勵為獲取戰略資源進行的風險投入，對企業投入較大的勘探費用按一定比例視同研究開發費用；第四，鼓勵可持續發展投入，對符合主業的在建工程從資本成本中予以扣除；第五，凡通過非主營或非經常性業務獲得的收入（益），可以增加利潤並相應增加利潤指標的考核得分和高管薪酬水準，但不能全額增加經濟附加值。

要求：針對央企全面實行經濟附加值考核的決定，分析該項考核決定可能帶來哪些積極影響，又尚存哪些方面的問題。

國家圖書館出版品預行編目（CIP）資料

管理會計(第二版) / 馬英華 主編. -- 第二版.
-- 臺北市：崧博出版：崧燁文化發行, 2019.07
　　面；　公分
POD版
ISBN 978-957-735-908-7(平裝)

1.管理會計

494.74　　　　　　　　　　　　　　　　108011288

書　　名：管理會計(第二版)
作　　者：馬英華 主編
發 行 人：黃振庭
出 版 者：崧博出版事業有限公司
發 行 者：崧燁文化事業有限公司
E - m a i l：sonbookservice@gmail.com
粉 絲 頁：　　　　　　網　址：
地　　址：台北市中正區重慶南路一段六十一號八樓 815 室
8F.-815, No.61, Sec. 1, Chongqing S. Rd., Zhongzheng
Dist., Taipei City 100, Taiwan (R.O.C.)
電　　話：(02)2370-3310　傳　真：(02) 2370-3210
總 經 銷：紅螞蟻圖書有限公司
地　　址：台北市內湖區舊宗路二段 121 巷 19 號
電　　話:02-2795-3656 傳真:02-2795-4100　　網址：
印　　刷：京峯彩色印刷有限公司（京峰數位）

　　本書版權為西南財經大學出版社所有授權崧博出版事業股份有限公司獨家發行電子書及繁體書繁體字版。若有其他相關權利及授權需求請與本公司聯繫。

定　　價：420 元
發行日期：2019 年 07 月第二版
◎ 本書以 POD 印製發行